上海优秀勘察设计2011

上海市勘察设计行业协会　编
沈恭　黄芝　主编

中国建筑工业出版社

图书在版编目（CIP）数据

上海优秀勘察设计 2011/ 上海市勘察设计行业协会编；沈恭，黄芝主编．—北京：中国建筑工业出版社，2012.8

ISBN 978-7-112-14502-7

Ⅰ.①上…　Ⅱ.①上…②沈…③黄…　Ⅲ.①建筑设计－作品集－上海市－2011　Ⅳ.①TU206

中国版本图书馆CIP数据核字（2012）第154145号

责任编辑：邓　卫
责任设计：陈　旭
责任校对：刘梦然　关　健

上海优秀勘察设计2011

上海市勘察设计行业协会　编
沈　恭　黄　芝　主编

*

中国建筑工业出版社出版、发行（北京西郊百万庄）
各地新华书店、建筑书店经销
北京京点设计公司制版
北京盛通印刷股份有限公司印刷

*

开本：880×1230毫米　1/16　印张：19　字数：585千字
2012年9月第一版　2012年9月第一次印刷
定价：200.00元
ISBN 978-7-112-14502-7
(22574)

2011年度上海市优秀勘察设计评委会

主　　任：沈　恭

副 主 任：郑时龄　江欢成　魏敦山　林元培

常务副主任：黄　芝

委　　员：邢国伟　曾　明　赵　俊　潘延平　张俊杰
张　辰　袁雅康　朱祥明　周国鸣　杨富强

初审专家：

茅红年　朱隽倩　黄　良　蒋坚华　冯旭东　徐　凤　邵民杰　夏　林
寿炜炜　马伟骏　杨旭川　朱祥明　杨富强　张永来　龚　渊

评审专家：

张俊杰　陈云琪　袁建平　周建峰　车学娅　姜秀清　陆湘桥　陈国亮　汪孝安
高晖鸣　司　耘　林　钧　沈文渊　黄巍衫　张洛先　刘恩芳　翁　皓　钱　平
赵尔昌　于　浩　陈　炎　徐　健　曹文宏　周　良　钱寅泉　马　骉　陈文艳
徐正良　周质炎　徐一峰　徐利平　边晓春　陈海龙　张　辰　张震超　卢永金
沈裘昌　羊寿生　严伟达　张善发　成卫忠　郭志清　朱祥明　金云峰　王　云
袁雅康　顾国荣　徐四一　梁志荣　季善标　钱　达　胡立明

评优办公室：

主　任：龚　渊

成　员：茅红年　王莉香　蔡　煜　杨　喆　徐为嘉　杨旭川

（以上排名不分先后）

序

解放初期，上海已经是勘察设计人才聚集的大都市，随着国家经济建设的发展和需要，大批从业人员奔赴全国各地，为社会主义祖国的建设付出了辛勤的一生。就以华东建筑设计公司（华东建筑设计院前身）而言，从创建以后就把自己最优秀的人才源源不断地支援兄弟省市，遍布华北、西北、西南、东北，直到上世纪 70 年代，已有近千位同志告别了上海。

在计划经济年代，我们把完成一项设计任务视为集体创作，在认识上我们视为完成了一个作品。设计人员以“矛盾论”和“实践论”的思想指导设计工作，把完成的作品放到社会实践中去检验，这个工作方法和工作过程无疑是十分正确的。

邓小平理论同样把勘察设计行业带入到改革开放的时代，结束了十年“文革”和闭关自守，勘察设计人员看到了行业与国际的差距，也看到了自身的不足。改革开放使我国经济蓬勃飞跃地发展，我们的设计技术几乎已到了难以很快适应的局面。

上世纪 80 年代，勘察设计行业向国际打开了大门，一批知名的国际企业来到了上海，我们边学边做，迎头赶上，可以自豪地说，我们行业的努力越来越取得积极的成效。

走出计划经济，我们已进入到社会主义市场经济体系中，勘察设计行业也随之变化，现在我们已经有了以国营大型勘察设计企业为主导的不同所有制、不同规模、不同体制的一个大行业，与60年前相比，已发展到了另一个新阶段。

现在我们把完成的设计称为“产品”，但这个“产品”实际上还是“作品”的变革，它仍然具有地方特色和时代的特征，它仍然要接受社会实践的考验。

本书的出版反映了行业两年来的成果，是评选专家组精心选拔的优秀产品，它们将面临社会实践的最终检验，相信等待它们的将是成功。

在科学发展观的指导下，上海勘察设计行业将步入到一个带有时代特征的新时期，在创新开放、转型发展的年代，我们要继承发扬奋不顾身、勇往直前，为祖国、为人民在所不惜的高尚品格，为发展、为提高孜孜不倦学习的良好精神，为上海、为全国、为时代创作出更多好产品。

前 言

为贯彻落实科学发展观，推动工程勘察设计行业技术创新，提高工程勘察设计水平，鼓励工程勘察设计单位和人员创作出更多质量优、水平高、效益好的工程勘察设计项目，上海市勘察设计行业协会受上海市城乡建设和交通委员会的委托，2011 年度继续开展上海市优秀工程勘察设计项目评选活动。

本届评优活动的通知发出后，协会评优办公室共收到 65 家勘察设计单位申报评选设计工程项目 453 项（含专业项目 30 个）。评选范围包括公共建筑设计 198 项（含专业 9 项、世博会临时建筑 30 项）、市政公用设计 132 项、工业设计 14 项（含专业 2 项）、风景园林设计 28 项（含专业 3 项）、勘察及岩土工程 75 项（含专业 16 项）、标准设计 6 项，申报数量是近年最多的。

根据协会评优的基本原则、方法和程序，本次评优活动共组织 80 多位专家，分 10 个专家组开展评审。按照“科学、严谨、公开、公正、公平”的要求，对每一项申报项目进行预审、专家评审、评委会审定、网上公示、公布等步骤组织实施，并对公示后收集到的意见分别进行调研、专家复议和答复。

本次评选总体上兼顾了大中小型各种规模项目，具有广泛的代表性；同时也选拔了一批优秀专业设计项目，与全国工程勘察设计行业奖评选中的专业奖评优有序衔接。

本次评选活动历时 3 个月，确定了 2011 年度上海市优秀勘察设计获奖名单。其中一等奖 75 项，二等奖 79 项，三等奖 116 项，37 个项目获专业一、二、三等奖。

将世博会工程及配套项目进行参评是本次评选特点之一。经评审专家组长研究，认为世博会临时建筑特别是世博国家馆的建设有其鲜明的特点，决定将其单列，标准不变，单独评审。

另外申报项目中有一大批改善城市功能和环境质量的公共建筑、市政、园林绿化和文化设施等项目，具备优秀的设计理念，在表现创新性、地域性、历史性和以人为本的方面具有显著的特色；总体布局因地制宜，与自然环境、城市环境等有机结合；注重设计品质，在空间塑造、细部表现、新技术新材料运用等各方面表现优异；积极应用生态环保和低碳节能等先进理念和技术，在“绿化新技术运用”、“多种节能专项技术集成”、“获得国际认证”等方面取得显著成效。

编纂《上海优秀勘察设计 2011》是本届评优活动的重要组成部分。在编纂过程中，各获奖单位提供了获奖项目的文字说明、图片、图纸等相关资料，给予了大力帮助和支持，谨此致以衷心感谢。

上海市勘察设计行业协会

目 录

序

前言

2011年度上海优秀勘察设计一等奖

2010 上海世博会演艺中心 2
2010 上海世博会主题馆 5
2010 上海世博会世博中心 8
虹桥国际机场扩建工程西航站楼及附属业务管理用房 11
洛阳博物馆新馆 14
深圳紫荆山庄（原名 1130 工程）........ 17
南京紫峰大厦 20
浦东图书馆（新馆）........ 23
温州大剧院 26
上海辰山植物园公共建筑项目 29
同济大学嘉定校区电子与信息工程学院大楼 32
2010 上海世博会世博轴及地下综合体工程 35
云南师范大学呈贡校区一期体育馆 38
厦门长庚医院（一期）........ 41
上海保利广场 44
特立尼达和多巴哥国西班牙港国家艺术中心 47
昆山阳澄湖酒店 50
中国民生银行大厦 53
甬台温铁路温州南站 56
世博洲际酒店（原世博村 VIP 生活楼）........ 58
浦东世纪花园办公楼 61
沈阳奥林匹克体育中心综合体育馆、游泳馆及网球中心 63
潍坊市体育中心体育场 65
厦门海峡交流中心・国际会议中心 67
上海宝矿国际广场 70
2010 上海世博会英国国家馆 73
2010 上海世博会西班牙国家馆 75
2010 上海世博会阿拉伯联合酋长国国家馆 77

2010 上海世博会城市最佳实践区中部系列展馆区 79
2010 上海世博会加拿大国家馆 81
2010 上海世博会法国国家馆 83
2010 上海世博会瑞士国家馆 85
2010 上海世博会沪上生态家 87
上海市崇明越江通道长江隧道工程 89
上海崇明越江通道长江大桥工程 91
上海市轨道交通 10 号线（M1 线）一期工程 93
上海市轨道交通 7 号线工程 95
上海外滩通道工程 97
上海闵浦大桥工程 99
虹桥综合交通枢纽快速集散系统、市政道路及配套工程 101
上海闵浦二桥新建工程 103
上海西藏南路越江隧道 105
2010 上海世博会园区浦东部分道路及市政配套设施工程 107
宁波市城庄路姚江大桥（湾头大桥）工程 109
上海 A15 高速公路（浦西段）工程 111
上海中环线浦东段（上中路越江隧道—申江路）新建工程 113
上海市道路交通信息采集和发布系统工程 115
上海市轨道交通 2 号线西延伸（中山公园—徐泾东站）工程 117
上海北京西路—华夏西路电力电缆隧道工程 119
上海市轨道交通 10 号线（M1 线）一期工程 121
深圳市光明污水处理厂工程 123
上海崇明中央沙圈围工程 125
郑州市王新庄污水处理厂改造工程 127
苏州市七子山垃圾填埋场扩建工程 129
云南省德宏州弄另水电站工程 131
山东东营市南郊水厂水质改善工程 133
上海南市水厂改造一期工程 135
天津滨海能源发展股份有限公司四号热源厂工程 137
东海大桥 100MW 海上风电示范项目 139
上海辰山植物园景观设计 141
上海浦东世博公园工程（B 包） 143
上海后工业景观示范园 145
上海外滩滨水区综合改造工程 147
上海世博公园 A 区（亩中山水） 149

上海世博园岩土工程勘察（一轴四馆）、咨询及智能平台开发 151
上海虹桥综合交通枢纽核心区岩土工程勘察、监测、检测 153
虹桥国际机场飞行空间安全保障测量 155
南京绿地广场·紫峰大厦岩土工程勘察、设计咨询 157
上海市轨道交通 10 号线（M1）一期岩土工程勘察、咨询及数字平台开发应用 159
上海文化广场改造基坑工程围护设计及承压水控制 161
上海北京西路—华夏西路电力电缆隧道工程勘察 163
上海市 A15 机场高速公路（市界—南汇区段） 165
上海外滩通道北段工程监测 167

2011 年度上海优秀勘察设计二等奖

2010 上海世博会世博村（B 地块） 170
中国人民银行支付系统上海中心 171
江苏吴江中青旅静思园豪生大酒店 172
合肥大剧院 173
中国航海博物馆 174
青岛大剧院 175
重庆大剧院 176
上海中金广场 177
云南民族大学呈贡校区图书馆 178
上海世博村 D 地块项目 179
成都军区昆明总医院住院大楼 180
西门子上海中心（一期） 181
天津滨海高新区研发、孵化和综合服务中心 182
上海高宝金融大厦（东亚银行大厦） 183
杭州钱江新城核心区城市主阳台及波浪文化城 184
上海港国际客运中心商业配套项目——S-B7 办公楼 185
上海黄浦众鑫城二期 B 块办公楼 186
同济规划大厦（鼎世大厦改扩建项目） 187
苏州润华环球大厦 188
上海虹桥产业楼 1、2 号楼（临空园区 6 号地块 1、2 号楼） 189
无锡市土地交易市场 190
华东师范大学闵行校区体育楼 191
上海香港新世界花园 1 号房 192
宁波市镇海新城规划展示中心及附属设施 193
大连国际金融中心 A 座（大连期货大厦） 194

2010 上海世博会城市最佳实践区北部模拟街区阿尔萨斯案例 195
2010 上海世博会芬兰国家馆 196
2010 上海世博会上汽 – 通用企业馆 197
2010 上海世博会丹麦国家馆 198
2010 上海世博会中国船舶馆 199
2010 上海世博会日本产业馆及企业联合馆 200
2010 上海世博会城市最佳实践区北部模拟街区罗阿案例 201
2010 上海世博会新加坡国家馆 202
2010 上海世博会信息通信馆 203
上海新建路隧道工程 204
沈阳市五爱隧道工程 205
上海浦东国际机场北通道（申江路—主进场路）新建工程 1 标 206
上海 A8 公路拓宽改造工程 207
上海外滩交通枢纽工程 208
南昌市洪都大桥工程（南主桥） 209
上海沿浦路跨川杨河桥新建工程 210
上海轨道交通 M8 号线南延伸段工程高架区间 211
上海虹桥综合交通枢纽市政道路及配套工程仙霞西路道路新建工程 212
河南洛阳市瀛洲大桥及接线工程 213
石家庄市二环快速路提升工程 214
上海市轨道交通 10 号线（M1 线）一期工程吴中路停车场 215
上海嘉闵高架路及地面道路新改建工程（徐泾中路—北翟路） 216
世界银行贷款贵阳交通项目油榨街—小碧城市道路工程 217
上海市崧泽高架路新建工程 218
上海 S32(A15) 公路（浦东段）工程 219
上海市崇明县北横引河工程（一至三期） 220
苏州工业园区污泥干化处置项目一期工程 221
上海苏州河环境综合整治三期工程——苏州河水系截污治污工程 222
浦东机场外侧滩涂促淤圈围工程——促淤工程 2 标 223
苏州工业园区清源华衍水务有限公司第二污水处理厂工程 224
上海新延安东排水系统工程 225
虹桥机场扩建——市政配套工程场区配电工程 226
上海临江水厂扩建工程 227
上海长兴岛电厂圩东侧滩涂圈围工程 228
无锡市中桥水厂深度处理工程 229
苏州城市防洪澹台湖枢纽工程 230

上海封周 110kV 变电站（节能型数字化变电站试点工程）231
日立电梯（上海）有限公司建设项目一期工程 232
江苏太仓金仓湖郊野公园（一期）233
上海彭浦公园改造工程 234
江苏昆山花桥国际商务城生态公园 235
2010 上海世博会城市最佳实践区南部全球城市广场 236
上海浦东南路景观综合改造工程 237
上海松浦三桥新建工程勘察 238
2010 上海世博会专用越江通道——西藏南路越江隧道工程勘察 239
上海南浦大桥主引桥顶升工程监测 240
上海中建大厦岩土工程勘察、基坑设计、桩基咨询、监测 241
中国石油华南物流中心珠海高栏岛成品油储备库地基处理项目 242
新建铁路合肥至蚌埠铁路客运专线精密控制测量 243

2011 年度上海优秀勘察设计三等奖

中国银联项目（二期工程）银联数据办公楼 246
山东省淄博市体育中心体育场 246
上海警备区 9156 工程（一期）246
申能能源中心 246
上海金桥埃蒙顿假日广场（现名：金桥国际商业广场）247
云南师范大学呈贡校区一期工程西区 1 号教学楼 247
上海通用汽车有限公司新行政楼 247
上海新发展亚太万豪酒店 247
江苏海门龙信大厦一期工程 248
百联浙江海宁奥特莱斯品牌直销广场 248
上海崇明陈家镇生态办公楼 248
江苏南通国际贸易中心 248
上海静安小莘庄 2 号地块 249
上海海泰 SOHU（现名：海泰时代大厦）249
上海东方饭店改建工程 249
沪杭铁路客运专线金山北站 249
上海松江妇幼保健院迁建工程 250
三亚海居度假酒店 250
上海市群众艺术馆改扩建工程 250
盐城市盐阜宾馆迁建工程 250
太平人寿全国后援中心（一期）251

上海松江九亭镇 65 号（A、B）、66 号地块（一期）配套商业 251
云南师范大学呈贡校区一期图文信息中心 251
上海宝山寺移地改扩建工程 251
安徽大学新校区二期——学术交流与培训中心 252
上海市万源居住小区 D 街坊公建中心及配套商业 252
上海绿地东海岸国际广场 252
同济大学浙江学院公共教学楼 252
虹桥国际机场公务机基地（公务机楼） 253
宁波中信泰富广场 253
江苏大学图书馆 253
上海嘉杰国际广场办公楼 253
常州交银大厦 254
达业（上海）电脑科技有限公司招待所 254
上海凉城地区中心（公寓式办公楼） 254
上海新外滩花苑 A 型楼 254
无锡市民中心 255
无锡程及美术馆 255
中船长兴造船基地一期工程——办公总部 255
上海市职工科技中心职工技能培训用房改扩建工程 2 号楼 255
上海宝山区绿地真陈路项目二期 25、27、28 号楼（商业组团） 256
浙江嵊州越剧艺术学校（院）一期 256
上海大华综合型购物中心 B1-2 地块 256
上海奥克斯科技园创研智造基地生产研发中心 256
江苏靖江市人民医院迁址新建工程——门急诊医技楼 257
上海新浦江镇 120-L 号地块（商业楼） 257
上海卢湾区第一中心小学综合楼 257
2010 上海世博会欧、非、美洲联合馆建筑群 257
2010 上海世博会宝钢大舞台 258
2010 上海世博会国家电网企业馆 258
2010 上海世博会庆典广场 258
2010 上海世博会世博园区样板组团项目 258
2010 上海世博会石油馆 259
2010 上海世博会荷兰国家馆 259
上海中山东二路地下空间开发工程 259
京沪高铁配套工程——沪青平公路改建工程 259
上海市轨道交通 10 号线（M1 线）一期工程陕西南路站 260

上海市轨道交通 10 号线（M1 线）工程江湾体育场站 260
上海市轨道交通 7 号线芳甸路站 260
上海北翟路（辅助快速路—外环线）改建工程 260
2010 上海世博会园区浦西部分道路及市政配套设施 261
辽宁铁岭新城桥梁新建工程——凡河四桥 261
宁波东外环—北外环立交工程 261
上海中环线浦东段（上中路越江隧道—申江路）新建工程 7 标 261
上海市轨道交通 13 号线卢浦大桥站 262
江苏宜兴市荆邑大桥重建工程 262
2010 上海世博会浦东园区高架人行平台工程 262
上海曹安公路拓宽改建工程 262
上海罗店中心镇公共交通配套工程罗南新村站 263
上海桃浦路蕴藻浜大桥及引桥 263
昆明东连接线支线道路工程 263
上海 A30-A15 互通式立交工程 263
2010 上海世博会园区超级电容公交车供电配套设施 264
上海天山西路（华翔路—A20 公路）道路新建工程 264
上海浦东南路（浦电路—上南路）、耀华路（上南路—长清路）改建工程 264
上海辰山植物园水体净化场工程 264
上海金山城市沙滩工程（金山区保滩暨岸线整治工程） 265
苏州市中心城区污水处理厂升级改造工程——福星、娄江、城东 265
上海桃浦河泵闸工程 265
东莞市第六水厂（一期）深度处理工程 265
厦门市石渭头污水处理厂改扩建工程 266
交通路（真北路—真南路）、真南路（同济沪西校区—真北路）道路积水点改善工程 266
无锡新区再生水回用示范工程 266
杭州高新区（滨江）自来水厂应急工程 266
上海崇明北沿滩涂促淤圈围（三期）北六滧至北八滧海塘达标工程 267
苏州市中心城区福星污水处理厂二期工程 267
江苏宜兴市太华龙珠水库 267
江苏王子制纸有限公司水处理及废水处理厂 267
苏州城市防洪外塘河枢纽工程 268
上海通用王港厂区工程中心综合试验楼 268
华能阜新风电场一期（高山子）工程 268
上海梅山钢铁股份有限公司新增炼钢厂新增板坯手工火焰清理机组工程 268

上海雄风起重设备厂新建厂区 269
上海杨浦区复兴岛公园改造工程 269
江苏常熟市滨江公园 269
上海崇明新城公园 269
浙江海盐绮园市民文化广场景观工程 270
上海浦东梅园公园改造工程 270
上海上南路建筑与环境综合整治工程 270
上海市轨道交通 2 号线东延伸段工程测量 270
向家坝—上海 ±800kV 特高压直流输电示范工程奉贤换流站工程勘察 271
上海市轨道交通 2 号线东延伸段施工期磁浮设施监护 271
上海市 A15 机场高速公路工程测量 271
上海 A8 公路拓宽改建工程测量 271
天津市老城厢地区 10 号地块基础设计咨询 272
南京至南通段铁路电气化改造精密控制测量 272
石家庄市二环快速路提升（北二环段）工程勘察 272
上海人民路隧道变形测量 272
上海松浦三桥工程测量 273
上海东海大桥近海风电场工程勘察 273
博世（上海）总部大楼工程勘察 273
上海仙霞西路隧道施工第三方监测 273
上海港国际客运中心岩土工程勘察 274
常州天豪大厦工程勘察 274
2011 年度上海优秀勘察设计获奖项目一览表

2011年度上海优秀勘察设计

一等奖

2010 上海世博会演艺中心

设计单位：华东建筑设计研究院有限公司

主要设计人员：汪孝安、涂强、鲁超、朱莹、田园、涂宗豫、包联进、谭奕、於红芳、吴玲红、张晓岚、钱翠雯、田建强、方超、余志伟、陈建兴、黄辰赟、宋根宝、衣健光、高超、陈琮、王卫东、翁其平

世博会演艺中心用地面积 6.7 万 m^2，总建筑面积 12.6 万 m^2，其中地上为单层 18000 座多功能剧场及环绕主场馆的周边 6 层建筑。作为世博会最重要的永久性场馆之一，在世博会期间承担各类大型演出和活动，满足世博会大型文艺演出需求。

在总体布局上，将悬浮的“飞碟”状的主体建筑置于场地的中部，围绕主体建筑的地面单层基座，作为商业空间和辅助空间，其造型以大面积草坡覆盖为主，与周边场地的景观融为一体。基座顶部平台及草坡用作主体建筑的人员疏散，并具活动与观景休闲的功能。基座与主体建筑间体现出主次分明而又有机融合的整体关系。总体东侧设置锅炉房、冷却塔。

世博演艺中心位居世博核心的滨江区，轻盈灵动，简洁大气，文化性和时代感的体现是本方案的形态特征，也是滨江建筑的外在要求。演艺中心以“飞碟”状的穿梭腾飞的形态作为建筑的主体，呈飘浮状地坐落于草坡基座上，并通过较大的悬挑和飘逸的比例，达到轻盈灵动，简洁大气，具有整体感的设计效果。地面一层基座以大面积草坡覆盖为主，体现与滨江绿带共生的肌理。

入夜，多彩的泛光和投影系统，烘托出演艺中心梦幻般的建筑效果。“飞碟”中部的凹槽，作为观光休闲平台，提供 360° 的全方位景观视野。

主场馆采用了灵活分隔的多功能模式，可分别隔成 12000 座、8000 座或 4000 座的演出空间。而当隔断全部升起后，可形成一个 360° 环状的可容纳 18000 座位的大型演艺场馆，满足大中型综艺演出、体育赛事、集会庆典等多功能的使用需求。

为实现容量可变的大型室内演艺场馆的使用目标，设计采用了垂直分隔系统、升降顶棚系统、可移动的观众坐席、可伸缩及可升降的观众坐席、可灵活组装的舞台系统、多功能的舞台布景及灯栅平台、可

升降的场馆显示系统、可调的建筑声学系统等。

四层、五层观众环廊外侧设展览、办公、餐饮区。六层为观光餐饮区，内设观光餐厅、VIP俱乐部、酒吧、电影俱乐部及6个容量为88 ~ 178座的电影厅（座位总数为794座）。此区域周边外侧设4.5m宽环通的室外观光平台。

地下二层除中部为溜冰场外，主要为汽车停车库及机电设备用房。

演艺中心为甲级大型体育馆。建筑形态似空中飞碟，平面投影呈圆三角形，平面尺寸为165m×205m，中央赛场和观众席布置呈长圆形。地下2层，裙房地上1层，主体结构地上6层，屋面最高处距离室外地面41.5m。地下室顶板作为上部结构的嵌固端。地下室不设缝，地面以上设抗震缝，将周边裙房与主体结构脱开，裙房中也设多道抗震缝使之形成几个较为规则的单体。抗震缝宽100mm。

地下室以上的结构体系主要由三部分组成：1. 碟形主体：主要由36榀悬臂长度不一的悬臂桁架及内部的斜框架和环向框架组成。2. 碟形屋面：空间桁架及大跨钢梁。3. 外围裙房：钢筋混凝土框架–剪力墙结构，基本柱网9m×10m，地上一层，层高6.5m。

地基基础设计采用 ϕ700钻孔灌注桩，桩尖入⑦2层约4.5m，有效桩长33m，单桩竖向承载力特征值3000kN，受压柱下的桩采用桩底后注浆工艺。

地下一层为梁板式结构，主体结构范围采用型钢混凝土梁与钢管柱连接，其余部位为钢筋混凝土框架。

上部结构设计：内部的斜框架围绕18000座主场馆布置，框架间距11.5m，框架柱采用矩形钢管混凝土，框架梁采用工字形或箱形钢梁。沿径向利用碟形主体的高度布置大跨悬臂钢桁架，桁架根部高度12m，悬臂长度20 ~ 31m。建筑平面的东南和西南角尺寸很大，利用电梯分别在东南角增加两个、西南角增加三个剪力墙芯筒，芯筒间隔两个轴网，悬臂桁架铰接搁置在芯筒角点上，并在芯筒上的桁架间设置转换桁架，使芯筒中间轴线上悬臂桁架的长度均控制在31m以内。

消防系统：报警系统针对不同场所采用不同的探测手段，除了设置常用的烟感、温感探测器外，由于场馆的空间高度在最高点达到41m，选用吸气式烟雾探测系统用作主场馆早期预警系统，消防措施包括消火栓系统、自动喷淋系统、消防水炮灭火系统、大空间射水灭火、气体灭火系统等。场馆内采用消防水炮系统保护，并根据舞台的分割隔断考虑多点布置，以

保证水柱不被分隔幕遮挡。

空调面积约为 7.4 万 m^2，设置一套空调冷热源系统。空调冷源由冰蓄冷系统（双工况冷水机组）和江水源热泵机组系统组成。根据本项目空调负荷特性，采用冰蓄冷空调技术减少主机总装机容量。夜间制冰蓄冷，移峰填谷，有良好的社会和经济效益。

供配电系统：本工程采用两路 35kV 独立电源供电，整个项目共设 1 个 35/10kV 总降压变电所、3 个 10/0.4kV 变电所。1 号变电所和 2 号变电所旁各设置一个柴油发电机房，分设 0.4kV、容量为 1500kW 的柴油发电机组 1 台，作为应急电源。

2010 上海世博会主题馆

设计单位：同济大学建筑设计研究院（集团）有限公司

主要设计人员：曾群、丁洁民、邹子敬、文小琴、丰雷、万月荣、刘毅、包顺强、
李维祥、何志军、周谨

世博会主题馆东西长约 300m，南北宽约 200m，总建筑面积 15.3 万 m^2。世博会期间，是世博会“地球・城市・人”主题展示的核心展馆，世博会后，主题馆将转变为标准展览场馆。

主题馆设计有三个主要亮点：双向巨跨空间与城市客厅、太阳能屋面与光电建筑一体化、垂直绿化墙面与世博绿篱。

主题馆西侧二、三号展厅南北向跨度 180m，东西向跨度 126m，为双向大跨空间，展厅内部屋面净高约 20m，最低的主梁拉索下部净高为 14.8m。西展厅的大尺度空间，不仅能满足世博会期间主题布展的需求，也是上海中心区域稀缺的超大室内空间资源。可提供室内田径赛、大型文艺表演等活动空间，成为上海的“城市客厅”。

主题馆屋顶面积达到近 6 万 m^2，其中面积达 3 万 m^2 的太阳能板总发电量达到 2.8MW，年发电量可达 250 万 kWh，每年减少 CO_2 排放量约 2500t。主题馆屋面太阳能率先探索了国内大规模光电建筑一体化的应用实践。

整个东西立面生态绿化墙面面积达到近 6000m^2，东西方向长度为 180m，在立面上布满菱形网格，形成背景，再选用 4 种由深至浅的小灌木模块被从下往上依次嵌入菱形网格中，绿墙将一直覆盖到接近建筑的顶端处。

结构设计：

1. 主题馆工程中采用 PHC 管桩 + 承台 + 底板的基础形式，并在地下室底板下大面积采用了 ϕ500PHC 两节管桩作为抗拔桩，措施是对接桩接头进行了特殊处理。采用 PHC 管桩作为抗拔桩，可大大缩短施工周期，并大幅度降低工程造价。

2. 因整体性等方面的要求，地下室没有设置温度伸缩缝。措施是合理设置施工后浇带，加强地下室顶板（梁）、二层楼板（梁）及地下室外墙的配筋，以及在混凝土梁板及超长地下室外墙中适当施加预应力。

3. 为满足建筑功能要求，地下室部分大面积采用了 18m×18m 大柱距布置，楼面的使用阶段荷载较大。经结构及经济性比较，首层楼面设计采用了大

跨度双向有粘结预应力混凝土结构。同时为满足节点的传力要求，保证结构的受力性能，在梁柱相交处采用了一种新颖的预应力混凝土梁－变截面节点。在首层楼面处箱形钢柱向下变化为钢骨混凝土柱，为减小地下室柱的尺寸，在梁柱节点范围内对柱内钢骨进行了变截面的处理。

4. 为协调结构整体刚度及控制结构温度效应，采用综合普通钢支撑及阻尼器支撑的混合支撑方案，使结构温度内力大大降低，抗震和抗风性能大大提高，结构不规则所导致的扭转效应得到有效控制。

5. 西展厅为室内无柱大空间，其支承跨度为126m×180m，该展厅屋面结构设计是重点。采用新型索撑张弦桁结构体系，桁架沿短跨方向布置，间距18m，其索撑体系由双拉索－空间V形撑杆组成，该新型索撑体系使得拉索对张弦桁架的主动变形与主动应力控制功能得以充分的发挥，从而提高了结构的承载效率，降低了屋盖结构的高度。

暖通设计：

1. 充分考虑展馆建筑冷负荷非常大、热负荷较小的特点，设置部分风冷热泵机组，同时满足供冷和供热的需求，以供热为主，可以在供热时达到较高的系统效率，而在供冷时仅仅作为离心机的补充。供冷主要采用变频离心式冷水机组，其综合效率得到大幅提高，在部分负荷情况下，机组的COP可以高达10.0以上，大大提高了供冷系统的能效。

2. 采用全空气系统，大部分机组设置全热回收段，节省新风冷热负荷，达到了节能的目的。

3. 采用双排远程喷口对送风的方案，最远送风距离达到了54m，取得了较好的空调效果。

2010 上海世博会世博中心

设计单位：华东建筑设计研究院有限公司

主要设计人员：傅海聪、亢智毅、姜文伟、包联进、杨光、张伯伦、钱观荣、林海雄、李义文、吕宁、凌克戈、邬宏刚、沈冬冬、梁超、陈建兴

世博中心背靠黄浦江和世博公园，是黄浦江上重要的地标性建筑。世博中心功能以会议接待、公共活动为主，世博会后将成为高标准的会议中心。

世博中心总建筑面积约 14 万 m^2，地上 7 层，地下 1 层，高度约 39m。外形庄重典雅、现代简洁，建筑体量由西向东高低参差，错落有致，清晰地表达出建筑的功能特征，材质以玻璃、金属、石材等组合，构成丰富而有序的肌理效果。通过横、竖向线条排列和肌理的对比，构形严谨，张弛有序。立面充分利用材料的最大尺寸结合建筑的基本模数，形成大气、整体、端庄的格调。方整简约的形态有助于庞大的规模和繁复的功能排布，合理的流线组织和分区，含蓄的姿态平缓舒展，通透的外墙明亮透彻，不仅将周边景致尽收眼底，也大大降低了建筑自身的体量，与浩瀚的绿地和江水交相辉映、和谐共生，实现现代风格与自然形态的完美过渡。

充分依托得天独厚的景观资源并有效利用建筑宽阔的体量，将会议接待等公共空间沿外墙分布，以获取最为直接的自然采光通风和外部优美的景色，这是世博中心空间布局的一个显著特征。

世博中心大力开发和使用高新节能技术和材料，外墙围护结构的设计充分考虑了对日照阻挡和吸收，材料的确定经过了多方案的研究和比选并与 LEED 认证公司及有关科研单位合作进行大量的模拟与计算。根据光照的强弱，外墙采用了双银中空 LOW-E 和金属夹丝夹层复合玻璃幕墙，有效地降低了传热系数，并产生了独特的立面效果。在技术方面，蓄冷空调、江水源热泵、太阳能发电、太阳能热水、雨水收集利用、杂用水收集利用、程控绿地微灌等绿色环保技术及可再生能源利用技术大规模采用，对于大型公共建筑的

节能减排，保护环境，促进城市的可持续发展，借助世博会展示平台和后续利用起到示范和主导作用。

主体结构为钢框架 – 支撑结构。会展区底层多功能厅及五层宴会厅为 54m 大跨无柱空间，结构在多功能厅及宴会厅上部分别采用 5.4m 高及 6.6m 高大跨钢结构平面桁架用以支承楼面荷重。支撑作为主要抗侧力结构体系，框架为承重结构体系，提高了结构抗震性能，缩短了施工周期，符合绿色环保的设计理念。

设计在结构层间变形及受力较大的区域采用防屈曲支撑，可以集中有效地吸收和耗散地震能量，提高结构延性，大大增加重要结构的安全性。我国在大型公共建筑中首次采用防屈曲耗能支撑的工程，并制定了产品验收标准。

强弱电系统设计采用了 MW 级太阳光伏发电系统，该级别的太阳光伏并网系统与建筑相结合的应用在国内首创。政务厅采用大空间 LED 白光照明，采用调色温与调光同时进行，满足政务厅举行多类型会议的需要。

智能化设计主要安排了电脑网络系统、综合布线系统、数字视频监控及防盗报警系统、一卡通系统、电子公告和多媒体查询系统、多媒体会议系统、公共广播系统、时钟系统、卫星和有线电视系统、信息集成管理系统等。

虹桥国际机场扩建工程西航站楼及附属业务管理用房

设计单位：华东建筑设计研究院有限公司

主要设计人员：郭建详、高文艳、黎岩、冯昕、周健、陆燕、曹承属、徐扬、吴文芳

虹桥机场西航站楼位于虹桥交通枢纽的东端，虹桥机场T2航站楼设计目标是一座专为国内旅客服务的航站楼，总体规划的目标是年旅客吞吐量3000万人次，近期满足年旅客吞吐量2100万人次，并预留未来发展到3000万人次的能力。

航站楼总体布局按照形状和主要功能的不同分为主楼和长廊两个部分。其中主楼的主要功能是旅客办理各类手续的大厅和办公楼，长廊的主要功能是候机室和到达通道。楼内旅客流程设计为“两层式”，出发、到达分层，出发旅客流程在上，到达旅客流程在下。同时，设计中也充分考虑了中转旅客的流程安排，在区别提取行李的中转旅客和中转联程旅客的同时，有效减少了旅客的步行距离。

西航站楼的体量水平横向展开，将枢纽不同功能段统一在一起，并通过高度、形态、材料和色彩等手段使之成为一个和谐而有机的枢纽建筑群。作为虹桥综合交通枢纽的重要组成部分，西航站楼的形象体现出时代感和独特的创新精神。虹桥枢纽屋面设计突出体现建筑群体组合的建筑形象，将各部分屋面造型与内部功能有机结合，标高为24m的屋面将整个枢纽的出发层及换乘通道联系起来，车道边入口大厅和机场办票厅部分的屋面采用钢结构屋面，重点突出钢结构构件本身的表现力和节点细部的技术感染力，体现出简洁、明快、充满现代感的交通建筑空间形象。在公共区域设计的采光天窗既给公共活动区域提供了柔和而充足的自然光线，又结合人流方向增强了空间的识别性和空间转换的戏剧性。幕墙采用成熟的半单元幕墙结构形式，避免了过多幕墙支撑构件，营造简洁洗练的空间效果，这种幕墙工艺采用大量的工厂加工，有利于保证精度，并能有效缩短施工周期，墙顶一体的幕墙形式，既增强了幕墙结构的表现力和视觉冲击力，又增加了室内空间的自然采光量。航站楼简洁理性的建筑形象，以明朗的材料和精美的工艺来体现，高通透低反射玻璃和与清水混凝土、铝板墙面的精心组合，以及构件由前后推进形成的光影关系，使整个建筑在简洁的几何形体下展示出丰富多样的视觉效果。

本工程由航站主楼、登机长廊组成，总建筑面积逾30万m^2。其中航站主楼长270m，宽108m，高24.650m/42.25m(混凝土结构面/钢结构面)。

航站主楼24.650m标高以下为钢筋混凝土框架结构,24.650m以上为钢框架结构,24.650m标高处办票大厅屋面为跨度36m的钢结构屋面,是钢筋混凝土与钢结构结合的混合结构体系。登机长廊为钢筋混凝土框架结构，屋面有两处局部三角形钢结构屋面。

场地内第⑦2层灰色粉细砂，是理想的桩基持力

登机口
61
64
餐饮
商场

层。但受古河道切割的影响，该层在拟建场地范围内层面有较大的起伏，设计采用不同桩长的方案，桩长范围为 38 ~ 67m。基础设计采用了桩基（PHC600）加独立承台的形式，承台双向设基础梁拉结，以提高基础的整体性。

航站主楼地下室长度 142m、宽度 36m。由于使用功能的限制，不设置永久性的伸缩缝，设置施工后浇带以解决施工期间混凝土的收缩变形。

航站主楼基础以下有地铁盾构穿越，为了减小其与结构、桩基间的相互影响，预留了足够的设计间距。盾构穿越两侧柱下采用双排轴线桩（ϕ850 钻孔灌注桩），桩基持力层为第 9 层粉细砂，有利于提高结构基础的刚度及控制沉降。

本工程因为功能的特殊性，做了防恐防爆性能分析，采取了相应的防爆措施：在主入口结构框架柱外包钢板，以有效加强钢筋混凝土柱抗爆性能。

为使供电电源尽可能地深入负荷中心，减少电能损耗，提高供电质量，节约投资费用，经过反复比选，统筹考虑全楼共设 10 个变电站。为满足航站楼消防及其他重要负荷用电需要，在航站楼中设置 6 个自备发电机房，作为消防设备及其他机场重要设备的应急电源。

洛阳博物馆新馆

设计单位：同济大学建筑设计研究院（集团）有限公司

主要设计人员：李立、王文胜、陈泓、叶雯、耿耀明、冯玮、曾刚、程青、高山

1. 创新空间组织与节能建筑技术的高度整合

以非对称的空间结构为支撑，将中央大厅偏向一侧布置，环绕大厅东、北两侧布置L形过厅以延伸空间，借鉴园林手法在方形流线的转折位置设置庭院和采光天井。将自然光作为展馆设计的重要特色，并作为空间转折与流线组织的重要手段，不仅改善了参观舒适度，而且极大地降低了日常运营能耗。展馆二层空调采用送风柱的方式，既降低了空调能耗，又节省了设备空间，也保证了二层展厅自然采光的实现。

2. 宏伟独特、内涵丰富的造型处理

建筑功能与建筑造型有机融合：展馆屋面的连绵起伏巧妙地容纳了屋面设备空间，营造出气势恢弘的遗址意象，在隋唐洛阳城遗址的真实背景中再现了考古场景，将建筑概念与场地特质融为一体。

建筑造型如大鼎屹立，寓意“鼎立天下”，充分体现古都洛阳的历史内涵。展馆与辅楼的形体关系暗示洛阳“背负邙山，南望伊阙”的地理特征。建筑东南角的观光塔取意武则天时代的“天枢”造型，成为眺望隋唐洛阳城遗址的制高点。

3. 大跨、超长建筑造型的结构技术

本工程部分梁跨度较大，特别是中央大厅南侧、东侧支撑梁跨度为 30m，通过采用后张有粘结预应力混凝土技术，有效地降低了梁高，并使得挠度、裂缝满足规范要求。中央大厅为 36m×36m 的无柱空间，其上方斜屋面采用双向钢梁，上铺压型钢板组合楼板，以控制结构高度，满足建筑室内空间要求。

主展馆区平面尺寸为 140m×147.1m，平面体型超长，为保证建筑效果及使用功能的要求，内部不设伸缩缝。为减小混凝土收缩与温度作用的不利影响，在结构设计上采取有效措施控制超长结构的裂缝。

4. 分层式空调系统

沿二层展厅外墙均匀设置若干个送风柱，从展厅竖向高度上的中部向展厅下部的人员活动区直接送风，回风口则分散设置在展厅下部；同时，在展厅顶部设置机械排风带走上部空间预热，排风所需的补风由空调送风补充，较好地满足了工作区人员的热舒适调节要求。分层空调技术体现了气流组织对节约空调负荷与能耗的作用，可以大大降低空调系统能耗。

5. 虹吸式排水系统

展馆屋面是本项目设计难点，设计合理地采用虹吸排水系统，按 100 年重现期的雨水量设计，局部屋面虽然很小，也至少设置 2 根雨水立管，以保障屋面排水的安全性。

6. 类型多样的消防系统设计

综合博物馆贮存物的特点，根据不同区域设计不同的消防系统。各展厅为预作用系统，在各层区域就近设置预作用阀组。二层的书画陈列室等设置 IG541 气体灭火系统。普通的公共区域为湿式系统。辅楼的文物仓库有多种类别，不宜用水扑灭的珍品库房设置 IG541 气体灭火系统。在大于 12m 的二层挑空中央大厅等空间，设置大空间智能型主动喷水灭火系统。

深圳紫荆山庄（原名 1130 工程）

设计单位：华东建筑设计研究院有限公司

主要设计人员：徐维平、张一锋、安仲宇、冯烨、张明、曲国峰、郑颖、丁生根、刘剑

深圳紫荆山庄位于深圳市南山区丽紫路，建设方要求该项目内敛、低调、轻松、舒适，兼顾建筑环保，因地制宜，以形成园林式建筑布局的建筑风格。其总体定位和综合的建筑价值观使得我们的设计重点在满足使用者功能需求的同时，也致力于汲取所在地的传统与文脉之精髓，并努力将建筑纳入地域与环境肌理的一部分。我们意识到这样的一个整体环境观也正在为建设一个可持续发展的和谐社会做着贡献。

掩映于绿色环境中诗意的园林式布局要求，使项目的特殊功能需求与建设规模受制于建设条件的局限。“源自景观、融于景观、化为景观”的设计目标，使得我们一直致力于如何在有限的基地范围内去创造最佳的外部空间环境。

策略一：采用建筑沿边布置方式，尽最大的可能为外部环境创造条件。

策略二：结合功能分区要求，并为平衡建设密度与空间环境的关系，采取分散与集中相结合的手段。

策略三：利用基地条件和山体特征，综合运用“遮”、“藏”、“隐”等手法，严格控制并化解建筑在环境中的视觉体量，并利用其错落有致、水平延展的形体来表达依山就势，和周边环境融为一体。

策略四：建筑总体风格强调“低调、内敛、简约”的设计原则，并采取自然、现代的设计手法诠释并体现传统色彩和“岭南建筑”的地方风格。

除此之外，我们相信建筑的生命也来源于建筑材料的合理诠释，其粗糙或光滑、凝重或明快的肌理表现，既有助于建筑形成朴素的韵律，让使用者愉悦，也使建筑更为持久，同时其不同的材料特性之组合和细部处理也强化了建筑设计的理念，使建筑在平凡、朴素之间显现其内在的品质与韵味。

本工程由1号楼、2号楼、3号楼、4号楼、5号楼、6A号楼和6B号楼共7个单体组成，总建筑面积约为37680m^2。其中5号楼为主楼，建筑面积约为20780m^2；其他各楼为辅楼，建筑平面和建筑面积各不相同。

本工程各楼基础均采用天然地基，主要地基持力层为2层含砾粉质黏土或3层砾质黏性土，地基承载力较高。5号楼、6A号楼和6B号楼基础结构形式均采用筏板基础，其他4栋小楼基础结构形式均采用独立基础。

5号楼地下共3层，地下室设有大报告厅和网球场等大跨度建筑，最大跨度有22m，且大跨度结构的顶部承受大面积绿化覆土、行车道等重型荷载。为满足建筑净空要求，尽量减小结构高度，大跨度梁采用劲性钢筋混凝土截面形式，并在与劲性钢筋混凝土梁相连的钢筋混凝土柱内设置构造钢骨柱，确保梁柱节点部位的弯矩传递。

5号楼地上5层，采用现浇钢筋混凝土框架结构体系，地上部分平面呈“Z”字狭长形，且以单跨框架为主。为满足大跨度入口的宽度和高度要求，结构在二层设置了连续转换梁。连续转换梁跨度15m，承受上部3层客房及屋顶荷载，梁截面尺寸为600mm×1400mm，转换层楼板加厚。建筑坡屋面形式复杂，结构采用现浇混凝土斜楼板。其他建筑单体均采用现浇钢筋混凝土框架结构体系。

给排水设计：基地总体雨水排水根据项目地处山区的特殊地理条件，为防止山地洪水等对基地安全产生影响，基地外围设置防洪沟保护。基地内部高差近20m，顺地势设置场地雨水排水系统，并在场地低洼处设置水景，可以在暴雨超过规范设定的设计重现期时，兼有一定的雨水蓄水能力，提高基地安全性。

南京紫峰大厦

设计单位：华东建筑设计研究院有限公司
合作设计单位：美国 SOM 公司

主要设计人员：陈雷、周建龙、华绚、郑利、王学良、苏夺、毛信伟、刘毅、王小安

南京紫峰大厦所在地鼓楼的重要地理位置和体量决定了其自然成为南京的地标建筑，将提升区域乃至城市的景观效果。

主楼平面结合地形设计成三角形，平面简洁便于结构布置，核心筒设在平面中间，布置电梯和楼梯间等其他辅助设施，办公或酒店客房沿塔楼平面周边布置，取得最大的采光面和景观价值，随着平面的上升，结合立面造型依次逐渐收分，创造出丰富的室内外空间。副楼平面呈梯形，与整体建筑形象、商业中庭有机整合，与主楼相呼应。

主楼裙房首层为大堂及商业，二至五层为商业，层高均采用 6m；六层、七层考虑了会议、宴会及电影院等功能，层高达到 7m。

主楼的低区十一层至三十四层为办公空间；高区为酒店，设置了大堂、客房、特色餐厅、贵宾接待、总统套房、俱乐部等功能空间，建筑有效高度为 339m，天线顶高 450m。

消防设计采用常规设计和性能化设计两种方法。其中进行性能化设计的关键部位为：高达 322.20m 的观光厅、餐厅、会所；裙房中庭及其相连的各层区域，将作为一个防火分区（44785m^2）；六层 5 个电影院放映厅。

结构设计：紫峰大厦主楼屋顶高度 381m，天线高度 450m，大大超过规范高度限值 190m；抗震设计时扭转位移比大于 1.2，构成平面不规则结构；在第三十六层，建筑立面收进，北面的 5 根柱子内力转换至下部的筒体墙，形成竖向不规则结构；在十层与十一层之间、三十五层与三十六层之间、六十层与六十一层之间，设置加强层，成为复杂高层结构。

主楼采用桩筏基础，底板厚 3.4m，底板之下是直径 2m、扩底 4m 的人工挖孔灌注桩，桩基持力层是中风化安山岩，单桩承载力特征值为 37600kN。主楼和副楼之间设置 150mm 宽抗震缝兼伸缩缝。

主楼选用带有加强层的框架－核心筒混合结构体系，采用型钢混凝土柱、钢梁和钢筋混凝土核心筒。

在整个建筑高度内，利用建筑设备层在主楼设置了 3 组 8.4m 高的钢结构外伸臂桁架与带状桁架，将周边的组合柱与内部的钢筋混凝土核心筒相联系。设

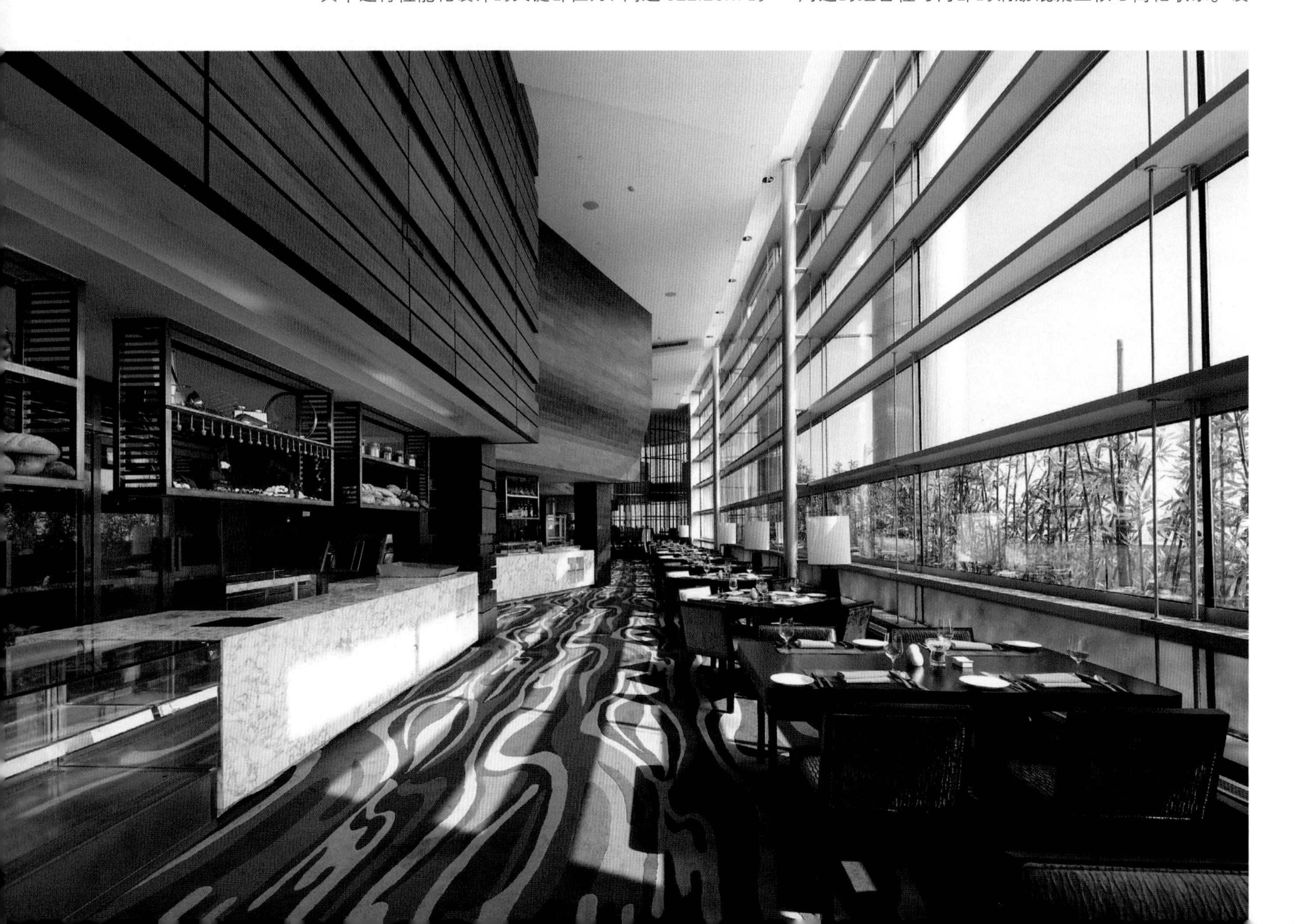

置加强层后，结构在风荷载作用下的顶点水平位移减小了 33%。

考虑到超高层结构的特点，进行了结构与荷载同时按照施工顺序加载的分析，研究了超高层结构的竖向变形差异问题，并采取施工措施应对。进行了罕遇地震作用下的弹塑性分析，对抗侧力构件按照中震弹性进行设计。

暖通：考虑到业主在管理及营销等方面的要求，副楼设置独立冷源。工程冷源均采用电制冷机组。工程热源采用汽水换热器，通过与蒸汽换热获得空调热水。空调热水泵均变频运行；空调冷水采用二次泵形式，一次泵定频运行，二次泵变频运行。

办公区域采用变风量空调系统，门庭、餐厅、商场等区域采用定风量空调系统。办公、商场、客房等场所均设置空气加湿系统，主楼采用与空调系统结合的蒸汽加湿方式，副楼采用湿膜加湿方式。

电气设计：在地上（十层、三十五、六十层）及地下一层设置相应功能区域的变配电所、10kV 配电间、应急发电机房，同时按功能区域内机电设备符合级别采用相应的配电接线方式，以保证其安全可靠性。

浦东图书馆（新馆）

设计单位：华东建筑设计研究院有限公司
合作设计单位：株式会社日本设计

主要设计人员：崔中芳、宋雷、吴博、茅晓东、余志伟、王斌、江苹、赵兴元、黄辰赟

1. 项目概况

2010 年建成的浦东图书馆新馆，建筑面积 6.0 万 m^2，新馆设阅览座位约 3000 个，设计藏书量约 200 万册。坐落于浦东新区的中心区域，基地北侧是中国浦东干部学院，西侧紧临严茂塘河道，南侧和东侧接邻的是新区文化公园。新馆作为现代化、国际化和智能化的大型综合性公共图书馆，为普通市民、企事业单位、党政机关和社会团体等提供文献资源和情报信息服务，是新区及上海市文化事业发展的又一重要标志。

2. 空间的体验——大厅、中庭、空中花园、书山、浮云

建筑底层贯通南北的入口大厅，读者无论从前程路或者文化公园都可以方便地进入图书馆。来到大厅，读者会立刻被建筑内部的中庭吸引。在每个楼层轮廓不一的中庭，上下贯穿连成一体，进入一层的入口大厅，读者就可以对贯通 6 层的整个中庭产生强烈的空间印象，并引起探索的好奇心。在此还可仰望对称布局的、玲珑剔透且绿意盎然的“空中花园”。从入口大厅向上，可以登乘自动扶梯而直达位于三层的读者大厅，这里是进入各个主要阅览区的枢纽，设置了总服务台和闸机出入口。读者大厅所在的中庭贯通三层至六层的图书阅览区域，以“空中花园”为视觉核心，读者在阅览之余，可以走上天桥，步入“空中花园”稍作休憩。

三层至六层的图书馆阅览区分为两个不同的空间主题。作为图书馆最核心的部分，普通文献阅览区域设在三层和四层，空间上下贯通，形成独一无二的“书山”空间。四层的藏书区宛如书本堆积的山丘，三层的中心部分墙面亦排满书架，在这个开阔而高敞的空间里，书是信手拈来的，阶梯也可以随意地拾级而坐，建筑似乎暂时消失了，读者浸润在书籍中，自由地享受阅读的乐趣，这种体验是独特而触动人心的。五、六层贯通区域的“浮云”是建筑室内空间的又一亮点，自由的曲线墙体外挂铜质幕墙，包裹着整个六层，悬吊在五层专题阅览区的上方，犹如浮动在空中的云，为人们提供了另一种独特的空间感受。

3. 内部功能布局

图书馆的地上部分为 6 层，每两层为一段，自下而上、由动而静分为三个主要功能区域，各区域功能更有效地得到发挥。一层、二层以学术交流为主，600 人多功能报告厅和展示厅布置于一层，二层为少儿阅览和教学培训区。三层、四层为普通文献阅览，也是图书馆的核心部分。五层以专题阅览为主。六层西侧、北侧为音像和数字化阅览室，南侧设置贵宾室和图书馆办公及活动用房等。

图书馆的地下一夹层可直通室外，西侧靠近入口处设置餐厅和职工食堂等餐饮服务区，地下一夹层的中部和南侧为密集书库、馆内职员、物业用房，地下一层为车库及设备用房等。

作为 21 世纪高水准的新型图书馆，实行藏、借、阅一体化的现代服务方式，有利于读者对所需的文献进行查询、阅览或借阅。与传统图书馆“大书库，小阅览室”相比，“藏阅合一”是新馆最重要的特色，馆内没有集中设置大型藏书库，而仅在地下一夹层中部设有一处面积不大的密集书库。大开间、通透的空

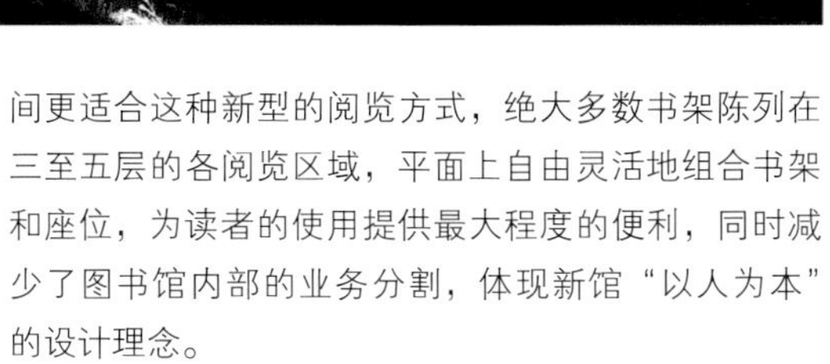

间更适合这种新型的阅览方式，绝大多数书架陈列在三至五层的各阅览区域，平面上自由灵活地组合书架和座位，为读者的使用提供最大程度的便利，同时减少了图书馆内部的业务分割，体现新馆“以人为本”的设计理念。

温州大剧院

设计单位：同济大学建筑设计研究院（集团）有限公司
合作设计单位：卡洛斯·奥特建筑师事务所

主要设计人员：陈剑秋、王玉妹、陆秀丽、虞终军、归谈纯、刘毅、夏林、严志峰、许爱琴

温州大剧院总建筑面积 32182m²，主要包括一个1502 座歌剧厅、一个 633 座音乐厅及一个 220 座小剧场、排演厅、车库、公共服务空间、交通辅助用房等部分。交通流线十分复杂，多种功能空间通过精心设计形成完整的空间序列和高效简洁的内外流线。

大剧院深化设计中涉及建筑、结构、给水排水、空调暖通、强电、弱电、声学、舞台、灯光、音响、视线设计、二次装修和环境设计等多个工种。通过良好的施工配合与工程协调，最终保证了工程的高品质与高效率。

温州大剧院独特的鲤鱼造型，倾斜的侧墙，层层叠叠形成一种音乐的节奏感。在设计与施工中，实现了幕墙的外观造型与施工技术的完美结合，创造了富有独特韵律感的、梦幻似的典雅建筑。

通过设置隔声墙体、隔声屋顶、隔声门，并且采取有效的设备消声与隔振措施，厅堂所有材料均经过声学测试，确保了良好的隔声效果。

为保证声学效果，结构设计采用了国内较少采用的嵌套结构系统，并设置了多条结构伸缩缝、铰接连接缝，将主体结构分离为多个结构单元，隔断振动传递途径。结构脉络为：音乐厅、歌剧院观众厅与辅助房（主楼）结构相互脱离但相互包容，歌剧院将音乐厅包裹于首层及地下一、二层，辅助房（主楼）结构外包于歌剧院听众厅外，同时又跨越、坐落于歌剧院的侧舞台、后舞台之上，整个结构的外壳基本为钢构墙板及钢构屋顶，外壳与辅助房（主楼）结构相连，融为一体。

此外，本项目还采用了隔振垫技术，进一步有效分离各结构单元，降低噪声传递。（1）歌剧院观众厅与辅助房（主楼）之间，有交通走道或楼梯相

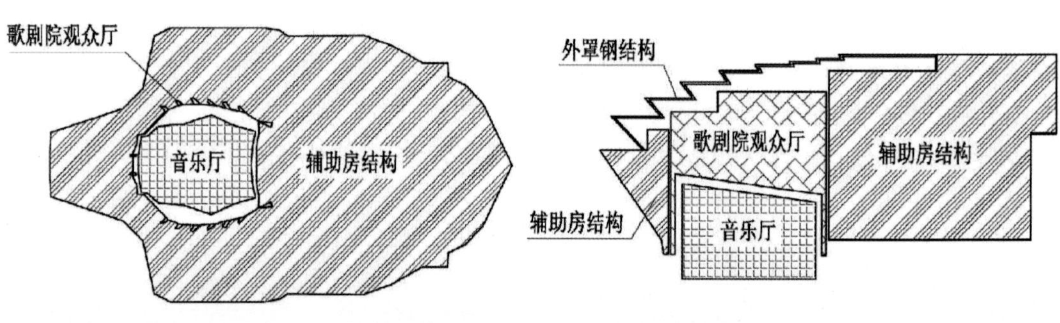

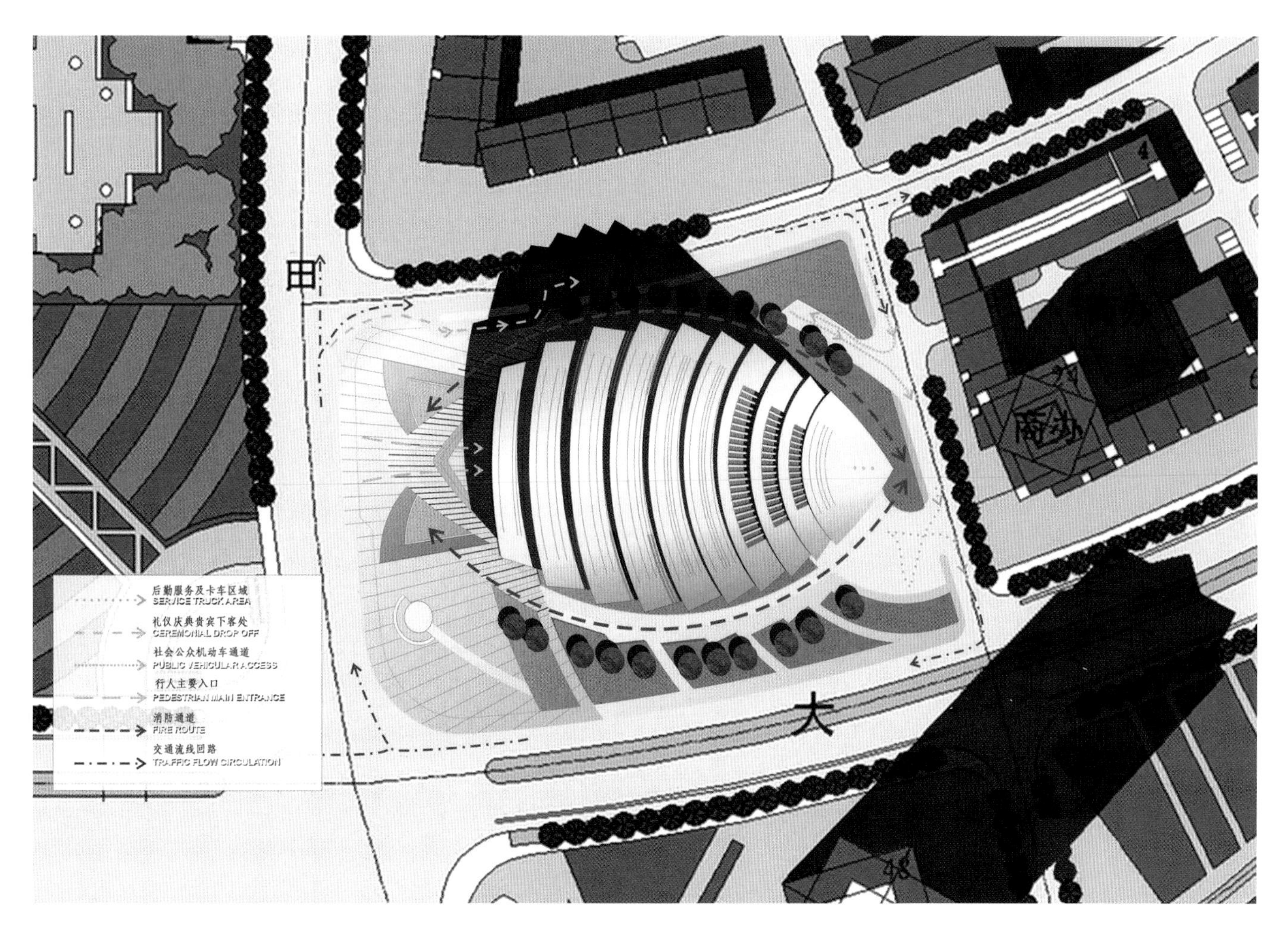

田
大
后勤服务及卡车区域
SERVICE TRUCK AREA
礼仪庆典贵宾下客处
CEREMONIAL DROP OFF
社会公众机动车通道
PUBLIC VEHICULAR ACCESS
行人主要入口
PEDESTRIAN MAIN ENTRANCE
消防通道
FIRE ROUTE
交通流线回路
TRAFFIC FLOW CIRCULATION

连，通过设于楼梯支座下的点式布置的隔振垫，将两单体间的振动（特别是水平向的振动）阻断。（2）主楼在一层平面布置了一个内嵌箱式小剧场，小剧场自成一个受力体系，通过设置于底部井字梁下面的隔振垫坐落于主楼之上，左右、上部与主楼完全脱离。（3）贵宾室采用钢结构框架建造，采用与小剧场相似的方式镶嵌于歌剧院观众厅与下部音乐厅之间。隔振垫采用 Sylodyn 聚氨酯材料，通过隔振频率计算以及弹性模量控制，将结构竖向计算自振周期控制在 10 ~ 15Hz，而水平向则以材料自身的柔性大幅度降低水平向刚度与自振频率，隔离水平向力的传导。计算得到的隔振降噪效率达到 92% 以上。

上海辰山植物园公共建筑项目

设计单位：上海建筑设计研究院有限公司
合作设计单位：德国瓦伦丁规划设计组合

主要设计人员：袁建平、李亚明、宗劲松、贾水钟、周晓峰、谌小玲、包虹、胡戎、张皓

辰山植物园位于上海市松江区佘山镇。本项目建筑单体造型复杂，建筑形态与总体环境紧密相连，是上海地区首例高填土达到16.000m并与普通建筑物融为一体的建筑景观。

三大主体建筑——入口综合建筑、科研中心和展览温室与植物园总体规划上的绿环主题结合为一体，沿用绿环的连续不断的地形变化，坐落在宽阔的绿带之中。三大主体建筑均为多层建筑，但体量超长，而且每个建筑形体几何关系复杂，建筑空间关系穿插多变。科研中心建筑两端的形体、室外绿坡上的三角护坡和室内两端的大空间完美结合，既在室外完成了超长建筑和绿环完美结合，又创造了室内有趣的空间。入口综合建筑是三大建筑中建筑形体关系、空间虚实对比处理得最为出色的建筑。展览温室完全是三个自由形态的建筑，也是集建筑学、植物学、生态学、建筑环境工程、美学为一体的综合项目。

本工程三大建筑物镶嵌在绿环之中，地形地貌营造的土方工程量巨大。结构设计处理及控制措施经过实践的检验，取得了良好效果。展览温室建筑群为亚太地区最大的、体形最复杂的异形铝合金曲面建筑。铝合金单层网壳采用由我院自主设计、已申请专利的滚动摩擦支座，既可适应温度变化引起的伸缩变形，又可在空间网格和它的支承结构之间传递由风荷载或地震作用形成的水平力。

本工程一、二层利用市政水压直接供水，三层以上采用恒压变频供水装置供水，各单体建筑分别设供水设备及生活水箱。展览温室弧线形屋面雨水收集回用于温室内植物浇洒用水及水景补水。结合建筑物单体风格，室内消火栓、自动喷水灭火系统采用稳高压消防系统。建筑物单体布局分散、功能迥异，结合建筑物屋顶构造、使用功能需求，采用太阳能热水系统。

本工程空调冷源和部分热源采用地源热泵形式，以提供冷、热源。空调冷源设置水蓄冷设施，利用晚间低价电时段进行蓄冷。温室主人行道上和入口处设置全新风空调系统，采用地送风形式，满足一定范围

内人流区域的舒适感；温室内周边设置暖气片供暖系统。本工程还解决了温室冬季温度梯度问题、冬季温室内风速问题、雨季温室通风问题。

科研楼屋顶上设置太阳能光伏发电系统，温室设置地源热泵系统。对分散在植物园内数十个分变配电所的主要设备和输、配电线路进行自动监视、测量、控制和保护，并采用无人值班的管理模式，提高运行的可靠性；采用玻璃幕墙铝合金主杆件作为接闪器，与铝合金受力结构杆件形成整体，与混凝土基座接地，形成完整的避雷系统。

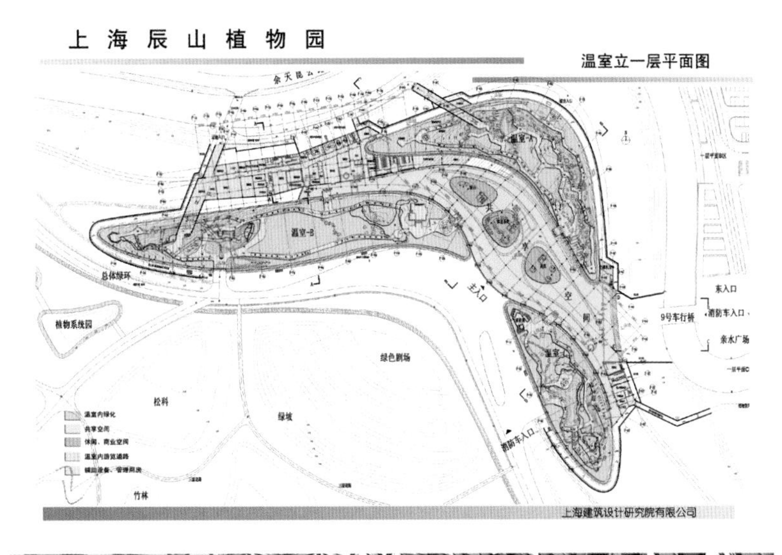
上 海 辰 山 植 物 园
温室立一层平面图
温室-A
温室-B
温室-C
主入口
东入口
9号车行桥
消防车入口
亲水广场
总体绿环
植物系统园
绿色剧场
松科
绿坡
竹林
消防车入口
温室内绿化
共享空间
休闲、商业空间
温室内游览道路
辅助设备、管理用房
上海建筑设计研究院有限公司

同济大学嘉定校区电子与信息工程学院大楼

设计单位：同济大学建筑设计研究院（集团）有限公司

主要设计人员：曾群、文小琴、井泉、杜文华 、邵华夏、谢文黎、陈大明、叶芳菲、施锦岳

同济大学嘉定校区位于嘉定上海国际汽车城内，电子信息工程学院作为其中的二级学院，地处校区的西北端，其南侧为已建成的图书馆，西侧、西北侧是同时修建的交通学院、机械学院。项目基地面积 11867m^2，总建筑面积 29969m^2，地下 1 层，地上 7 层，为学院提供教学、办公、科研用房。

建筑形体

学院大楼应在学校背景上确立恰当的尺度与形态关系，虽然建筑为 32m 以内的二类高层，但基地位于学校制高点 60m 高的图书馆北侧，我们认为建筑群体应在水平方向展开体量，以形成群体间和谐的空间关系，使其与周边建筑（特别是呈垂直向度展开的图书馆）、水体环境、周边绿化成为相应烘托的群体围合形态。为了达到这个目的，7 层建筑分为上下两部分，每部分形体都尽可能地强化水平舒展之感，凸显建筑群体的序列感、生长性和有机趣味性。

设计理念 电子特征——塑造自由流动的空间秉持学院“稳健内秀”的特征，在外部形象统一的前提下注重内部半开敞流动建筑空间的创造。在这个庞大的建筑中，设置了多层次的公共及户外空间——中厅、天井、庭院以及众多的平台和交流场所，同时这些公共及户外空间在垂直向度互相交错穿插，使平面上各自分离的外部空间在垂直向度里又联系起来，因此几乎在建筑的所有内部房间都能看到这些户外空间，活跃了相对沉闷枯燥的工作场所。科研办公大楼的功能被模糊，代之以能最大限度感受到自然的建筑。

信息特征——高科技、数码要素　立面设计手法中引入数码、信息元素，玻璃幕墙采用印刷玻璃和普通 LOW-E 玻璃错落布置，塑造具有“电子与信息”学

院形象和特征的建筑风格。

材料与色彩

根据学校经济条件选择外立面材料，同时色彩上与周围建筑相协调。7层建筑分为上下两部分，下面4层以深灰色仿青砖面砖为主，中庭两侧设有带通风百叶的玻璃幕墙；六到七层设计清水混凝土与印刷玻璃幕墙。上下形体之间内收的五层则采用大面积玻璃窗。在适用、经济的前提下设计具有美学特征的现代校园建筑。

结构特点

六层以上各层楼面沿建筑周边均有大悬挑结构，最小悬挑长度4.2m，最大悬挑长度8.4m，且形体设计对于悬挑部分的梁高提出了较高的要求。对于4.2m的悬挑结构，采用了有粘结预应力梁，梁高700 ~ 800mm。对于8.4m的大悬挑结构，采用了无粘结预应力梁 + 跨层空腹桁架的结构形式得以实现。桁架不设斜杆，利用各层大悬挑梁作为空腹桁架弦杆，悬挑端部8.4m处及中部4.2m处设置立柱，与悬挑根部的混凝土框架柱一起作为空腹桁架的竖向腹杆，空腹桁架的弦杆即各层悬挑梁内布置无粘结预应力筋，弦杆高度900mm，满足了建筑的造型及功能要求。

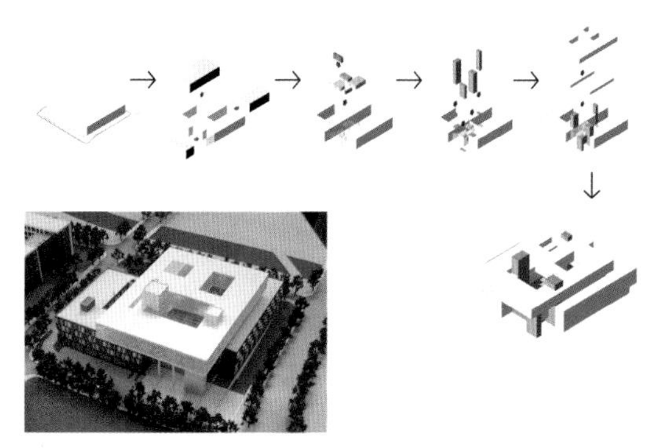

2010 上海世博会世博轴及地下综合体工程

设计单位：华东建筑设计研究院有限公司
合作设计单位：上海市政工程设计研究总院（集团）有限公司、德国 SBA 公司

主要设计人员：黄秋平、王恒栋、叶大法、王浩、孙峻、倪丹、方卫、戚军武、梁葆春、包旭范、欧阳恬之、葛潇、张伟育、朱雪明、梁韬

按照规划要求和安检口配置量，世博轴承担了世博园区 23% 的人流，极限高峰日承担 18.5 万人次进出园。面对如此大的人流量，为了在最靠近世博核心区域的世博轴内，合理解决大人流的安全通畅地通行问题，设计中采用了以下几项行之有效的措施：

1. 建立科学可靠的工况分析，配置充足的安检口、等候广场。

2. 针对规划要求的大量安检口及世博轴有限的基地宽度，因地制宜，制定出地上、地下分层通行的人流方案。

3. 配置充足的垂直交通体系。

4. 世博轴地上二层、地下二层贯通南北的通道是世博轴的交通命脉，在这两个层面设计了巨大的通行宽度，其中地下二层主通廊的宽度达到 40m，长约 1000m，10m 平台的总宽度达到 80m，可供人员通行的宽度约 60m，长约 700m，在世博会的运行中取得很好的检验效果。

造型设计：

世博轴虽然是一个庞大的建筑单体，但在建筑的每一处都体现出设计师的精心推敲，而且建筑形体的细节也无不体现出简约、大气的设计思想和环保、节材的绿色设计理念：

1. 作为世博轴的主要形象特征，6 个阳光谷和膜结构顶棚的独特造型吸引了全世界游客的目光，建筑师全过程参与了阳光谷和膜结构顶棚的设计工作，尤其在结构深化设计阶段，建筑师对于结构的每一处细节都反复推敲，使得结构安全与建筑美学完美结合，最终打造出与世博园区标志性建筑身份相匹配的门户形象。

2. 在建筑立柱、芯筒、栏板、桅杆基础等立面要素中，大量使用清水混凝土设计，研究大面积清水混凝土应用中的设计与施工技术、保护措施相结合，使得建筑整体风格朴素，减少了涂料的使用，又与环

境整体协调。

3. 在二层平台上，对各服务设施用房采取坡顶造型，并在坡顶上种植绿化花卉，使得人流量最大的层面绿意盎然，给游客创造了舒适惬意的通行环境。

4. 沿世博轴两侧的大尺度花坛周边都设置了座凳，体现了功能与美学的结合，既圈定了花坛范围，又为游客提供了大量休息座凳，座凳表面为木质，且尺度宜人，吸引众多游客使用，成为园区的一道风景。

结构设计：

世博轴及地下综合体工程长1045m，地下宽99.5～110.5m，地上宽80m，为地上2层、地下2层（局部地下3层）建筑，沿长度方向用5条抗震缝把建筑物分为6个单元。

世博轴结构底板埋深达12 m以上，大部分区段覆土较少或上部几乎无覆土，抗浮问题突出。在二层区域采用了约5000根 ϕ600长25m或23m的扩底抗拔桩，通过增加不多的材料和造价来显著提高桩基抗拔承载性能，取得了良好的经济效益。

世博轴各层楼板主要采用混凝土现浇结构，具有结构超长、异型大开洞、半敞开等特性。设计采用了预应力宽扁梁技术、板纵向后张无粘结预应力技术，采用聚丙烯纤维混凝土和聚丙烯腈纤维混凝土，采用

混凝土添加剂、分块浇筑、设置后浇带以及诱导缝等技术手段。上述方法的综合使用，成功解决了世博轴抗裂问题，并保证了建筑功能最优。

世博轴顶棚结构包括两个不同类型的结构体系：6个建筑造型独特的钢结构－玻璃“阳光谷”和索膜结构，6个阳光谷（SV1～SV6）提供给索膜结构18个支撑点，将两者结合为一体。

6个阳光谷的高度一般从-7.00m至35.00m，共42.00m高，网格体系的形状复杂，悬挑跨度大。6个阳光谷的悬挑长度由21m至40m不等。结合阳光谷结构的特点，设计确保结构体系不仅在各种组合工况下可以保证弹性工作，并且具有较好的抗震性能和承载性能。

世博轴索膜顶棚为连续的张拉式索膜结构体系，总长度约840m，最大跨度约97m，总面积约64000 m^2，单块膜最大展开面积约1800m^2。其支撑体系共有31个外侧桅杆，19个下拉点以及18个与阳光谷的连接点。设计研究和探讨了多国的膜结构规范和指南，并且结合本结构的特点，确定了膜材安全系数的取值、结构位移控制要求、风荷载取值和计算方法等，为索膜结构的规模化应用奠定理论和设计基础。

云南师范大学呈贡校区一期体育馆

设计单位：同济大学建筑设计研究院（集团）有限公司

主要设计人员：王文胜、王沐、陆秀丽、虞终军、庄磊、徐桓、曾刚、刘军、冯明哲

1. 功能与形式的和谐统一，宏观总体与技术细节的和谐统一

云南师范大学呈贡校区一期体育馆位于呈贡大学城快速干道边，是校园标志性建筑之一，也是呈贡大学城的标志性建筑之一。以 $9800m^2$ 的体量取得校园空间的张力均衡，突出其标志性，是设计的难点之一。经过多种方案的比较，确定选择圆形作为体育馆主造型。最终体育馆在成为西区校园的统领性建筑的同时，也与整体校园做到了和谐统一。圆形饱满有力，并能很好地与“花”的立意契合。当地传统建筑高耸且出挑深远的屋檐给了我们灵感。设计师提取、简化“花瓣”的意向，并且与建筑语言结合，形成具有韵律感的折线形屋顶。

结构工程师在最初的介入使得建筑逻辑语言更为清晰。屋顶采用折板网壳结构，7.5° 为一个单元的折线单元重复，每一个屋顶折板单元正好对应一组结构桁架。这样既能保证屋面的整体刚度，又能将结构和建筑技术细节融合统一。云师大体育馆采用的单层折板网壳，结构形式新颖、优美，空间效应明显，整体刚度大，结构受力性能优越，安全性能好，是一种值得推广的结构形式。起伏的屋顶还为容纳马道灯具、消防炮组件、吸声构件等各专业设施提供了空间。在简单吊顶之后，屋顶的统一性、完整度仍然得到了维护，各专业设施和谐共存。

为了在有限的建筑面积控制下获得更具有标志性的造型，容纳中型体育馆的人数，我们将体育馆看台

整体向外挑出，其下部的功能空间形成一个基座来衬托上部令人震撼的力与美。建筑与结构，技术与美学获得了和谐与统一。

2. 高完成度设计

建筑从外观到室内的设计，都体现了很高的设计完成度。在外立面的控制上，我们采用了3.75° 作为控制模数，金属幕墙、玻璃幕墙、折板金属屋顶乃至大台阶扶手拼缝都统一在这个模数之下，一一对应，使得完成成果格外精致。

我们对于室内尤其是场内声学做了精心设计。在屋顶结合结构形式设置了大量吸声尖劈，在后排看台和中心结构环下设计了大型吸声体，实施效果非常理想，避免了大空间、圆形空间常常出现的声聚焦。

屋顶采用立式锁边铝锰镁合金复合屋面板，外表皮为铝锰镁合金板，内表皮为穿孔铝板，中间设玻璃棉保温层，在达到良好的隔热性能同时，也极大提升了内场声学效果。

3. 多功能复合与社会共享

体育馆有接近4000人的规模，可以承担学校和社会的大型集会、大型赛事以及日常训练教学等多重任务，设计紧扣高校体育建筑的“复合化”时代脉搏，做到了多功能综合化。三面环形，一面敞开的不对称的观众厅平面设计，为多功能使用创造了良好的条件。敞开的一端，可以布置热身场，同时热身场下布置升降舞台，供集会和演出使用；在比赛时也可摆放活动座席形成四面围和看台。

在建成之后，体育馆圆满承担了学校开学和毕业典礼，并举办了2011年度大学生排球联赛，体育馆的声光电等设施，尤其是圆形空间的语言清晰度经受了考验并获得广泛好评。计划在未来的时间里发挥更大的用处。

建筑临近城市并对城市开设出入口，在满足校园使用之余，实现了资源共享，对外开放。圆形的造型使得所有面都为主立面，很好地兼顾了内外需求。

4. 节能环保的设计实践

我们同时致力于建筑的节能设计。在体育馆屋顶，设置了半径为14.5m的0.6厚PTFE涂层玻璃纤维膜，透光率达到18%，使得内场明亮而且光线柔和，在日常使用时不必开启大功率照明。

通过合理的建筑布局，最大限度地利用自然通风（仅局部设机械通风）调节室内温、湿度。比赛大厅在看台挑檐下设置排风管及排风口，通过低噪声排风风机箱排出赛场下部区域的污浊空气以形成负压，并在每个折板屋檐的末端设置通风百叶，将室外新风源源不断地引入，既调解了室内微气候环境，也省去了机械补风系统的初投资及运行费用。

厦门长庚医院（一期）

设计单位：上海建筑设计研究院有限公司
合作设计单位：台湾刘培森建筑师事务所

主要设计人员：张行健、孙燕心、周涛、路岗、朱建荣、沈彬彬、朱文、黄慧、张隽

厦门长庚医学园区规划是一个以医疗为主核心，延伸到集医疗、护理、养生、保健、研发及教学于一体的特大型医学园区，也是当今世界上最大的卫生医疗城之一。厦门长庚医院系医学园区的一期工程，位于马銮湾南侧新阳工业区北侧的医学园区内。医院设手术间、SICU 床位、PICU 隔间，包括 5 ~ 19 层的主体建筑、局部 3 层的动力中心、单建式地下人防设施等构筑物。

医院不仅满足近期 500 床的先行开业需要，同时满足 2000 ~ 3000 床规模的综合医院的运作切换，并兼顾不远的将来特大型医院的发展。整个医院采用半集中型设计，以纵横网络式、城市街坊式、模块式布局。设置主次干道，各种流线脉络清晰，提升了医疗质量及效率。主体医疗建筑由病房楼及门诊医技楼二栋建筑物组合而成，地下室相连形成一体，该超大地下室堪称国内少有，内设医疗供应辅房、设备用房

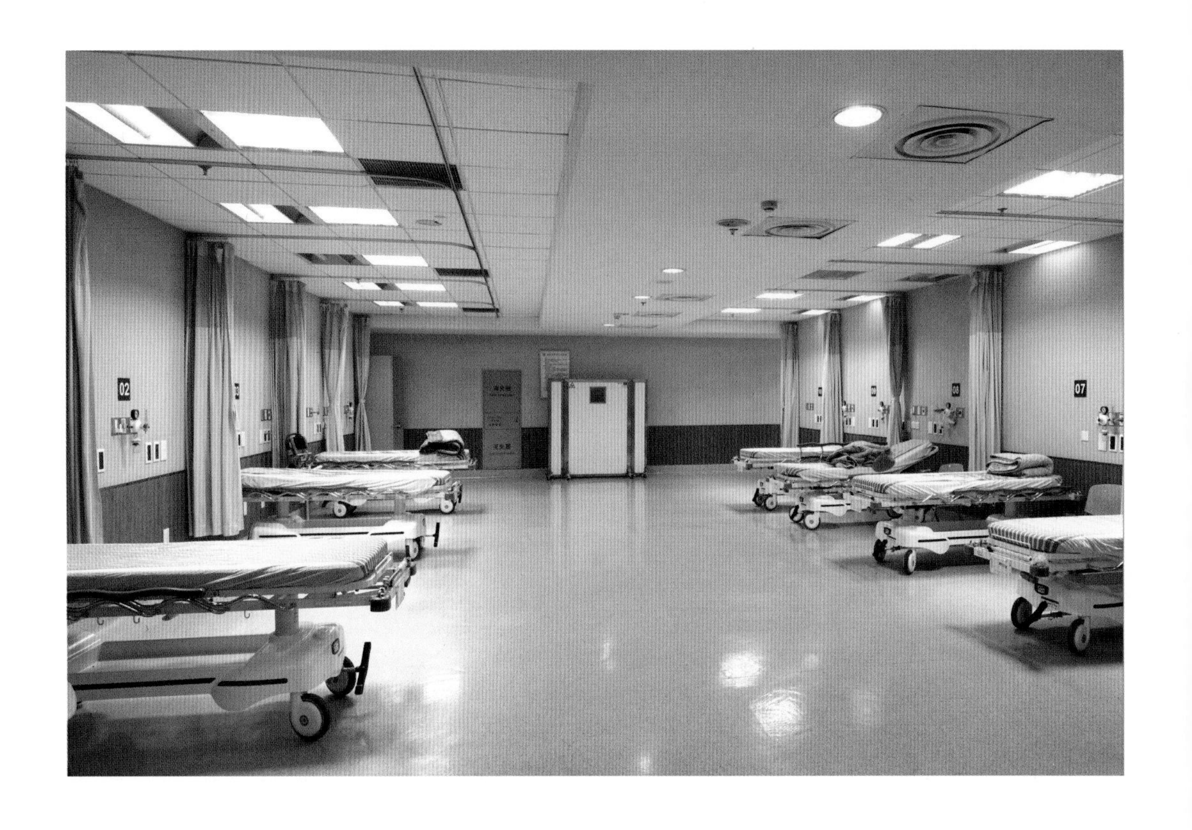
02
07

停

和部分医疗诊断检查用房。

医技楼外立面采用暖色干挂石材和银灰色铝板雨篷、铝合金中空玻璃门窗，高层病房楼采用浅灰色干挂石材。病房楼采用统一的立面模数与墙面划分，并采用大块面的虚实对比手法及立面质感、层次，形象大气而有整体感。

医疗中心（病房楼和医技楼）的地下室连成一体，病房楼范围采用桩—筏基础。医技楼范围采用桩基承台＋梁板式筏板，基础梁顶面加一层顶板，形成类似箱体结构作为大型储水箱。基地属于滩涂场地回填，根据建筑的布局和荷重分布情况，采用混合布桩方案。19层的综合医疗中心大楼的主楼（病房楼）采用钢筋混凝土框架—剪力墙结构，5层裙房（医技楼）采用钢筋混凝土框架结构。

医院用水设备多、布置分散，用水点的位置随着建筑平面使用功能变化而改变，给水排水配管设计采用集中管道间标准化配管设计模式。利用楼梯、电梯等垂直交通部位设置集中管道间，每个管道间内配置给水、热水、热水回水、杂用水、废水、污水、排水专用透气及医疗气体竖向干管，各楼层横管进行标准化配管设计。各楼层横管的控制阀均设在管道间内。消火栓系统配管设计采用数根竖向转输立管，立管设于集中管道间内。各楼层设置横向环网供水干管，每层消火栓由该层横干管供水。

本工程手术区域庞大，空调箱均采用变频控制调节风量，在值班状态下调节空调箱风量，维持室内处于正压状态，同时可控制室内的温湿度。空调箱设有二次回风段，利用二次回风进行再热。

针对特大型医院的特点，本工程设置动力中心为整个园区服务。设置专用变压器，避免不同负载之间的互相干扰，确保电源的可靠性、纯净性。采用高压柴油发电机作备用电源，避免了其对医院其他功能的影响和干扰。在医技楼、病房楼分别设立大型集中式电源系统，两路不同电源分别引至重要用电负荷处自动切换，以保证电源的可靠性。

上海保利广场

设计单位：华东建筑设计研究院有限公司
合作设计单位：德国 GMP 建筑设计责任有限公司

主要设计人员：郁林元、陆益鸣、王晔、柯宗文、盛安风、杨琦、瞿二澜、刘超、哈敏强

上海保利广场位于浦东新区陆家嘴原上海船厂东部，由1栋30层的标准甲级办公楼(附设有单层裙房)、4栋5～9层的滨江独栋办公楼组成，地下为2层满铺地下室(局部3层)。主要功能为商业及办公，为浦东新区又一标志性建筑，总建筑面积约100781m^2。

南侧超高层标准甲级办公楼为整个建筑群体的核心，形体处理为一高一低、一前一后的两个水晶体所组成的双塔，与前排独栋办公楼以及广场空间相呼应，双塔的核心筒延伸了其外形的逻辑关系，分别布置在两侧，中间部分南北通透，建筑物本身通过简单几何形体的基本元素叠加，被塑造成水晶形式。立面的倾斜带来了良好的视觉和照明效果，形成了个性化的空间、露台和开阔场地。

办公楼外墙采用双层呼吸式幕墙，低辐射 LOW-E 玻璃使室内具有良好的保温性能和视觉效果。采用玻璃和竖条小开启窗，使办公楼具有良好的通风性能。

结构方面，办公楼塔楼部分采用钻孔灌注桩＋厚板。钻孔灌注桩桩径700mm，桩端持力层为⑦2粉细砂层，桩长32m，混凝土强度等级为水下C40，采用桩端后注浆，单桩竖向抗压承载力设计值为4300kN，桩基计算最终沉降量约为70mm。桩基采用满堂布置，基础底板厚度为2200mm，混凝土强度等级为C35，抗渗等级为S8，添加混凝土抗裂剂或微膨胀剂。

地下室均采用现浇钢筋混凝土梁板结构，楼面既可以作为地下室外墙支点有效传递建筑物四周水土压力，又可以加强地下室的整体性。为了进一步降低地下室层高，局部楼面次梁采用井字梁布置。地下一层楼板厚150mm，地下室顶板250mm，混凝土强度等级C35。

上部结构采用现浇钢筋混凝土框架－双核心筒结构体系。核心筒为主要抗侧力结构体系，与外围框架形成双重抗侧力结构体系。核心筒地上部分周边剪力墙墙厚从下到上为 650（400）～300（300）mm，筒内剪力墙厚度为 400（200）mm，主要的钢筋混凝土框架柱截面尺寸从下到上为 ϕ1200～ϕ1050，混凝土强度等级从下到上为 C60～C40。部分框架柱采用了钢管混凝土叠合柱。为了满足建筑楼层净高，部分框架梁采用宽扁梁。

给排水在循环冷却水系统设计上，采用循环水旁流处理器，进行杀菌、灭藻、除垢处理，并去除水中悬浮物，节约用水；对冷却塔的补水，采用变频供水方式；对空调补水进行计量；卫生洁具、冷却塔等采用节水产品。建筑物的污水和雨水进行分流；对厨房污水采用进口的油脂分离器专用设备；在地下四层设有隔油沉砂池处理车库废水。

在人员密集区域及重要区域，空调送风和新风系统上安装了紫外线杀毒消菌设备，大大提高了空气的品质。

特立尼达和多巴哥国西班牙港国家艺术中心

设计单位：华东建筑设计研究院有限公司

主要设计人员：李瑶、吴正、包联进、邵晶、韩倩雯、左鑫、胡明、黄永强、苏涛

特立尼达和多巴哥共和国位于中北美洲加勒比海南端，国家艺术中心位于西班牙港的东北角。总建筑面积为 25550m^2。由一座 1500 座的剧场、52 间客房的宾馆和表演学院及以上三部分的附属建筑组成。建筑最高点 36.92m。

国家艺术中心主要用于特多民族艺术之国粹——钢鼓乐的表演、教授和艺术培训，另外还兼顾剧场、影剧院、行政管理及宾馆功能。设计充分考虑到特多当地民族文化艺术的特点、旅游业发展的需求及其艺术场馆的表演、教授和艺术培训等使用功能要求，结合采用富有地域和传统特色的建筑语汇创造出全新的建筑风格。

考虑到项目本身的情况及与周围环境的关系，结合建筑形态将功能划分成剧场、表演学院、旅馆三个区域。配合建筑入口形成的三个广场作为开放性的公众景观广场，巧妙地依照建筑形态与用地特性布置了与建筑主体贴近的水景和尺度宜人的各类小品。

剧场前演艺广场为剧场提供了聚散空间，同样可以作为钢鼓乐演奏的室外剧场。广场通过台阶将观众引入通高 20m 的剧场大厅，通透的视觉扩展了有限的空间，绿树、阳光、自然气息充盈四周。无论白天还是夜晚，晶莹剔透的外观都能成为吸引人们视线的风景线。

结构方面，地震作用按 7.5 度采用，抗震构造措施按 8 度采用。表演学院及旅馆，地震作用按 7.5 度采用，抗震构造措施按 7 度采用。大跨度钢拱屋盖、观众厅钢网架屋面、舞台钢结构屋面等需考虑竖向地震作用（10% ~ 15% 的重力荷载代表值）。

风荷载：主体结构设计基本风压为 0.56 kN/m^2，由于拱形钢屋盖呈花瓣状，体形复杂，进行了结构风洞试验以确定合理的风荷载体形系数、风振系数等参数。

由于整个建筑物总长度超过 200m，且各个单体房屋高度、结构形式差别较大，剧场部分与表演学院以及旅馆间主体结构采用伸缩缝脱开，兼作抗震缝。钢拱形屋盖在 T 区与主体结构完全脱开，其余区域钢拱屋盖支承在主体结构上。钢拱屋盖结合建筑屋面造型，沿纵向布置跨度不一、高度渐变的钢拱肋，拱肋间距 8 ~ 9m。拱形状采用悬链线，以保证在竖向荷载作用下拱的内力以轴压为主。为了保证屋盖纵向抗侧刚度及整体刚度，拱肋之间通过次梁连接，并设置支撑。拱结构除进行强度及稳定校核外，还补充整体稳定屈曲分析，考虑构件的初始缺陷。结构计算结果表明，钢拱屋盖整体稳定屈曲系数大于 5.0。

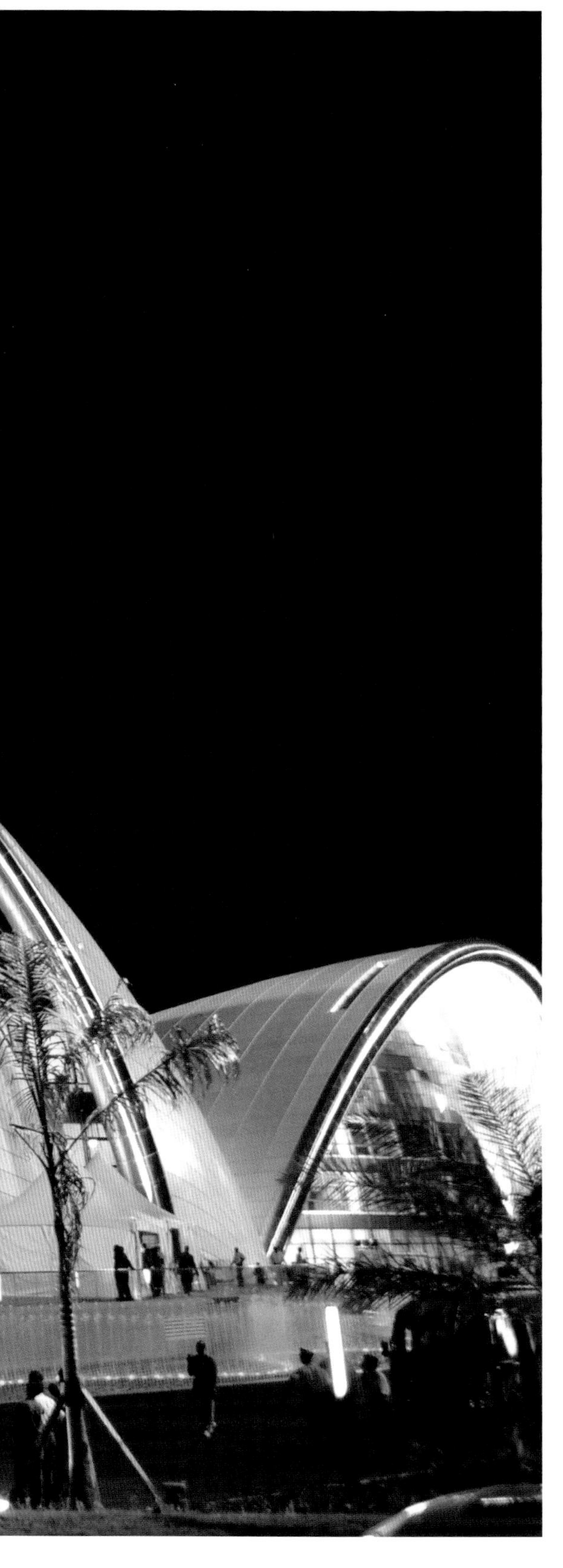

给排水设计根据当地要求，总体雨水最大排出秒流量不得超过原未建前的地面最大暴雨时径流量，在总体排水上设计了截流井和调蓄池，根据暴雨强度和延时计算了调蓄池的容积。

热水系统采用了多台容积式燃气热水器并联的供水方式，避免了锅炉房的设置，当地对有压锅炉要求严格。热水采用循环泵同程强制循环保证水温。

昆山阳澄湖酒店

设计单位：上海建筑设计研究院有限公司
合作设计单位：观光企划设计社

主要设计人员：费宏鸣、孙大鹏、陆纪栋、高志强、朱家真、欧元庆、朱南军、朱京军、段后卫

昆山阳澄湖酒店是一栋位于昆山市马鞍山路尽头、阳澄湖畔的五星级酒店，酒店裙房两层，三至七层为主楼客房层，独立餐厅两层。总体上“一弧一竖”的布局简约而有力，通过建筑形态与体量的表现突出其空间特点。

在平面布局上，酒店临近湖泊，设计成扇状进而保证大面积的眺望视野，同时在体量造型上如同张开的臂膀对来客表示欢迎。大型集散广场设在酒店同心圆的中间，加强围合感。大部分的客房、餐厅、休息厅及泳池等公共设施也面向浩瀚的阳澄湖，景色宜人。大宴会厅设置单独的宴会入口，前厅正对着湖面。酒店餐厅、酒吧等公共区域和大部分的客房均临湖而置，透过晶莹剔透的大片落地玻璃幕墙，眺望碧波荡漾的独墅湖，让人心旷神怡。

立面上主要使用柔和且能凸现自然本色的浅色石材，透明和半透明的玻璃幕墙构件是酒店立面不可缺少的组成部分，细部节点上辅以不锈钢等金属材料突出了此建筑的质感。

本工程独立风味餐厅和主楼分别为 2 层和 7 层的钢筋混凝土框架结构。桩基设计根据上部荷载情况采用不同的桩型、不同的桩基持力层，完成了以减少沉降差异和承台（底板）内力为目的的变刚度调平设计。在大跨结构中，采用“工”字形截面预应力梁，既控制梁高，又减少结构的自重，更减少柱顶弯矩而控制了柱截面。在屋顶层，转换梁、梁上柱、屋面大梁形成一个接近于空腹桁架的结构形式，减少了转换梁的挠度。

本工程生活用水由市政给水管网供水。地下室锅炉房、洗衣房、游泳池补水、空调补水由市政给水管网直接供水，其余部分的地下室至二层由低区变频泵供水，三层至七层由高区变频泵供水。室内排水系统污废水分流。厨房废水由除油专用设备处理后排入废水系统，室外污废水合流排入市政污水管。

本工程冷源由离心式冷水机组和螺杆式冷水机组提供。热源设置热水锅炉提供热水，另配蒸汽锅炉供洗衣房及冬季客房加湿。大堂及宴会厅、餐厅、多功

能厅等采用全空气单风道定风量双风机空调系统。主楼客房均采用风机盘管加新风系统。空调热水系统的热水泵根据末端压差信号变频控制。

本工程由电业提供两路独立电源。变电所设置在地下一层，设置干式变压器，另设一台柴油发电机，作为应急备用电源。灯具采用高效节能直接照明的配光形式。客房走道、大堂、宴会厅等公共区域，户外照明，特殊区域的电动窗、电动窗帘、电控会议设备等，均纳入智能设备控制系统，实现集中控制和达到节能目的。

中国民生银行大厦

设计单位：华东建筑设计研究院有限公司

主要设计人员：钱文华、高丹、张聿、刘明国、李立树、王峻强、李鸿奎、俞旭、王意岗

本工程为改扩建项目，由原中商大厦改建成中国民生银行大厦。项目位于浦东陆家嘴金融贸易区内，紧临汇丰银行大厦、华能大厦、新上海国际大厦等。中商大厦始建于20世纪90年代中期，35层，总高约为135m。本次改扩建增加了主楼的层数及高度，主楼增高到45层。主楼的南侧裙房由4层增加至6层，主楼北侧裙房拆除，并扩大地下室面积。建筑面积增加到94256.36m^2，高度增加到188.6m。

由于原大厦基地面积狭小，改建后在平面上作整合处理，补齐原平面的角部残缺的部分并沿四边边柱轴线向外出挑约4m，以增加使用面积，提高楼层的使用效率。主体建筑的布局完整，定位为高级办公楼，各功能空间配套较为恰当。

改扩建内容和特点：原结构为钢筋混凝土框架－核心筒结构，现保留核心筒，根据现有条件，逐步将原结构的混凝土梁板拆除置换为钢梁＋压型钢板组合楼盖。同时在原混凝土柱外包钢管，内灌高强混凝土灌浆料与原柱紧密结合，形成共同作用的钢管混凝土柱，作为改建后的结构抗侧力体系。具体方案如下：

1. 由上至下拆除偶数层核心筒外的梁板，对拆除后的楼层进行钢结构置换施工。在拆除的楼层上下各一半层高范围内，对框架柱外包钢管，钢管与柱用化学植筋连接牢固，楼层处架设钢梁并铺设压型钢板，浇筑楼板混凝土。

2. 由下至上逐层进行奇数层楼板的置换。首先，拆除第三层的楼板，框架柱外包钢管，使其与上下的钢管通过剖口全熔透焊连接。钢管内连续浇灌高强无收缩灌浆料至第四层楼面。在第三层楼面处架设钢梁并铺设压型钢板，浇筑楼板混凝土。而后，拆除第五层的楼板，框架柱外包钢管，使其与上下的钢管连通。钢管内连续灌浆至第六层楼面。在第五层楼面处架设钢梁并铺设压型钢板，浇筑楼板混凝土。依此类推，不断重复上述工序，直至原结构全部替换为钢梁＋压型钢板组合楼板。

在给水排水管道布置中，充分利用原有管井，结合建筑平面布置，合理布置管道，同时考虑系统优化性。在裙房、屋顶会所部分采用独立变频给水系统供水，塔楼采用高位水箱、水泵联合供水。消防系统由原一次加压系统改为串联系统。

消防设计中设防火玻璃作为防火隔断，并采用新技术——高压细水雾灭火系统，在满足冷却防火玻璃隔断延长耐火时间（3h）的同时，消防用水量大大减少（系统流量5L/s）。

暖通设计尽可能利用原有设备，新增机组采用能量回收机，能同时提供空调冷热水，满足冬季及过渡季内区供冷的使用要求，同时将内区余热回收向外区供热，避免了需开启多台热泵，一部分热泵作为冷源，而另一部分热泵作为热源的情况，减少了机组开机台数，节约了电能。

甬台温铁路温州南站

设计单位：上海建筑设计研究院有限公司

主要设计人员：钱平、陆余年、干红、蒋明、徐雪芳、李颜、任源、郦业、高晓明

甬台温铁路温州南站位于温州市西部的瓯海区潘桥镇，是温州城市对外交通门户和公共交通综合枢纽。本工程分为铁路站房及地方配套两部分，铁路站房与地方配套上下叠加设置。

本站房为一般大型站房规模，采用上进下出的线侧式站型。地方配套部分主要功能为地下停车场、出租车等候区、出租车上客区及部分交通转换厅。铁路站房换乘空间下接社会车辆车库和出租车上客区，东接未来的地铁车站，北接公交站场。旅客用房部分主要由地下的出站厅和地上的两层旅客候车厅组成。为使候车大厅更为开敞，将二层候车大厅的空调机房设于夹层中，空调管道沿二层楼板横向展开。

建筑整体风格从温州传统民居的重檐叠瓦中吸取灵感，结合廊桥、亭等建筑的特色，以大尺度大体量的角度着眼，重新演绎现代大规模交通建筑。温州站屋面中部高起的组合四坡屋面包围着大厅中央的矩形采光天窗，两侧的两坡屋面则对应建筑内的辅助空间。大与小，高与低，长与短的对比与组合，正暗合了温州当地传统民居的重檐形式。

主站房建筑整体上采用预应力混凝土框架结构，楼盖采用混凝土现浇主次梁布置楼板体系。因主楼与高架车道荷载差异较大，基础采用抗压与抗拔工况并存的复杂筏板桩基。钢结构屋盖采用“折板”型钢桁架结构形式，在保证经济性的同时完美地体现了建筑方案中江南民居“长亭送别”的独特构思。进站通廊下为铁路运行空间，基本跨度较大，为降低结构高度，结构设计采用箱形钢梁，钢梁采用倒梯形布置。

本工程充分利用市政管网的压力直接供水。给水系统、消防系统、排水系统按地方配套和铁路站房分开设置。候车大厅高大空间设置自动消防水炮系统。

站房、站台屋面采用压力流雨水排水系统。铁路站房和社会配套楼层交界处设置同层排水。

本工程 0.00m 标高层基本站台候车大厅配合结构专业体外预应力张悬梁结构，充分利用该结构特点布置空调消防系统，将室内空间净高增加了很多。候车大厅面积大、层高高，采用分层空调以利于节能。地上部分大型空间空调机房集中布置，极大地方便了建筑立面设计和使用期间的集中管理维护。

本工程采用光伏能发电技术，与车站内低压配电系统并网，提供局部照明。公共区域采用智能照明控制系统，控制简单，节能效果显著。整个站房采用智能疏散引导系统，实现“安全疏散，引导出站”的理念。大空间消防报警采用了图像监控 + 消防炮联合报警灭火。

世博洲际酒店（原世博村 VIP 生活楼）

设计单位：华东建筑设计研究院有限公司

主要设计人员：翁皓、刘欣华、杨志强、张聿、王峻强、叶俊、方飞翔、王意岗、毛雅芳

世博村是 2010 年上海世博会期间为参展国和国际组织所属人员在办展期间提供的生活场所，VIP 生活楼位于村内 A 地块，有 450 个标准间客房，按照五星级酒店标准设计，为官方参展的 VIP 人士使用，会后作为五星级商务酒店。

折板式的体形运用顺应地形，对应世博村的整体规划肌理，形成了在地块北端的自然理性的收头，体现了街面空间的延续和城市空间的和谐。折板面转折产生的视线角度变化，起到了弱化板状面宽的效果。板式平面最适合酒店功能，使客房充分享受到环境资源的优势，能欣赏到黄浦江景观的数量达到最大化。对折板形体的处理和不同材料的运用，有效达到了弱化建筑面宽、挺拔建筑形体的效果，优化了沿黄浦江的建筑尺度，突出了建筑自身的特点和标志性，丰富了城市天际轮廓线。折板对基地呈环抱之势，使新建建筑与保护建筑、生态绿地形成围合。裙房布置在主楼的南面，这样建筑的高度通过裙房的过渡，向保护建筑跌落，强化了建筑的整体效果。同时，公共区域的居中布置，使得酒店的公共活动功能能够向保护建筑延伸，在保护建筑形式保护下赋予新的功能，融入生活楼的公共活动之中。

作为世博村的标志性建筑，VIP 生活楼具有相当强的前瞻性与示范性，在设计中贯彻了绿色建筑的理念，成为节能与环保的新典范。在节地、节能、节水和节材方面通过对基地内保护建筑的加固、改造、修缮和再利用，使其成为生活楼一大特色。

VIP 生活楼主楼 26 层，裙房 4 层，结构高度 97m，裙房 20.5m。采用钢筋混凝土框架－剪力墙结构体系，抗震设防类别丙类，框架和剪力墙的抗震等级二级。设 2 层地下室，埋深 10m，桩筏基础，采用直径 650mm、长 32m 的钻孔灌注桩，持力层为 7–1b 层，采用后注浆工艺，单桩承载力设计值 3500kN。

由于主楼平面呈“V”字形，因此连接部位的处理相当重要。本工程在主楼“V”字形连接处设置了两个钢筋混凝土筒体，并于北面“V”字形的角部设置了一道钢筋混凝土剪力墙，使得连接部位具有足够的连接刚度和强度；角部连接处的楼板用 ETABS 程序补充进行了中震下楼板的应力分析，并按中震不屈服的原则进行配筋。

本工程的剪力墙刚度较大，吸收了较大的地震力，部分连梁剪力超过截面限值。对于这些连梁，我们采取在连梁中部设置抗剪钢板的做法，以满足强剪弱弯的要求，保证了连梁的延性。

为满足建筑功能要求，在局部抽柱处，以及游泳

池、宴会厅、酒店大堂等较大跨度位置与长悬臂位置采用预应力混凝土梁，以有效控制梁的裂缝宽度与挠度。框架梁及悬臂梁采用有粘结预应力，大跨度次梁大多采用无粘结预应力。

给排水采用分质供水。为保证水质，除地下车库冲洗用水、冲厕用水、冷却塔补充水和锅炉房用水以外，其余生活用水均经混凝、过滤、消毒等处理。洗衣房用水、部分厨房用水还经过软化处理。

采用雨水回用系统，收集屋面雨水，用于绿化、道路浇洒等用水，有效地节约了自来水资源和能源。

结合使用功能、管理要求及投资标准等综合考虑设计各弱电系统。信息通信系统、有线电视系统、安全防范系统、公共/消防广播系统及其他智能化系统，提升了建筑物品质，为客人、工作人员提供了便捷、舒适的生活和工作环境。

浦东世纪花园办公楼

设计单位：同济大学建筑设计研究院（集团）有限公司

主要设计人员：任力之、吴杰、孟良、包顺德、谭立民、徐国彦、严志峰、戚鑫、高一鹏

浦东世纪花园办公楼属于浦东世纪花园三期地块，是上海东上海联合置业有限公司继成功开发一期、二期高档住宅产业后的商业地产开发项目。本项目总用地面积 13443m²，总建筑面积 56406m²，地上 22 层，地下 2 层，办公楼总高度 99.05m。本项目主楼与裙楼相对独立，商业裙楼内部设下沉景观庭院，中庭空间围绕内街向庭院方向层层退台跌落，形成清晰的空间组织逻辑，并创造出类似甲板平台式的有趣的购物体验。设计结合浦东世纪花园二期商业街界面，将单循环内向开放式商业布局可利用面积最大化，符合建筑创作的合理性要求以及特殊商业地段的成本控制要求。本项目办公楼平面方正，标准层建筑面积 1325m²，面积使用系数 71.9%，实现了中小型标准层面积办公楼的较高使用效率；底层大堂挑高 10.5m，气派典雅；标准层层高 4.1m，实施完成后的标准层走廊吊顶高度以及办公空间吊顶高度均达到 2.85m 甲级写字楼的相对高标准。办公主楼以横向线条均衡、竖向线条渐变为基础形成实体框架，从中部由宽渐窄的竖向实体演变至塔楼角端净化为纯净玻璃面，仿佛与天空融为一体，具有极简的当代主义风格，微妙的立面变化亦使临空而起的百米主楼如一件当代艺术雕塑屹立在广袤的浦东国际博览中心区。该项目为高级综合性商业办公建筑，其经济性在同类改建项目中处于较高水平。

本工程结构设计结合建筑的功能需求，创新性地以建筑和设备功能布局作为结构梁布置的依据，对结构布置进行了精心的设计优化。首先，高层标准层的框架梁采用了宽扁梁的设计，使得在同样的层高下，得到最大的净高，配合建筑有效地提高了建筑的品质。其次，对于在核心筒空调机房出口处的梁板进行特殊的处理，机房门口等设备管道尺寸最大的地方进一步降低了梁高，部分梁进行了上翻，局部取消次梁做成整块大板，以形成较大的设备管道空间，避免了局部的设备管道较大导致整个楼层吊顶高度降低的不合理情况。实践证明，本工程结构设计时创新性地以建筑和设备功能布局作为结构梁布置的依据，取得了良好的综合效益。

本工程暖通设计主楼采用变风量（VAV）空调系统。变风量空调系统适用于对区域温控、空气品质要求高的场合，能够根据空调区域内负荷的变化及室内要求参数的改变，自动调节送风量，从而控制室内温度，满足室内人员的舒适要求，并且在运行过程中节约空调系统耗能量。本工程商业楼采用全热交换器系统，利用新风回收空调排风带走的能量，利用排风对新风进行预冷或者预热，实现空调系统的高效节能。

沈阳奥林匹克体育中心综合体育馆、游泳馆及网球中心

设计单位：上海建筑设计研究院有限公司

主要设计人员：赵晨、林颖儒、杨凯、于鹏、徐晓明、胡伟、乐照林、孙刚、王瑾

沈阳奥林匹克体育中心综合体育馆、游泳馆及网球中心是沈阳奥林匹克体育中心的重要组成部分，是一个环境优雅、造型独特、绿色节能、生态环保、设施先进、功能完备、汇集众多具有时代高新科技特征的、国内一流的综合性体育中心。

整个场地被视作一个城市公园，各种设施坐落其中。空间由休闲性的静态空间向更具活力的各种室内空间引申和扩展。总体布局上，综合体育馆、游泳馆及网球中心凸显作为“配角”的双翼对主体育场的烘托作用。具有柔和舒缓曲线的独特个性的游泳馆及网球中心大屋顶，仿佛从天空飘落到宽广的绿色山丘上的轻盈翅膀，与人工的地面相接，并与丰富的水体及遍布绿色的周边环境相互协调。

体育建筑群屋盖结构采用径向主桁架为主结合环梁组成钢空间桁架体系。屋面由轻质铝合金构成。为了缩小大体量建筑与人的距离感，屋面曲线环绕着主体结构逐渐降低，落于平台上，增强了对观众的亲切感。

综合体育馆包括比赛馆和训练馆，结构形式为钢+钢筋混凝土框架体系。屋盖结构由弧形空间钢管主桁架和横向桁架组成结构。体育馆内训练馆二层大空间楼盖采用预应力混凝土结构，是国内目前跨度最大的预应力框架结构。游泳馆和网球中心屋盖结构由弧形空间钢管主桁架和横向桁架组成。

本工程热水系统优先采用地源热泵生产的热媒水加热生活用水，充分利用空调季节空调热回收设备的废热预热生活用水。大跨度钢结构屋面雨水系统采用压力流排水系统，并设置雨水和再生水利用系统。合理利用游泳池池水作为消防水池水源。根据泳池不同的使用性质采用不同的消毒方式，各比赛场馆大空间区域采用自动扫描灭火装置及消防水炮系统替代自动喷淋进行有效保护。

本工程各热回收新风空调系统的新风管设回流旁通控制，冬季通过调节电动旁通风阀，控制新风空调器入口温度和新风送风温度，解决了严寒地区热回收换热器或盘管防冻的问题，与常用的电加热相比，节能显著；同时解决了严寒地区地源热泵低温热源条件下的新风加热和确保新风送风温度的问题，使严寒地区的冬季新风使用得以保证。还采用地下水地源热泵系统，夏季利用地源井水冷却时，制冷运行工况优于常规空调工况，效率高，在供冷同时还可供热；冬季提取地下水的热量，可减少一次能源消耗，实现节能减排。

本工程由市政提供4路电源。在网球训练馆（网球馆与游泳馆中间）及体育馆内设立变电所两座。设置一套智能化电网管理系统，对变电所进行集中监控，监测所有高低压开关的状态，高低压侧的电流、电压，变压器温度，对高压开关实行继电保护，对低压主开关及联络开关进行远程操控等。

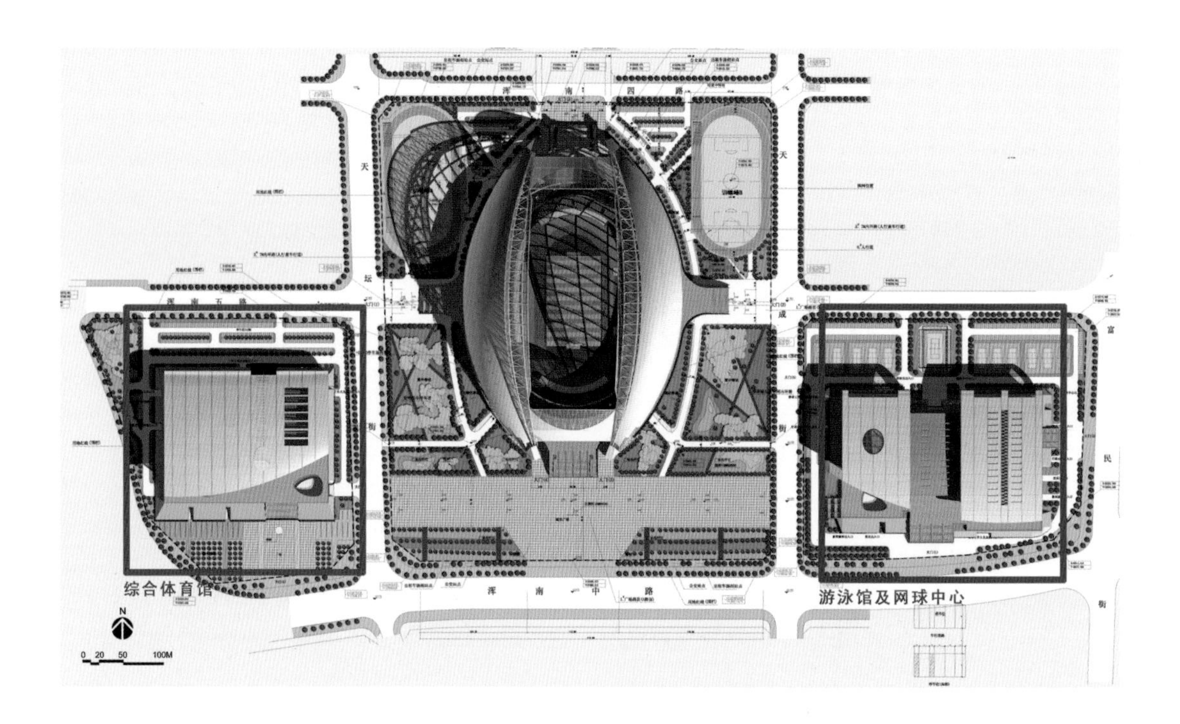

潍坊市体育中心体育场

设计单位：上海建筑设计研究院有限公司

主要设计人员：赵晨、林颖儒、唐壬、脱宁、孙刚、乐照林、冯献华、李剑峰、林高

潍坊市体育中心体育场位于潍坊市中心西侧的潍城区，是一个可举办全国性综合比赛和国际单项比赛的综合性体育场。

总体设计以体育场中心为轴线，在东、南、西、北四个方向设置与体育场尺度相协调的入口广场，其中南北向轴线将在未来二期规划中得以延展、延续并贯穿城市发展的序列。

体育场通过竖向分区分为参与比赛和观看比赛的功能块，观众通过大平台进入看台区域观看比赛。大平台下部设置功能用房，并在交通流线上组织各功能独立的流线和出入口。看台的布置配合钢结构屋盖的起伏，共设置三层观众席。因东、西两侧观看田径及足球比赛效果较好，故仅在东西两侧设置上层观众席看台。

标志性部分的钢结构屋盖，融合了潍坊当地风筝文化的象征意义以及被转译成建筑形式的飘逸结构形态，使用了先进的结构概念和技术工艺，建造了一个富有视觉冲击力的代表潍坊特色的建筑形态。具有柔和舒缓曲线的大屋顶，仿佛从天空飘落到宽广的绿色总体环境上的轻盈的翅膀，与人工的地面相接，并与漫布绿色的周边环境相互协调。跨度达300m的钢结构主拱是山东省之最，如同彩虹一般横跨体育场上空，与轻盈、飘逸的钢结构屋盖交相辉映。

体育场南北向看台顶部设置了一对平行投影为三角形的300m跨的钢拱结构，两片风筝状、薄形的钢管网格结构支承在钢筋混凝土看台和悬挂在钢拱上。钢拱结构采用梭形桁架拱结合单层钢管拱壳结构，为超限空间大跨钢结构。该结构利用闭合的网格式基础地梁体系，加强后作为钢结构拱脚的抗水平推力体系，经济有效并方便施工。屋盖几何外形为东西两片风筝状钢结构，覆盖东西两侧观众席。屋面采用复合铝合金板。

体育场、训练场的盥洗用水、空调补给水由市政给水管网供水。足球场设草坪浇灌水池一座。足球场草坪采用自动浇洒灌水系统。运动员淋浴采用集中加热方式。集中加热的热水采用闭式热水供水系统。体育场室外消火栓系统由市政提供两路水源直接供水，采用低压消防给水系统。室内消火栓系统和自动喷水系统采用临时高压消防给水系统。

根据体育场形体特点，本工程空调水系统干管采用环管形式，有利于系统水力平衡和减小系统阻力，节省水泵运行能耗，同时有利于减小总干管管径，减小管道占用空间。空调水系统采用一次泵变频系统。

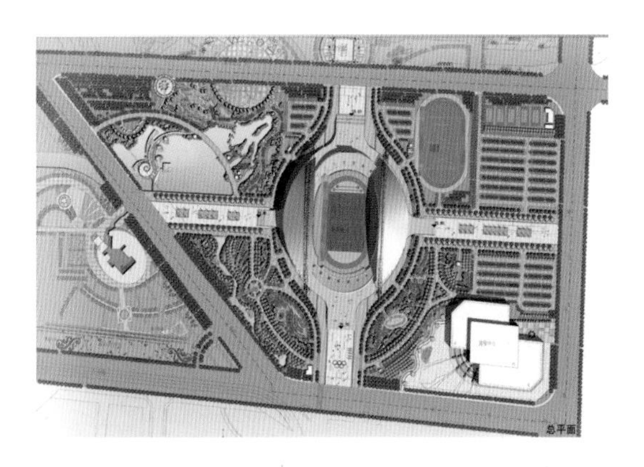

新风系统设创新的新风回流旁通系统，可提高各类新风空调器新风入口温度和送风温度，避免设电加热防冻，节省运行电耗。

体育场采用智能灯光控制系统。体育场场地照明及观众席照明在灯控室集中控制，对照明装置的开启备有多种方案以适应不同类型训练及比赛的需要。体育场公共场所的照明、泛光照明、总体路灯及景观照明采用就地设置灯光控制面板，并可在弱电中心集中控制。本工程还设置比赛中央监控系统，实现比赛场景的一键式操作。

厦门海峡交流中心·国际会议中心

设计单位：上海建筑设计研究院有限公司
合作设计单位：(株式会社)日本设计

主要设计人员：陈国亮、小林利彦、刘浩江、石林大、盛小超、吴景松、陆文慷、张洮、杨巍

厦门海峡交流中心·国际会议中心地处厦门市的会展北区，面向海岸的西北方，是一个集国际会议中心、宴会厅、音乐厅、酒店等多功能为一体的建筑物。设计内容包括五星级酒店、会议中心、宴会中心及音乐厅等四部分。

会议中心布置在最南端，与会展中心有机衔接；酒店布置在基地最北端，使用私密性最好；宴会厅在中部；音乐厅也在中部，与大海相邻。

作为建筑于海边的设施，布局上力求能够身临其境的感受海景。从会议厅的大厅、会议室包括酒店客房和低层部分的主要流线均能感受到海的气息。以厦门的“海、风、浪、阳光和空气”为创意主题，通过对曲线的积极运用和光影的细腻处理，获得既能体现厦门风情又具备形态冲击力的建筑景观。

整个建筑物总外形弧长约为470m，为超长结构。在工程中对材料、施工、养护等各方面采取措施，减少裂缝出现。音乐厅采用了外形为椭球面的空间拱形管桁架体系。会议中心结构属于平面规则性严重超限的高层建筑。计算中主要解决了如下技术关键：重型桁架节点在复杂应力下的计算问题，大跨度钢屋架的温度应力问题以及屋架、连廊在地震时的支座滑移量控制问题。会议中心和宴会厅的连接桁架在会议中心及宴会厅处均采用滑动球形钢支座。

本工程设计了各种消防系统。除了常规的室内消火栓系统、室外消火栓系统、自动喷淋灭火系统以外，还有在高大空间内使用的大空间智能灭火系统、在舞台葡萄架下使用的雨淋系统、在舞台台口保护防火幕的水幕系统、在柴油发电机房保护柴油发电机的水喷雾系统。本工程污水零排放。污水经二级生化处理后，再经深化处理达到中水水质标准，供绿化水景等使用。

空调冷冻水采用二次泵变频调速控制。

音乐厅对噪声的要求高，内部采用上送风，利用观众厅下部的巨大空腔作为回风消声静压箱。在每座位下设蘑菇状地板式回风口的回风方式，这样可以降低采用集中回风的噪声，既能满足室内噪声的控制要求，又能充分保证室内温湿度的均匀。

疏散应急照明采用消防智能应急照明系统，与火灾自动报警系统联动。音乐厅等部位采用EIB智能照明控制系统。

上海宝矿国际广场

设计单位：上海现代建筑设计（集团）有限公司
合作设计单位：美国 Gensler 建筑师事务所

主要设计人员：曹嘉明、夏军、李军、沈毅、卫敏菲、花炳灿、葛利英、梁庆庆、张科杰

上海宝矿国际广场是集五星级酒店和甲 A 办公楼为一体的大型综合体项目，建筑面积为 203368m^2。在设计立意、特点、难点以及特别使用的材料方面主要有：

1. 建筑专业

（1）有机整体的总体布局组合

狭长和不规则的基地形状，临近住宅和保护建筑以及地下轨道交通的苛刻外部条件，创作有特色的建筑组群的形态，形成最终的总体布局。

（2）严谨明确的内部功能组合

流畅的动线和恰到好处的内部空间是设计的一大特色。

（3）合理科学的交通流线组合

设计在合理组织各功能流线的同时，注意梳理和解决不同的流线；充分发挥交通便捷的地利优势，科学地进行合流及分流，通过基地内部广场、消防环路与外部的市政道路联系起来。

（4）整体协调的建筑形态设计

三幢高低错落、富有雕塑感的塔楼与舒展的基座裙房有机穿插，立面材质肌理玻璃、金属、石材的恰当结合，塑造了独特、纯净和精细的建筑形象。

（5）温馨舒适的室内空间营造

建筑内部标准定位高，空间层次丰富，室内装饰典雅精致，设施先进完备，服务优质全面，给人以温馨舒适的体验，实现了区域内标志性建筑的目标。

（6）绿色节能的综合技术集成

总体设计的紧凑布置，尽量减少道路及服务区域的面积；新型墙体材料和高性能混凝土的选用，保护土地资源，减少环境污染；围护结构的节能设计，能源机房设置在中心区域，尽量减少能耗。

2. 结构专业

（1）针对办公楼与酒店平面形状不规则，群体建筑存在风力干扰的特点，进行了数值风洞分析，及时发现了风对超高层办公楼存在明显扭转作用这一特殊情况，并进行了深入研究和风洞试验验证，保证了主体结构与幕墙工程结构安全，研究结果对其他超高层抗风设计有很好借鉴作用。

（2）办公楼结构高度 195.95m，属于超高层建筑，结构未按常规设计设置伸臂加强层，而是综合采用多种措施，如采用宽扁梁、框架柱底部设置芯柱、主框架梁采用水平加腋等，较好地实现了整体抗震性能目标，保证了建筑立面及正常使用的要求。

（3）裙房采用扩底抗拔桩，提高单桩抗拔承载力 50% 以上，节约桩基造价。

（4）柱墙梁适当采用高强结构材料，如 C70 混凝土和 HRB400 钢筋，较好地控制了结构断面，节约了结构材料。

（5）通过削弱酒店电梯筒部分墙体厚度，加强边框架梁和上部楼层设少量剪力墙等措施，解决了酒店电梯筒严重偏置而造成的刚度偏心问题。

（6）采取设置后浇带与加强带、底板注水覆盖

养护、利用混凝土后期强度及控制底板绝对沉降量与沉降差等多种措施，解决超长地下室容易产生裂缝的问题。

（7）控制结构的绝对沉降量，较好地满足了地铁正常运行对本工程的沉降控制目标。

3. 给水排水专业

（1）生活用水采用分质供水。酒店和酒店式公寓用水深度净化处理，净化工艺为市政水源－石英砂过滤－活性炭吸附－精密过滤—微电解消毒—净化水蓄水箱。

（2）公寓式酒店和五星级酒店均采用全日制集中生活热水系统，系统采用机械循环以保证热水温度。为确保酒店卫生间热水出水时间小于5s，支管采用电伴热保温。

（3）厨房废水经二次隔油（就地悬挂式隔油器＋地上式自动刮油隔油器）处理，处理效果佳。

（4）排水管（除办公楼外）采用聚丙烯柔性静音管。该管材具有噪声低、耐腐蚀、耐高温特性，适用于酒店等对环境噪声要求高的场所，同时也适用于洗衣房、锅炉房等有高温排水的场所。

4. 电气专业

（1）按功能区域设置变电所，变压器深入负荷中心。

（2）充分利用天然采光，靠窗灯具单独控制。各种场所照度和照明功率密度将按规范配置。采用高效光源和灯具，荧光灯配有高功率因数电子镇流器。

（3）设置智能照明控制系统，可对公共区域的照明按时间、环境要求进行灯光控制。

（4）根据控制要求对风机、水泵配置变频控制，以便节能。

（5）变电所低压侧设置消除高次谐波节能装置，减少涡流和磁滞损耗。

（6）设置电能管理系统，可对各楼层、各部门和大容量设备用电量进行考核和监测。

5. 暖通专业

（1）办公楼采用多能源方案，设置直燃机＋冷水机组作为空调冷热源，以均衡天然气的冬夏季用气负荷，降低高峰用电负荷，同时可根据能源价格在部分负荷时优先使用性价比高的机组，同时也可减轻对单一能源供应的依赖。

（2）酒店采用一次泵变流量系统，根据用冷负荷变频调节冷水泵流量，最大限度地降低水系统输送能耗。机组最低运行流量可为30%，设旁通阀门满足最小流量运行要求。

（3）为解决大堂等高大空间冬季供热问题，采用沿玻璃幕墙设置地面送风系统，在去年上海较冷的天气情况下，实际运行效果良好。

（4）办公楼的空调水系统为四管制，风机盘管按内外区分别设置，可满足在过渡季节外区供热、内区供冷，最大程度满足舒适性。

（5）设置有冷却塔免费供冷系统，在过渡季及冬季可利用冷却水进行直接供冷。

2010 上海世博会英国国家馆

设计单位：同济大学建筑设计研究院（集团）有限公司
合作设计单位：Heatherwick Studio

主要设计人员：曾群、顾英、李伟兴、詹翔、唐平、张华、张晓燕、毛德灿、许晓梁

往届世博会场馆的成功经验告诉我们，与丰富的内容相比，令人更为印象深刻的是承载这些内容的“容器”。为了能让英国馆在众多场馆中脱颖而出，令人印象深刻，设计者需要有一种超凡的想法来让疲惫的游客们感到眼前一亮，我们的办法是将内容和形式有机结合起来，这样的话人们在体验形式的同时也能记住内容。

我们的场馆是由成百上千的细长杆组成的长方体结构。作为“礼物”的场馆仍然放置在刚刚被打开的“包装纸”里面。而且，这还是一座可以随着黄浦江吹来的微风徐徐摆动的“活”的建筑。

1. 设计理念："打开"的演示

整个场馆有20m高，由60588根丙烯酸细长管组成。每一根管子长7.5m，并安装在6m长的铝套管内。白天，这些亚克力管将像光线丝一样将阳光引入场馆内部；而到了夜晚，安装在每根管子一侧的LED灯将使整个场馆亮起来。在进入场馆之前，参观者们将会通过绕基地一周的“包装纸”下面的坡道。这层高低起伏的铺满整个基地的“包装纸”不仅提供了遮阳蔽日的场所，也形成了丰富的展览空间。

场馆的内部将是一个耐人回味的空间。每一根管子的内部末端都会放置一个种子，就像琥珀昆虫那样安装在亚克力管内。这些种子来自于msb种子库——一个收集世界各地的皇家植物园物种的组织。

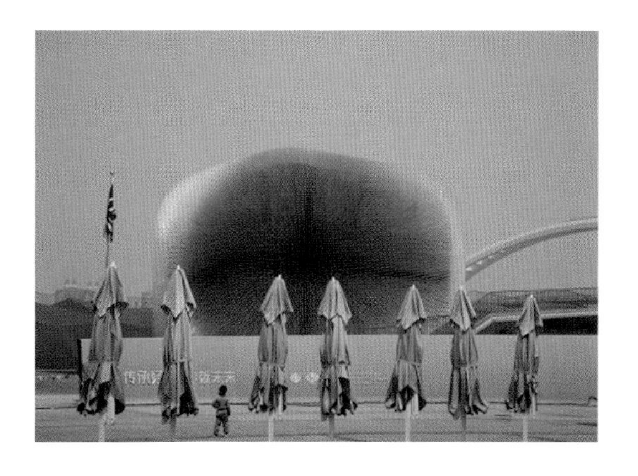

2. 平面设计

整个设计是由一个主要的展厅及围绕基地的周边裙房组成；主展馆为一个总尺寸为25m（宽）×25m（长）×20m（高），内结构盒为15m（宽）×15m（长）×10.4m（高），参观者从基地南面由组织方确定的入口区进入展区，可选择直接参观展馆主体外观或右转排队走上坡道，沿着坡道到达展馆的入口侧，通过连接桥入展馆内部。贵宾们可以通过基地北面的专用入口进入英国馆。他们可以使用一层的专用区域或者上楼参观展馆（快速通道）。

3. 材料设计

展馆的光晕由大约6万根20mm×20mm×7500mm亚克力管组成，亚克力管的2/3套在铝套管内，以保证安全和避免过大的弯曲。每根亚克力管都安置有LED灯，

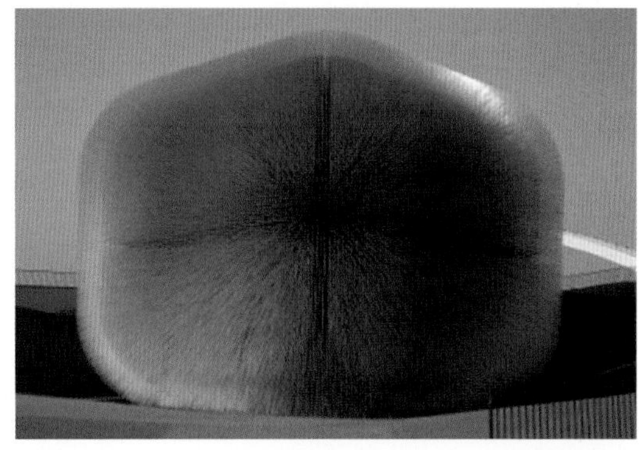

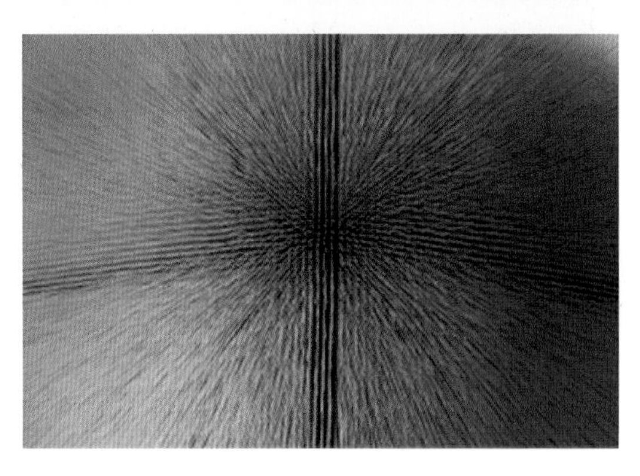

并在室内的一端嵌入了来自世界各地的种子，以此表达生命的意义。

周边裙房部分以及景观庭院部分为混凝土结构，展馆的结构盒由木材制成，楼板为钢构架结构。防水层颜色即为外部饰面颜色，盒子的内部将粉刷成深色。

4. 结构设计

新颖的建筑理念给世博会英国馆的结构设计带来许多研究课题，尤其是钢桁架－重型木结构以及亚克力刺杆的设计。通过合理的结构设计理念和计算假定，利用多种结构设计分析软件进行比对设计，确保结构的整体力学特性、构件的强度和稳定以及结构位移等多项指标满足相关规范的要求。对亚克力刺杆进行了风洞、疲劳以及徐变的试验研究，以确定刺杆的风荷载效应，并在 1.5 年服役期内疲劳、徐变效应下不产生破坏。

5. 机电设计

主展区采用一台 12000m^3/h 的组合式空调机组，采用走道地板送风方式。送、回风主管均设置于走道下方的结构空间内，送风口控制风速不大于 0.3m/s，避免人体有吹风感。回风支管采用 320 根尺寸为 100×45mm 的管道，安装于 6 万根亚克力“触须”之间。回风口开设于 4.5m 标高，新风将被直接送至人员活动区。回风口及排风口设置于室内最热处，合理的气流组织有利于降低能耗，空调回风管兼作排烟管，不再另设排风或排烟管，有利于节省空间。另外，为了保障展馆的安全性，展馆内部采用了高压细水雾消防系统。

2010 上海世博会西班牙国家馆

设计单位：同济大学建筑设计研究院（集团）有限公司
合作设计单位：西班牙 EMBT 建筑事务所、西班牙 MC2 结构事务所

主要设计人员：郑时龄、丁洁民、任力之、张丽萍、司徒娅、龚海宁、张智力、钱梓楠、彭岩

本项目位于上海世博会浦东 C 片区，用地 $0.71hm^2$，总建筑面积 $7624m^2$。

建筑在完整而平直的外部界线内布置具有“篮子”意向的异形空间，将展厅空间与办公以及辅助空间自然而然地分隔出来，保证了展厅空间的流畅和自由，满足了办公以及辅助空间的完整和独立。

基地内的室外景观以被建筑环绕的主入口广场为主体，与 C09 地块内的主要通道和广场直接相连，承担着世博会期间参观人流集散的功能。主入口广场的铺装划分与建筑的形态呼应，用辐射状的轴线控制，加强广场空间的中心性，突出建筑及其主入口。基地北侧、西侧和西南侧同样通过铺装的变化反映建筑造型，同时将室外空间有机地连接起来，主要采用天然石材地面、预制混凝土板，局部采用白色砾石、现浇混凝土，与建筑质感相协调。在整体统一的基础上，不同的部位又有细小的变化，这些变化代表着空间及功能的变化。

西班牙国家馆方案本着“一个互动很强，外部是开放的，内部又有着明确的空间划分”的理念，不同于以往的四方盒子的展览空间设计，而是将展览空间分割成形状不同的“篮子”，使参观者可以顺利前行。

设计希望采用一种全球性的建造材料，实现联系东方与西方、中国与西班牙的目标。藤这种材料，既是西班牙的同时也是中国的传统材料。设计希望实现传统手工艺——藤编在建筑立面上的应用。设计采用在钢结构框架上敷设藤条的方式，通过西班牙不同地区的手工艺者甚至中国的手工艺者的帮助，借鉴西班牙不同地区的图案及编制手法甚至中国传统的图案和编织手法，织成藤制的曲面，水平和垂直交织起来，覆在弧形钢结构上编织成篮子状的展厅空间。

藤编的外墙装饰表面可维持一定程度的“透明”，结合玻璃的应用，保证自然光可透过外墙进入建筑内部空间，为展馆内提供充分的采光，也更加突出了“透明”的主题，令建筑更具吸引力。这一立面构造同时是环保的，弧形钢材交织形成了分节系统，便于装备和日后的拆卸。

展览区主要由三个展厅组成，位于建筑一层的西部，参观路径有序而丰富。展览区的出口与入口旁，为对外开放的商店。公共服务区位于建筑　层中部，观众厅南侧。办公区位于展馆的东部：3.500m 标高的新闻中心、多功能厅（针对特约来宾）、RRPP 办公区、8.500m 标高的主席室、贵宾厅、贵宾餐厅以及 SEEI 办公区。

地基基础设计采用了天然筏板基础。施工前使用

堆载预压方法进行地基处理，以消除土体沉降。

建筑呈现出藤条编织的篮子的形态，结构采用了高效的双层正交杆系空间框架结构体系，该结构体系能够较好地满足建筑形态的要求，且具有较好的结构性能、施工方便性和经济性。

为解决复杂建筑和结构空间专业设计协同问题，在建筑设计过程中采用了先进的建筑信息建模（BIM）方法进行结构设计与建筑和设备专业的协同设计。

本项目建筑形态复杂，其风荷载参数无法通过规范方法计算。采用CFD模拟方法进行建筑风场模拟计算，从而修正规范的体形系数数值，获得对结构风荷载的准确了解。

2010 上海世博会阿拉伯联合酋长国国家馆

设计单位：华东建筑设计研究院有限公司
合作设计单位：英国福斯特建筑师事务所

主要设计人员：李瑶、张如翔、陈渝、黄永强、陈立宏、韩倩雯、王达威、瞿璐、张俊

阿拉伯联合酋长国馆为世博临时展馆，总建筑面积为 3457m^2，设计理念来自 7 个酋长国共同的自然特征——沙丘。阿联酋富于变化的图案和颜色统一为一层玫瑰金色的外皮，覆盖在一个钢网格构成的复杂壳体上。白天日光照进建筑物内，夜晚灯光营造美妙的照明效果。追随世博的主题“城市，让生活更美好”，这座建筑物还体现一系列创新的环保策略。展馆的设计可以支持将建筑物根据需要拆除并移至其他地点重建。

风向造就了沙丘的形状，向风面不平整，背风面在推动过程中因沙的沉积而光滑。设计意图反映这一点，向风面将上海的风偏转，并保护光滑的背风面。沙丘的弧度对应太阳，实心的壳体阻挡了南面的直射光线而允许非直射光线通过一个复杂的百叶系统进入居住区。沙坡高度为 20m，可容纳展区，拱形入口为排队进入展馆的参观者提供了遮阳。玫瑰金色的不锈钢外饰面在变幻的光线下闪烁。

经研究，可以用 8 排沿着便道和邻近的东北人行道对准的灯光对建筑进行塑造。为了排除对广场上的观众产生眩光，灯杆约 5m 高，每个灯杆将有 4 到 6 个 150W 主光可调节的泛光等。泛光直径约 245m。最终的意图是将观众吸引到建筑里面去参观展品。为达到此目的，要求建筑通过入口的玻璃门，通过北墙上的垂直开口和从踢脚线下面由内部发光。因为需要控制展品区内的灯光总量，所以垂直开口内的灯光必须是人造光。

建筑材料的使用：壳体采用 Rimex 玫瑰金色 Granex 预制板材，现场拼装。这种材料体现一种富于变幻的颜色，从不同角度观察，呈现出不同的色泽，由此来模仿流动沙丘的光感。这种“构件拼装”的方式减少了现场施工时间，并可以在世博会结束后拆卸并移至其他地点重建，强调了可持续发展的特点和世博会“城市，让生活更美好！”的主题。

光影效果：不锈钢具有自然的透明氧化膜，可以防腐蚀。Rimex 金属通过将钢材浸在热的铬和硫酸中，增加氧化膜的厚度来取得动态的色彩效果。虽然氧化膜是透明的，但是光线造就了不同的颜色效果。通过分隔光谱制造颜色。光线在两个面层上折射，一面是金属层，另一面是氧化膜。打个简单的比喻，这层膜就像一滴油漂浮在水面上时你所看到的。氧化膜厚度的不同造成不同的颜色。可以通过改变饰面取得不同色调。由于整个过程不用涂料、颜料和染料，所以色彩不会受到紫外线破坏而褪色，并且较厚的氧化膜提高了防腐蚀性能。

结构设计方面，由于屋盖体形特殊，因此进行了风压分布的数值模拟。根据本工程可拆卸的特殊性，网壳节点采用了螺栓连接，结合模型试验与有限元分析确定了螺栓连接的节点刚度与承载力，用于进行结构的整体稳定分析。

2010 上海世博会城市最佳实践区中部系列展馆区

设计单位：同济大学建筑设计研究院（集团）有限公司

主要设计人员：顾英、罗晓霞、李麟学、章明、龚进、邵华厦、施锦岳、李志平、井泉

城市最佳实践区位于世博会浦西 E 区，包括南北两个街坊，由南部全球广场、中部展馆和北部街区三个部分组成。南北街坊之间有城市道路穿越，用步行天桥加以连接。

中区利用老厂房的改造，形成城市最佳实践区的 5 组展馆，相应的展示领域包括宜居家园、可持续的城市化、历史遗产保护与利用。同时，还将配置 2 处公共服务设施。

1. 中部展馆 B1：生态性结构表皮的演绎

中部展馆 B1 为一组原有的老厂房，设计师保留了原有老厂房的结构骨架，对老厂房的外围护结构进行改造和加工。设计的意图是从生态仿生学出发，寻找一种生物美学和老建筑改造完美的结合物。

2. 中部展馆 B2：美轮美奂的异域风情

中部展馆 B2 由两栋老厂房组成，改造过程中将中部陈旧的部分厂房拆除，两栋老厂房之间加了半透明围护结构，使之成为一个整体的展示空间，既改善了造型，又有利于内部布展空间的布展使用。

3. 中部展馆 B3：梦幻中的璀璨飞盒

中部展馆 B3 的位置紧邻入口处的全球城市广场，原有两组老厂房，设计理念采用"新旧嵌合、架空开放"的策略，整体造型采用了 3 个方形的盒体，一栋新建展馆，两栋新建的展厅与老厂房原有骨架结合，保留原厂房的柱子，并抬高共同嵌合成新旧对比的形态，创造出底层架空水体和内部围合广场的城市空间，既扩大了基地本身紧凑的使用面积，又进一步延续了东南侧城市创意广场的景观渗透。

4. 中部展馆 B3-2：时尚设计和技术精美的完美结合

中部展馆B3-2为整个中部展区唯一的新建展馆，这个新建筑的设计可以说是时尚设计风格和精美技术手段的完美结合。建筑的平面布局为非常简约的长方形，从布局的角度讲，非常适合展览类建筑的使用要求。建筑立面采用由意大利进口的一种高科技技术合成的类膜材料，并且在工厂内按照立面的模数预制成方形的整体式幕墙，现场挂装，保证了外幕墙的安装质量。

5. 中部展馆B4：传统文化和东方元素的舞蹈

中部展馆B4由三栋老厂房组成，相互交错，形成不规则的相互空间关系。三栋厂房中最靠近南边的是3号楼，从世界城市广场能很明显地看到，也是实践区里面最高的建筑物。它具有独特的结构形状，我们把它保留下来，并清晰地展示给大家。

6. 公共服务设施C1：意大利风情广场

公共服务设施C1与B2展馆紧邻，在设计中作为一组建筑进行整体的考虑。采用了穿插体块相协调的方法，三角形的形体与基地形状协调。建筑体量在面向广场一侧作大跨度悬挑，以海纳百川的气魄形成具有亲和力的空间界面。

7. 公共服务设施C2：滴水汇川、千木成林

公共服务设施C2位于世博最佳实践区全球城市广场的北侧，比邻未来探索馆和中部展馆B4，建筑形体采用直角梯形的体态，通过板式楼面建筑分为上下两层空间。一层主要为架空层面，二层为玻璃窗合围成的大型餐饮层面。竖向结构采用较细的钢管为单元的圆形密柱阵列，结合楼层的圆形钢梁构成“千木成林”的效果。楼层的圆形钢梁环环相扣，犹如无数水滴在水面上激起的一个个圆形波纹，恰似“滴水汇川”的生动景象。

2010 上海世博会加拿大国家馆

设计单位：同济大学建筑设计研究院（集团）有限公司
合作设计单位：SNC－兰万灵国际公司、ABCP 国际建筑与城市规划设计有限公司

主要设计人员：陈剑秋、孙倩、张瑞、虞终军、郑鸿志、刘瑾、金海、严志锋、张峻毅

建筑专业主要设计特点如下：

整个展馆由对立又联系的两部分构成：环状的建筑以及由其围合的内院。内院是生生不息的城市生活的隐喻。而建筑则通过高低起伏的形态创造了通向基地内部的空间联系，象征着城市的道路和巷弄，引领着人们进入城市中心广场。内院因围合的建筑和两个形态各异的开口，成为既与外部环境沟通又有内聚力的场所。加拿大馆采用了可持续发展的建造体系，包括两层建筑立面：第一层建筑立面目的是尽量减少建造过程的耗能。没有装饰，仅仅是功能性围护结构。第二层立面采用木材格栅，木材是加拿大特色的建筑材料，天然、可再生。还有部分第二层立面采用绿色植被外墙，增强了建筑的保温隔热性能，构成了内院丰富立面效果的一部分。为了减少热岛效应，建筑采用了白色的卷材作为屋面最外层覆盖材料。尽量采用工厂制造的预制构件，大量建筑构件可以重复利用，如内层立面的岩棉三明治板。

结构专业主要设计特点如下：

为配合建筑设计要求，主展区钢柱截面较纤巧，结构侧向刚度柔弱。为此，在局部区域设置了若干竖向支撑及平面桁架。这些支撑的平面位置、立面几何形态均与建筑外墙设计意图相匹配，从建筑立面上

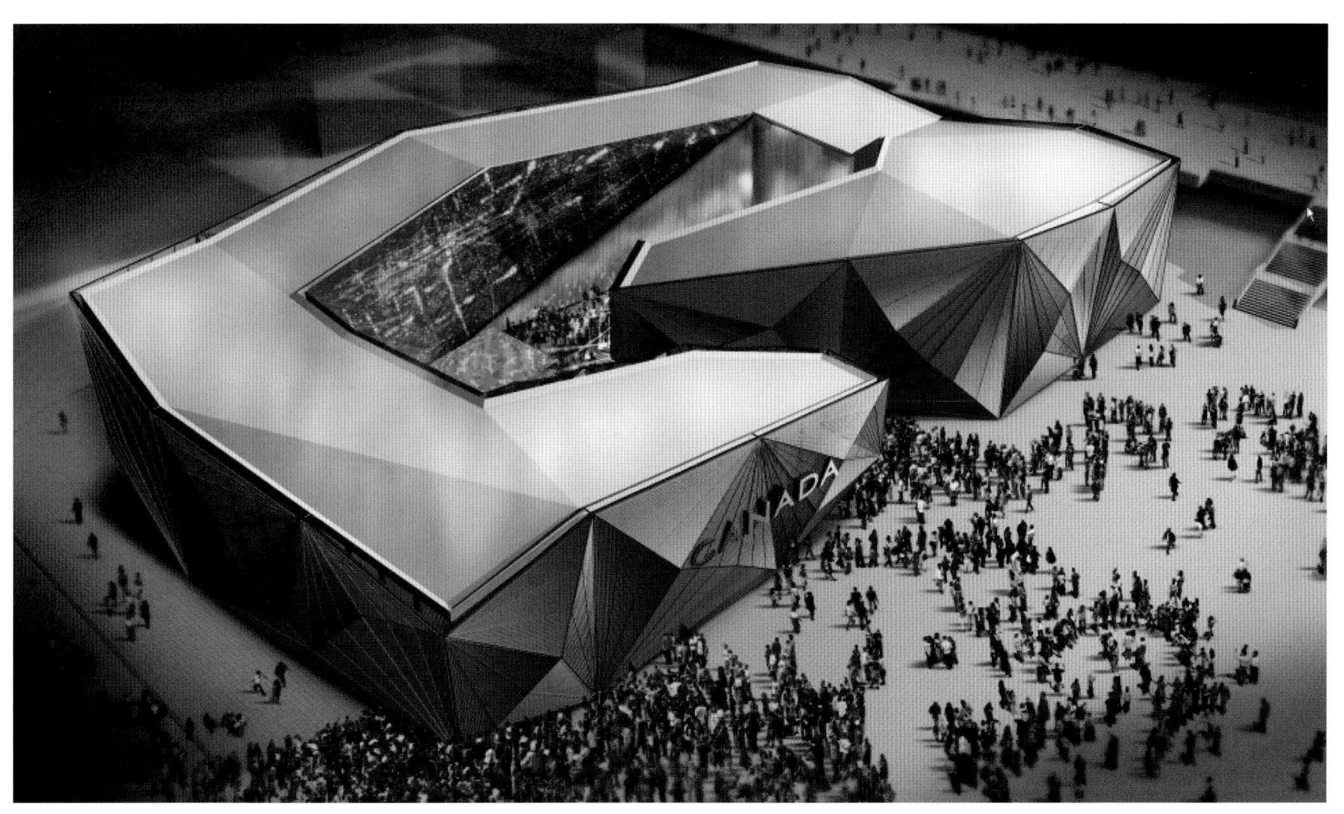

看，钢结构支撑与木质幕墙完美地组合在一起，共同构成了加拿大馆外立面的有机组成部分。配合屋面形态“山”的意向，结构设计人员将屋面局部的“山脊”及“山谷”整合成钢结构桁架，以增强加拿大馆结构的整体平面刚度，此外，桁架构件也承担屋面的竖向荷载。这一组屋面桁架既满足了建筑外观的需求，又满足了结构安全的需要。

设备专业设计主要特点如下：

屋面排水：屋面为连续大屋面，屋面排水采用虹吸排水系统。

景观水处理：景观水进行循环处理，处理工艺采用过滤加次氯酸钠消毒，保证景观水可以触碰。

直饮水：为各个厨房提供的直饮水采用超滤工艺，保证了口感和水质要求，同时还保留了水中的矿物质。由于水量小于 $4m^3/h$，水泵直接抽取市政给水作原水，符合临时建筑特点。

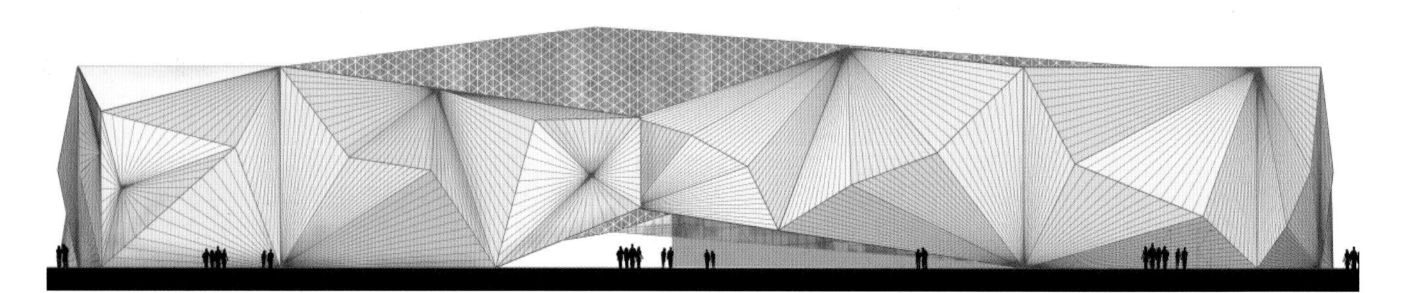

2010 上海世博会法国国家馆

设计单位：同济大学建筑设计研究院（集团）有限公司
合作设计单位：德国雅克·费尔叶建筑事务所

主要设计人员：任力之、汪启颖、章容妍、赵昕、刘永璨、张智力、龚海宁、韦华、王昌

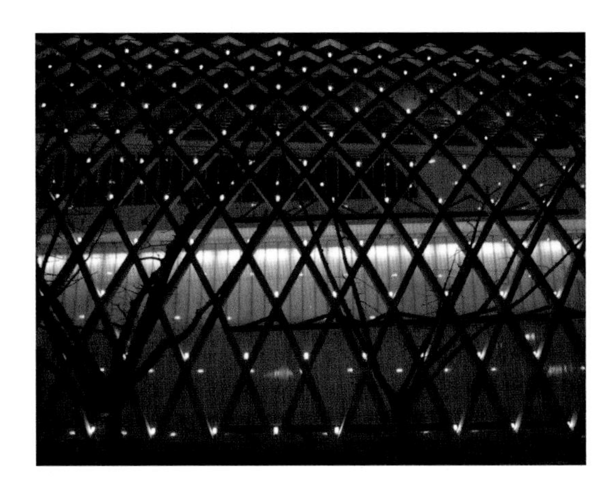

本项目场地位于世博园内国家馆区域，占地面积 6000m^2。场地北侧是园区内沿黄浦江的主要大道——浦名路，临近瑞士馆、英国馆和德国馆。

法国馆占据了大部分的场地范围。总图形状接近一个中空的正方形，建筑四边和周围道路平行。一个浅水池覆盖了整个地块。

法国馆升起在水面之上，展览区被设计成相当于两个自然层的连续平缓坡道。在参观区坡道之外，围绕着其他的辅助功能空间。

餐厅部分被设计为一个独立的盒子置于建筑之上，享有朝向黄浦江的全景景观。屋面的景观设计考虑向餐厅开放。

公众的入口和出口分别位于南立面和东立面。出入通道以及排队等待区域完全位于场地内部，对于世博园区的公众道路不会有任何影响。值得一提的是公众的等候区位于建筑的内庭园之中。

VIP 的临时下客区及出入口位于法国馆的西南角，车辆沿着西边的道路到达。货运区及工作人员出入口位于法国馆的西北角，临近沿黄浦江的主要大道。

等候区的尽端为接待区，两部大型自动扶梯把人群从这里直接带到参观区的起点（14m 标高）。从这里，观众沿着一个缓坡慢慢向下行进，直到参观区的出口。同样有两部自动扶梯把观众引导到庭院东部的纪念品商店和法国馆出口。

法国馆的中心为一个“法国式”花园，沿着内庭园的立面竖向铺开，并且延伸到屋面之上。

布展设计理念围绕着“感性城市”的主题展开，将强调人的不同感官体验。

结构设计充分贯彻“低碳”、“创新”的基本理念，充分考虑建筑对美观的要求，实现结构设计经济与安全的有效结合。

（1）工程场地靠近卢浦大桥，场地周边市政管线复杂，为减小对周边环境的影响，采用钢管桩基础，既满足使用期间承载力和沉降的要求，也便于结构拆除时桩基的拔出。

（2）本项目内部是完全开敞的中庭，结构平面呈

回字形，结构楼面可以从底层沿着回字形建筑功能区域直接绕至屋面，没有常规的楼层概念。本项目外围布置了用于建筑装饰的单层斜交网格网壳，网壳通过若干竖向支撑与地基基础连接。

（3）整体结构采用 3D3S 作为主要计算设计软件，同时应用 Sap2000 程序进行校核，根据实际使用情况确定楼屋面设计恒载，根据规范并结合建筑功能划分确定楼屋面设计活载。根据世博会相关文献，进行多遇地震作用下的截面抗震验算，同时对丙类建筑折减系数取为 0.65。经计算，钢结构构件最大应力比控制在 0.88 以内，竖向挠度和水平位移均能满足国家规范的限值。

（4）根据建筑需要，主入口处设有两台从 ±0.00 直通 +14.00 标高的自动扶梯，扶梯跨度超出电梯公司的设备参数。结构设计结合建筑立面，提出设置“V”形支撑作为自动扶梯的竖向支点，“V”形支撑结合外围网壳的斜交网格进行定位，实现了建筑外观与设备功能的完美结合。

2010 上海世博会瑞士国家馆

设计单位：同济大学建筑设计研究院（集团）有限公司
合作设计单位：Buchner Bruendler，AG

主要设计人员：王文胜、陈泓、陆秀丽、张涛、王希星、程青、李意德、徐桓、冯玮

1. 城市与乡村的互动——自然的乐园

上海世博会瑞士国家馆占地 4000m^2，其主体结构由两个承重的大小圆柱和绿草如茵的屋顶组成，并由循环的观光缆车系统相连接。整个建筑充分体现了城市与乡村相互依存、互惠共生的关系，强调人类、自然与科技的完美平衡。自开工以来，共有 780t 钢材和 600m^3 混凝土投入了瑞士馆的建设，以 132 个地下桩构成的地基支撑着这一巨大的钢结构建筑，为迎接世博会期间馆内每天 15000 名参观者打下了坚实的基础。

2. 互动型智能帷幕打造"瑞士"幕墙

瑞士国家馆外围的互动型智能帷幕以生动有趣的方式告诉人们：我们周围还有许多能源未被利用。瑞士馆的外围是巨大的帷幕，参观者可以从帷幕的任何一处进入馆内一层的城市区。帷幕的每一部分都能独立产生和储存能量，并以 LED 灯的形式将其利用。帷幕可以与展馆周围的能量，如太阳能或者照相机闪光灯产生的光能发生反应，从而发出闪光。这种新颖独特的构思，意在表现瑞士馆内外的"环境影响"，并使参观者了解这些环境影响。

整个帷幕的闪光具有某种程度的不确定性，因而产生一种动态闪光的视觉效果。此外，这些电池可以储存能量，它们之间能互为光源，使得整个展馆帷幕在夜间也能闪闪发光。帷幕上的每块太阳能电池板都做成瑞士地图的形状，使整个展馆裹上了"瑞士"幕墙。

3. 圆柱形展区着力表现城市元素

瑞士馆的第一个圆柱形展区着力表现的是城市元素，无论从外观上还是音效上都营造出逼真的都市效果。参观者沿着展区内 3m 宽的坡道，缓缓前行，绕其一周，便可将瑞士馆的建筑及展览尽收眼底。

在瑞士馆的展区内、坡道旁，分别矗立着 50 个三维观景仪。通过这些三维观景仪上的图片，参观者可以了解瑞士在创新和可持续发展方面所取得的成就，特别是在瑞士馆展览的四大主题——空气质量、水质量、公共交通及可持续建筑方面的成功范例。坡道尽头是展示大厅，大厅内设立了 15 块真人大小的屏幕，15 名瑞士人将以阿尔卑斯山为背景，"现身说法"，畅谈自己对未来的展望、心中的希望和梦想。

展区坡道最高处的中庭将矗立一块高达 10m 的巨型屏幕，参观者可在此观看循环播放的瑞士 IMAX 巨幕电影《阿尔卑斯：自然的巨人》片段。影片中，镜头缓缓扫过山脊峭壁，再现遍布瑞士境内绵延不断的阿尔卑斯山脉风景。除了展示瑞士迷人的高山风光之外，影片同时也表现了自然环境严酷的一面，揭示出个体应与自然和谐共处的寓意。这一展区还将包括一个多功能舞台、一家商店和一个餐厅。

4. 乘坐观光缆车体验城乡间的连接

结束展区的参观后，就来到了瑞士馆的第二个圆柱形区域，在此参观者可以乘坐缆车观光。

圆柱内壁种着各种绿色植物，顶端开放。伴随着舒缓的、仿如置身大自然般的声音，参观者乘坐观光缆车顺着圆柱盘旋而上，穿过馆顶的自然空间，进行大约 4 分钟的游览。据介绍，观光缆车每小时可供 1500 人次乘坐。

观光缆车如同纽带一般，将瑞士馆的城市空间和自然空间合二为一，让人们在城市和自然之间来往穿梭——从繁华熙攘的城市到闲适惬意的田园乡村，并最终回归城市。这一循环象征着上海世博会副主题之一——城市和乡村的互动，同时也揭示了"可持续发展"的基本理念。

2010 上海世博会沪上生态家

设计单位：华东建筑设计研究院有限公司

主要设计人员：曹嘉明、杨明、范一飞、刘海洋、吴国华、方飞翔、张亚峰、王达威、刘志斌

本案例名为“沪上生态家”，是一座展示未来人居的都市绿色住宅体验馆，既有浓郁的江南建筑韵味，又高度集成绿色生态科技，通过“风、光、影、绿、废”五种元素的演绎，展示“家”的“乐活人生”。

“沪上生态家”从环境和谐、历史传承的角度，实现生态技术与本土文化价值信息的双重引导，展示地处夏热冬冷地区的上海城市，对于未来都市绿色住宅发展趋势的思考。建筑物以灰、青、白为主色调，兼以绿墙、旧砖墙和景观水池等构造点缀，结合风力、光伏等现代科技设备，形成独具特色的建筑外观。融合里弄、山墙、老虎窗、石库门、花窗等这些代表着老上海的传统建筑元素，以及穿堂风、自遮阳、天然光、天井绿等本土生态语汇，绘就“沪上”映像。

风：通过“生态核”、“双层窗”、“导风墙”等策略，实现取“风”于自然。

建筑面南朝北条状布置，迎合上海主导风向。内部设置多路水平贯穿风道，强化穿堂风效果。底层挑空等候区抽象于传统弄堂空间，并有角度地形成导风墙。建筑北侧嵌入“生态核”，形成竖向拔风道，周边布置的单元式种植模块，起到过滤净化空气的作用。

光：引“光”于自然，控“光”于智能，借“光”于 LED 照明，变“光”为电力和热水。

天井——采光中庭，老虎窗——屋顶天窗，借鉴了上海传统民居的手法，用现代建筑语言改良再现。通过智能化控制系统，统筹遮阳系统和人工照明，最大限度利用免费的太阳光提供室内照明。南北两侧的下沉边庭，辅以景观水池面的反射光，改善地下区域的采光效果。建筑外部泛光照明和室内公共照明均采用 LED 新型照明技术。南向坡屋顶设置 BIPV 非晶硅薄膜光伏发电系统和平板集热太阳能热水系统，兼做屋顶花园遮阳篷，提供建筑照明用电和生活热水。

影：建筑自体造“影”，植物荫“影”，遮阳系统如“影”随形。

南立面花格窗和凹阳台错落有致，建筑自遮阳效果明显。底层入口等候区挑空，形成较大面积阴影区，

解决等候期间人群日晒问题。西墙设种植槽爬藤绿化，辅以聚碳酸酯遮阳板，构成双层遮阳体系。南向外窗设中置遮阳帘，屋顶安装追光百叶，可灵活变化角度，遮阳的同时维持室内合理照度。

绿：选取多种类型乡土植物实现模块拼装，具有环境净化、遮阳隔热等特点。

依托“生态核”结构空间网架，设计单元式模块绿化，可对空气中的灰尘和有害气体进行吸附过滤，同时也具有降温效果。屋面雨水收集后汇入景观水池，经水面种植的生态浮床系统过滤净化，水质得到改善。南立面挂壁模块、西立面种植爬藤、屋顶功能性花园等，在美化环境的同时，也提升了建筑隔热保温性能。

废：通过对旧房拆迁材料、城市固废再生材料的综合利用，实现变“废”为宝。

按“住宅科技时空之旅”的策展思路，通过“过去”、“现在”、“未来”，以贯穿人生全过程的“青年公寓、两代天地、三世同堂、乐龄之家”等四个年龄的“家”的主题单元，展示全寿命周期都市绿色住宅理念，深层次地探索普适型的绿色宜居模式，通过科技发展提升“屋里厢”生活的温馨与舒适，倡导并引领绿色健康生活方式。

上海市崇明越江通道长江隧道工程

设计单位：上海市隧道工程轨道交通设计研究院

主要设计人员：申伟强、曹文宏、杨志豪、傅铭、蒋卫艇、叶蓉、郭志清、孟静、王曦

上海长江隧道为目前世界上最大直径的盾构法隧道，工程设计技术难度极大，设计中结合周边环境、工程技术标准和工程特点，本着技术先进、经济合理、安全可靠的原则，通过科研与设计并举，依托国家863计划《超大特长越江盾构隧道关键技术研究》课题，进行了创新性的设计。设计特点、难点主要集中在如下几大方面：

（1）高效合理地布置圆隧道横断面，充分利用圆隧道的有效空间，上层设置高速公路车道，下层预留轨道交通空间，并设置了220kV的电缆通道。

（2）结合结构室内试验和现场测试分析，优化衬砌结构设计，创新地设计了世界最大直径盾构隧道衬砌，外径15.0m，内径13.75m，全环分成10块管片，管片宽度为2m。综合平衡施工风险和运营风险，创新地设计了用于盾尾刷更换的可拆卸特殊衬砌环管片、用于超长距离隧道测量校核的垂直顶升装置，通过实施此技术，隧道到达长兴岛工作井时的轴线偏差≤5cm。首创的预制构件和现浇路面板相结合的“道路即时同步施工”设计，克服了隧道内部结构快速施工的难度，加快了施工速度，最终隧道的掘进贯通时间比计划提前了10个月，盾构最快的掘进速度达到26m/d。在国内率先提出混凝土内掺聚丙纤维的钢筋混凝土烟道板结构，有效地确保火灾时的结构安全。

（3）根据长江隧道通风区段长、不设中间风井、火灾规模大（50MW）等特点，创新地采用了运营、阻塞工况为纵向通风模式，火灾事故工况下通过首次设置的专用排烟道进行重点排烟，以确保人员的安全疏散和救援。

（4）根据隧道内空气干燥、余热量大的特点，率先提出了长大隧道细水雾降温设计。通过对制冷降温、水喷淋降温、特殊设计的细水雾降温的综合比选，并经1：1实体降温试验，优化了系统设计，确定了合适的设计参数。

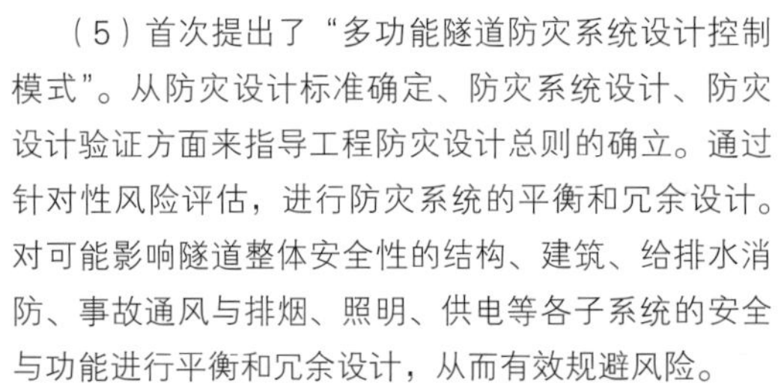

（5）首次提出了“多功能隧道防灾系统设计控制模式”。从防灾设计标准确定、防灾系统设计、防灾设计验证方面来指导工程防灾设计总则的确立。通过针对性风险评估，进行防灾系统的平衡和冗余设计。对可能影响隧道整体安全性的结构、建筑、给排水消防、事故通风与排烟、照明、供电等各子系统的安全与功能进行平衡和冗余设计，从而有效规避风险。

此外，绿色、环保、节能的理念在工程设计中被给予充分的考虑：隧道基本照明采用了LED光源，在隧道暗埋段洞口设置自然光过渡，减少加强照明；隧道两端设高风塔，对污染物进行高空排放；选用节能的射流风机诱导型纵向通风方式；充分利用水的气化吸热作用，选用细水雾系统进行降温；设备选型选用高效、节能产品，以降低运营能耗。

上海崇明越江通道长江大桥工程

设计单位：上海市政工程设计研究总院（集团）有限公司

主要设计人员：邵长宇、卢永成、邓青儿、曾源、张剑英、黄虹、王天华、张元凯、袁慧玉、李进、顾民杰、林秀桂、周兴林、彭铭、张春雷

上海崇明越江通道长江大桥工程起于长兴岛，以桥梁方案跨越长江北港水域，终于崇明岛陈家镇。上海长江大桥全长16.571km，越江段约10 km，技术标准为高速公路双向6车道、预留双线轻轨，主航道桥远期满足5万t级船舶通行。主要设计技术特点如下：

（1）大桥设计践行资源节约型理念，集约化利用有限的通道资源，采用公轨合建模式，一并考虑二回路220kV电力电缆过江，降低了工程造价，提升了大型通道的多功能综合服务潜力。经投资分析，公轨同平面共建比公轨分建桥梁方案节省投资约20亿元。大桥设计中，从行车安全性、舒适性和经济性等方面提出了公轨合建桥梁的合理刚度、结构体系与构造；对箱梁悬臂板布置轻轨时的局部振动机理以及对行车安全的影响规律进行了深入分析，编制了公轨合建桥梁设计技术标准。

（2）主航道桥为主跨730m双塔双索面分体钢箱梁斜拉桥，是世界上跨度最大的公路与轨道交通合建斜拉桥。为满足强风、强震、公轨合建复杂条件下超大跨度斜拉桥对结构体系的新需求，塔梁间采用了阻尼器加刚性限位的新型约束方式，并自主开发大吨位、大行程阻尼器。设计成功解决了分体钢箱梁结构复杂与制造安装控制要求高等方面的技术难题，通过千吨级足尺疲劳试验等系列分析与试验研究，解决了超千吨拉索锚固区的结构受力与构造等方面的问题。

（3）为满足水文环保与防撞对加大桥梁跨度的迫切要求，近主通航孔桥采用主跨105m等高度钢－混凝土组合梁，主梁工厂预制，水上整体吊装，先简支后连续的施工工艺。设计系统研究了大跨度连续组合箱梁桥力学性能，发展了考虑空间效应和焊钉滑移影响的精细分析方法，明确了组合箱梁宽桥焊钉连接件受拉拔力作用状况以及结合部不同连接件布置形式下的力学性能，提出了减小或抑制拉拔力的合理措施。采用钢梁反弯法、支点升降、双层组合等技术，调整钢与混凝土的受力分布，实现工程造价低于同等跨度的PC箱梁。105m组合梁是世界上跨度最大的整孔吊装组合梁，也是我国整孔预制吊装首次突破百米大关。

（4）占非通航孔桥长度89%的结构采用了多种形式的预制拼装结构，实现了高质量、快速施工和保护环境的要求。在堡镇沙浅水段采用60m跨预制节段拼装预应力混凝土连续梁，深水段采用70m跨整体预制吊装预应力混凝土连续梁。

（5）采用长江疏浚废弃细砂填筑路堤，攻克了施工性与稳定性技术难点，避免毁坏5500亩（约367hm^2）耕地，节约投资5600万元。为路基土缺乏地区开辟了一条新路。

上海市轨道交通 10 号线（M1 线）一期工程

设计单位：上海市隧道工程轨道交通设计研究院

合作设计单位：上海市政工程设计研究总院（集团）有限公司、上海市地下建筑设计研究院、铁道第三勘察设计院集团有限公司、上海市城市建设设计研究院、中铁上海设计院集团有限公司、华东建筑设计研究院有限公司、上海电力设计院有限公司、同济大学建筑设计研究院（集团）有限公司、中铁二院工程集团有限责任公司、深圳市利德行投资建设顾问有限公司、中铁电气化勘测设计研究院有限公司

主要设计人员：曹文宏、李林春、陈昌祺、安危、王晨、陈海龙、曲耀慧、李英、杨玲、庄子帆、陆云、石翔、周金海、王大龙、付鹏

上海市轨道交通 10 号线一期工程是上海城市轨道交通网络中的重要骨干线路，与 14 条轨道交通线形成 15 座换乘枢纽（或节点）。

10 号线一期工程全长 36.099km，其中主线长 31.132km，支线长 4.967km。共设 31 座车站，均为地下站。设停车场 1 处，控制中心 1 处，主变电站 2 座。主要设计特点如下：

（1）全自动无人驾驶系统

在国内首次采用了全自动无人驾驶系统，依托自动化、高集成的控制系统（CBTC、ISCS、无线控制、TMS 等等），实现了运营控制与管理的高度集中。

（2）城市空间的综合利用

①吴中路停车场在国内轨道交通领域首次尝试了停车场上盖物业开发项目，其占地面积 23.34hm^2，总建筑面积约 14.8 万 m^2，融入商业、市政、公益等元素，打造了一个综合性的新概念城市空间。地面层为轨道交通停车场，在距地面约 8.3m 处设置 7.6 万 m^2 钢筋混凝土大平台，提供后期上盖开发的条件，部分库房下方建设地下商业空间，并连接毗邻的 10 号线紫藤路车站。将上盖平台、地下建筑以及车场建设视作一个整体，统一规划、同时设计、同时施工，营造出整体和谐的建筑效果。

②江湾体育场站、豫园站、上海图书馆站等车站依托地铁建设，通过构建地下步行系统，开发多功能地下综合体，有效利用地下空间资源，营造舒适的地下人文环境。

（3）建筑与装修

①换乘站的形成有“十”字形、“T”字形、“Z”字形、“L”形、平行换乘、通道换乘等多种方式，实现建筑和设备资源共享，充分体现了现代交通性建筑的特点，达到国际先进水平。

②全线装修以“都会旋律”为主题，分为标志站、重点站、标准站三个等级。

（4）车站结构

①结合车站周边环境、地面交通、地下管线等情况进行结构计算，制定基坑变形控制保护等级。

②结构设计采用三维立体分块模型及三轴水泥土搅拌桩接管技术。

（5）区间隧道

①通过控制隧道埋深、限制盾构掘进地层损失率、加强二次注浆结固、优化管片接缝防水等措施，成功地在运营机场跑道下建成了轨道交通。

②对双圆区间隧道结合道路下立交的结构形式进行了专题研究，解决了两个工程的建设时序、隧道结构控制标准、后期运营养护要求等难题。

（6）轨道

研制并采用了预制钢弹簧浮置板，成功使用对称三开道岔技术，可以有效缩短车站咽喉区长度，降低工程综合造价。

上海市轨道交通 7 号线工程

设计单位：上海市城市建设设计研究院

合作设计单位：上海市政工程设计研究总院（集团）有限公司、上海市隧道工程轨道交通设计研究院、中铁上海设计院集团有限公司、中铁电气化勘测设计研究院有限公司、同济大学建筑设计研究院（集团）有限公司、上海市地下建筑设计研究院、北京城建设计研究总院、中铁二院工程集团有限责任公司、中铁（洛阳）隧道勘测设计院

主要设计人员：徐正良、刘伟杰、余斌、冯云、许熠、王卓瑛、刘冰、戴孙放、杨卫海、饶雪平、施佩文、石磊、伍永飞、朱祖华、翟可

上海市轨道交通 7 号线全长约 34.4km，全部为地下线，设车站 28 座，地下二层车站 19 座，地下三层车站 9 座，与上海轨道交通网络中 14 条轨道交通线路换乘，设 14 座换乘车站。车辆采用最高速度 80km/h、6 节编组的 A 型车。设陈太路停车场及综合基地 1 个，占地 36.64hm^2；设龙阳路辅助停车场基地 1 个，占地 4.01 hm^2。设控制中心 1 处，主变电站 2 座，全线设有供电、通信、信号、综合监控等机电系统。主要设计特点如下：

（1）运用网络建设理念，优化了世博会地区的轨道交通线路，与 13 号线的线位互换使 7 号线成为世博会地区的一条重要骨干线，以便更好地为世博会服务。

（2）开发了新型盖挖法工艺，减少了动拆迁数量和施工对地面交通的影响，降低了工程投资。

（3）开发了自动化气压沉箱工艺，安全实施了中间风井，降低了工程风险。

（4）开发应用盾构微扰动技术，提出了减少环境影响的盾构施工参数。

（5）开发应用了具有自主知识产权的地铁综合监控系统，提高了轨道交通的管理效率。

（6）采用了站厅站台共享空间的大中庭地铁车站，

提出了中庭装用防排烟系统。

（7）无柱大空间车站采用预应力技术，提高了结构的防裂抗渗性能。

（8）采用了大交路车站合并活塞风井技术，减少了风井占地面积，缩小了车站规模。

（9）多座车站与地块开发、地下空间一体化设计，集约化利用土地资源，改善了城市景观。

（10）敏感地段线路采用了不同等级的减振轨道，全线约6.9km采用了钢弹簧浮置板，降低了运营期间列车振动对地面建筑的环境影响。

（11）信号系统采用了移动闭塞的CBTC系统，采用了智能查询终端、自助补票机、智能导向、智能疏散指示、综合UPS、非对称气流组织、门禁、PLC控制等多项机电系统新技术，采用了无功补偿技术、变频等设备，降低了能耗。

上海外滩通道工程

设计单位：上海市政工程设计研究总院（集团）有限公司
合作设计单位：上海市隧道工程轨道交通设计研究院

主要设计人员：俞明健、罗建晖、陈鸿、孙巍、冯云、谢明、吴峰、肖艳、孟静

上海外滩通道南起东门路南侧老太平路，沿外滩从外白渡桥下方穿越苏州河，沿东大名路、吴淞路到海宁路，全长3290.54m。设长治路匝道和延安路匝道服务北外滩和外滩。工程包括地面道路改造、地下道路建设、外白渡桥保护和延安路高架改造。

本工程实施了环境、景观、交通、市政、防洪、城市功能综合改造，主要设计特点如下：

（1）采用单管双层双向多点进出的总体布置方案。通道上层由南向北，下层由北向南，并设置匝道联系延安路高架外滩、北外滩。空间和功能的集约化设计使外滩通道穿越外滩地区具有可行性。

（2）采用小车专用标准的长地下通道。设计净空3.2m，车道宽度3.0m，对城市核心区交通组成的覆盖率达92%。

（3）将地下道路建设和地下空间开发相结合。十六铺地区结合外滩通道建设，综合开发利用地下空间，提升区域服务能级。地下一层布置外滩通道，地下二层布置人行连通通道和服务空间，地下三层布置小车停车库，连通水上旅游中心、外滩交通枢纽和周边地块开发的地下空间，形成地下空间服务网络，体现了集约化利用城市地下空间的趋势。

（4）风塔设置因地制宜，减少占地，与环境相融合。南段风塔位于外滩风貌延伸区，风塔设置利用废弃新永安路泵房，建筑采用新古典主义风格，与周边环境融为一体。北段风塔利用150地块新建建筑内部竖向核心筒设置风塔，高约105m。

（5）地下道路在南外滩地区长约900m，采用侧向开敞方式，可减少风塔数量，降低运行能耗；同时

引入自然光线，可改善通道内部环境，降低照明费用。

（6）采用大直径土压平衡盾构（D=14.27m，盾构段长 1098m）穿越苏州河外白渡桥、外滩敏感地区，保障了外滩通道实施期间旅游和交通功能的正常运行，避免了常见泥水盾构中污泥处理对环境的影响。

（7）将“文物与功能”并重的设计理念运用于外白渡桥工程中，采用上部船移大修、下部原位拆建的“移桥法”方案。

（8）本项目有许多高难度、高风险节点。通道以盾构形式下穿外白渡桥桥桩（间距 1.5m），上跨地铁 2 号线（间距 1.4m），以开挖方式上跨延安路隧道（延安路隧道直径 11.0m，间距 5.5m）。对通道沿线 20 多座历史建筑采用了周密的监控和保护措施，确保上述高风险节点安全实施。

（9）设计方案为通道实施期间外滩交通保障、旅游开发、管线运行和安全度汛创造条件。以盾构方式穿越外滩核心地区，其余明挖段采用搭设栈桥、盖挖法等方案，保障三纵东线外滩交通、外滩旅游功能。

（10）通过采用新技术新方法和空间功能的集约化设计，采用小车隧道、双层隧道、管理中心和 150 地块开发相结合，风塔和建筑相结合等措施，有效地减少了土地占用和工程投资。

上海闵浦大桥工程

设计单位：上海市政工程设计研究总院（集团）有限公司

主要设计人员：马骉、邓青儿、蒋彦征、岳贵平、李鹏、常付平、贺健、温学钧、朱鸿欣

闵浦大桥为双层公路桥梁，全长 3982.7 m。上层桥面为 8 车道高速公路，主要解决长距离的过境交通，下层桥面为 6 车道的地方道路。主桥采用主跨 708 m 的双层桥面斜拉桥，跨径组成为：（4×63）+708+（4×63）= 1212 m。本工程主要设计特点如下：

（1）中跨主梁采用全焊板桁结合整体节点钢桁梁，N 形桁式，桁高 9m，主桁宽 27 m，节间长度 15.1m。横断面采用倒梯形断面，上、下层结构宽分别为 44m 和 28m。

（2）采用全焊连接的钢桁梁桥，不仅外形简洁美观，而且节省了大量节点板和高强螺栓。板桁结合的优点是降低了桁梁的建筑高度，而且钢桥面板与主桁共同受力，增加了钢桁梁的总体刚度，减小了各部分杆件的应力；上、下弦杆与钢桥面板相连后，提高了弦杆的压屈稳定性，节省了用钢量，降低了工程造价。

（3）边跨主梁采用双层复合桁架梁体系，结构由钢竖腹杆、钢斜腹杆、钢斜撑杆及以钢弦杆为劲性骨架的预应力混凝土桥面结构（包括弦杆、横梁及桥面板）组成。边跨桁高、桁宽同中跨，节间长度为 10.5m。

（4）主梁结构体系减小了边跨的长度，大幅度地节省了用钢量，降低了工程造价。这种体系为世界上首次在大跨径斜拉桥中采用。通过空间有限元分析，

揭示了边跨结构的内力分布规律与传力机理，并且对边跨典型节点采用了大比例缩尺模型（1 ： 2.5）进行了试验，验证了结构的安全性及构造的合理性。

（5）拉索为扇形双索面，采用平行钢丝斜拉索体系，冷铸锚，塔端张拉，全桥共 192 根，最大拉索型号为 $439\phi7$。索塔采用钢锚梁锚固形式，主跨索梁采用钢锚箱锚固形式，边跨索梁采用钢锚管锚固形式。

（6）主塔采用 H 形塔，高 210m，在塔中部及主梁下设置两道横梁，塔柱截面设计为五边形空心断面

以利抗风。塔柱顺桥向为 8m，横桥向为 7m，中、上塔柱横桥向壁厚 0.8 ~ 1.3m，顺桥向壁厚 1.0 ~ 1.5m，下塔柱横桥向壁厚 1.3m，顺桥向壁厚 1.5m。主塔混凝土采用 C50 级。

（7）主塔基础采用直径 0.9m 的钢管桩，浦东主塔共采用 385 根钢管桩，桩长 51.1m ~ 53.1m，持力层为⑦ 2 层；浦西主塔采用桩 345 根钢管桩，桩长约 66.85m，持力层为⑨ 1 层。承台平面尺寸 86.8 m ×44 m，厚度 7 m。辅助墩、边墩与引桥桥墩的建筑风格统一，采用双柱式框架墩，基础采用直径 0.8 m的钻孔灌注桩，桩基持力层主要为⑦ 2 层。

（8）主塔塔柱采用翻模法施工，横梁采用膺架支承现浇，边跨与主塔施工同时进行。主梁施工采用先施工边跨再施工中跨的方法。边跨施工方法为钢桁梁整孔垂直提升后纵向滑移就位，再现浇上下层桥面结构混凝土。中跨钢桁梁采用大节段由钢结构加工厂浮运至桥位，用桥面吊机垂直提升安装就位。单个节段长 15.1 m，吊装重量约为 450t。

（9）闵浦大桥施工控制采用了全过程的仿真计算，确保了闵浦大桥安全、优质、快速的建成。

（10）引桥的上部结构主要采用跨径 30 ~ 45m 的后张法预应力混凝土 T 梁。桥墩主要采用双层框架式桥墩，其中墩柱为薄壁钢筋混凝土结构，上、下层盖梁为薄壁预应力混凝土结构。桥墩基础有 Φ800 的钻孔灌注桩和 Φ600 的 PHC 管桩两种形式，桩基持力层主要为⑦ 2 层。

虹桥综合交通枢纽快速集散系统、市政道路及配套工程

设计单位：上海市政工程设计研究总院（集团）有限公司

主要设计人员：徐健、张胜、许海英、葛竞辉、马骉、颜海、郑晨、贺骏、林秀桂、孙晨、吴忠、许海亮、林志雄、陆晓桢、江峰

本工程位于上海市长宁区、闵行区、青浦区交界位置，规划虹桥综合交通枢纽设计范围 26.26km^2。工程内容包含快速集散高架和市政道路及配套工程两部分。其中，快速集散高架道路长约 23km，桥梁面积约 42 万 m^2；市政道路及配套工程含 33 条市政道路（含 4 条下穿地道、16 座跨河桥梁、4 座雨水泵站、4 处出租车停车场等设施），新建道路总长约 55km，总面积约 215 万 m^2。本工程主要设计特点如下：

（1）创新型的快速集散系统布局方案。构建专用快速集散道路，高效、连续运行，与地面交通相分离，与外围快速路网系统多点衔接，提高运行保障度。采用“南进南出、北进北出、西进西出”的交通组织方式，将铁路、机场和磁浮区域进行分块，使 20 万 PCU/ 日流量分散到 4 个流量为 3 ~ 6 万 PCU/ 日的小循环圈，实现流量均衡分布，减缓枢纽集散交通压力。按车种运行特点进行分类管理，停靠不同的服务区域；采用立体交通组织方式分离到发客流，提高服务效率。

（2）首创适用于特大型枢纽的公交优先化设计技术。进行场站分离式布置：公交停靠站均为过境站，在有限空间内设置多条公交线路，终点站（公交停车场）设置于远端夹心地带，实现土地空间资源的集约化利用。实行零距离换乘：将公交下客引入高架车道边紧邻建筑一侧，公交上客直接与各交通体到达层面衔接，实现零距离公交换乘，充分体现公交优先设计理念。

（3）创建了一系列适合特大型枢纽的设计关键技术。首次建立了车道边设计标准，车道边分类设计。提出旅客排队规模设计及高效有序的排队方式组织设计。针对枢纽不同于一般快速路、立交运行的特点，建立了交织段设计标准。针对枢纽快速集散系统的运行特征，通过模糊聚类的方法确定了 5 项评价指标体系。首创了适合于楼前平坡高架路段排水要求的高架新型排水系统。

（4）开发应用了动态化、适应性的标识系统设计技术，利用 UC Win Road 软件对标志标线设计方案进行了实景模拟评估。

（5）做到环保节能与经济效益双赢。通过区域整体土方平衡设计，减少外运土方约 500 万 m^3。采用固废利用技术将 50 万 m^3 建筑废弃物作为道路地基处理与底基层材料，节约了工程造价，实现了建筑废弃物减量化、资源化批量利用，具有显著的社会效益和经济效益。

（6）对高架桥面、地面道路、城市地道提出了适合各交通运行特征的铺面材料方案及技术要求。

（7）因地制宜地实施市政与房建相结合的桥梁结构设计：高架桥梁—建筑混合结构的空间设计，桥梁结构—地道超近距离布置设计，桥梁穿越建筑的防水设计，大型综合枢纽桥梁景观设计，大跨度异形钢结构综合设计技术，大跨度异形钢桥综合设计软件编制。

（8）根据各区域重要性确定设计标准并提出对应的排水方案，确保排水安全并节省工程投资。

（9）准确、合理的经济技术设计：专业协调统一，确保编制原则落实；积极调查现场情况，草拟施工组织方案，合理确定施工顺序，避免相关措施费用高估或漏计；详尽分析新技术，准确把握相关造价；多方案详细比选，合理确定投资规模。

（10）与设计配套的科研成果，经鉴定1项达国际领先水平，3项达国际先进水平。

上海闵浦二桥新建工程

设计单位：上海市城市建设设计研究院
合作设计单位：上海市隧道工程轨道交通设计研究院

主要设计人员：周良、陈文艳、彭俊、朱敏、陆元春、邓玮琳、唐国胜、陈奇甦、吴勇

闵浦二桥是一座公轨两用一体化双层特大桥，主桥为独塔双索面钢板桁组合梁双层斜拉桥，主跨251.4m，锚跨147m+38.25m，主桥总长436.65m；引桥为上层简支梁。上层为二级公路，双向4车道；下层为双线轻轨（上海轨道交通5号线闵奉段）。

工程设计在“功能、结构、环境、景观”方面充分做到了协调统一，具体体现在以下五方面：

（1）主桥方案的合理可行

针对该航道布置的特点，主桥方案采用非对称双跨布置的独塔斜拉桥，主墩布置在主辅通航孔之间19m的区域，主跨251m，锚跨147m+38.25m。该方案在满足交通和航道功能的条件下，结构性能和经济指标最优，避免了两岸的房屋拆迁，符合本工程桥位所处环境的特点。

（2）主桥江中主墩桩基础的优化设计

根据地质条件分析并结合上海已有的工程实践经验，主墩基础采用直径900mm的钢管桩。为了避免水上接桩和控制桩顶垂击次数，最终选择⑦2层为桩尖持力层。但是桩数较多，基础平面布置不是很理想，为了提高单桩承载力，降低桩数，在不增加桩长的条件下，在桩端5m范围外侧设置了三道宽200mm、厚20mm的加劲板，以增大桩侧摩阻面积，从而提高单桩承载力。根据试桩结果，表明加劲板可提供600kN的极限承载力，与计算结果基本吻合。该方案的实施为水中墩的布置和施工提供了极大的便利。

（3）主桥钢桁梁设计的合理性和可靠性

主桥钢桁梁采用了“外形简洁、构造合理、制作简单、结构耐久”的结构形式，表现为：①矩形断面，②三角形桁，③箱形杆件，④大节间距（14.7m），⑤整体节点板，⑥上下桥面均为正交异性板，⑦全焊接结构。

（4）引桥“干”字形双层独柱墩设计的新颖性

由于两侧引桥均沿既有道路走向，为避免两侧房屋大量超迁和满足地面交通组织，在研究以往双层桥梁形式的基础上，推荐采用了一种新颖的“干”字形独柱式桥墩，造型简洁、布置紧凑，对周边环境影响较小。为了确保其结构可靠性，专门进行了缩尺模型振动台抗震试验，研究结果表明在罕遇地震作用下，结构关键部位均处于弹性阶段。

（5）大桥的环保措施

根据各声环境敏感点的降噪形式及规模，沿线共安装公路声屏障5900m，轨道交通声屏障9463m，安装隔声窗64扇，上层公路梁体下部喷涂吸声材料14232m^2。并在主桥和引桥部分路段采用了全封闭声屏障，属于在国内桥梁上首次采用。

闵浦二桥

上海西藏南路越江隧道

设计单位：上海市城市建设设计研究院

主要设计人员：刘伟杰、王宝辉、庄子帆、潘国庆、戴孙放、徐一峰、余斌、柴昕一、张广龙

西藏南路越江隧道按城市次干路Ⅰ级、计算行车速度40km/h的标准设计。采用盾构法施工，圆形隧道的外径为11.36m，长度为1170m左右。双管单层双向4车道。隧道内双车道宽度分别为3.75m和3.5m。行车方向内、外侧的路缘带宽度0.25m，安全带宽度0.25m。通行限界宽度为8.25m，车道通行建筑限高4.5m。

西藏南路越江隧道主线总长度2.67km，越江段圆形隧道在地铁8号线区间隧道下部净间距3.0m斜交穿越，是目前最大直径的隧道在地铁下部近距离穿越的工程实例。越江段盾构法隧道底部的最大埋深约45m，是目前黄浦江越江工程中埋深最深的隧道。整条隧道处在高承压水地层中，防水要求特别高。隧道总体设计技术要求高，风险和难度大。隧道设有多个出入口，开创了上海软土隧道设计的先河。不仅满足了世博会期间短期的服务需求，同时还满足了世博会以后长期的交通需求。隧道总体与线位设计综合考虑了地面场馆的布置，既保证了线形的最优化特点，又避免了对地块的切割。针对隧道与地铁8号线净距特别小的设计特点，在风险控制上进行了设计、施工、运营三方面的综合研究；在新技术应用上引入了多项关键新技术。新型的A、B块组合型通用管片使盾构掘进阶段具备直线控制容易、纠偏速度快、灵敏度高的优点，从根本上降低了隧道穿越地铁8号线净距特别小的施工风险。同时还具有多项优点：可适合原有盾构设备，节约设备投资；便于施工管理；适应性强，具有推广应用价值。先进的隧道组合通风技术把运营阶段节能、火

灾工况集中排烟的优点相兼，使节能和有效控制运营风险相结合。在国内首次成功利用车道板下部的富裕空间作为排烟道，在同等功能和同等服务水平条件下，该隧道设计可谓最为经济的结构形式。水喷雾－泡沫联用灭火系统，特别是双喷口水雾喷头可对火灾工况下的燃烧物及时进行窒息、冷却，可为隧道内人员安全撤离和消防人员顺利进入现场赢得宝贵的时间。新型联络通道结构设计首次采用圆形钢拱架分段支撑，分段挂网，分段喷射混凝土，二次衬砌整体浇筑的软土工程NATM隧道新技术，使处在高承压水地层中的联络通道结构，在施工阶段开挖掌子面时随时形成圆形的封闭受力体系，受力合理，施工安全度高。射流风机悬挂系统锚固件具有结构简单、牢固、安装方便、受力条件好等特点，该系统采用锚固件与悬挂件二者组合的形式，二者之间设有减震橡胶板，加工简单，安装便捷，具有抗震防颤动的性能，首次使射流风机与结构在现场拼装式连接成为现实。组合形橡胶防水密封条主体为耐久性好的多孔型三元乙丙(EPDM)橡胶止水条，辅助材料为非硫化丁基橡胶。管片拼装后在接缝受压条件下，非硫化丁基橡胶自动被挤压出凹槽，填充到管片预留环形槽口内，起到如木桶嵌油灰的作用，可有效切断橡胶止水条与管片表面气泡处的渗漏水，达到二次止水的目的，它是目前国内可承受水压最高的橡胶防水密封条。

2010 上海世博会园区浦东部分道路及市政配套设施工程

设计单位：上海市政工程设计研究总院（集团）有限公司

主要设计人员：赵建新、秦健、董猛、王士林、肖艳、孙磊、孙巍、孙晨、卢琼

世博会园区浦东部分道路及市政配套设施工程主要包括世博大道、雪野路等 15 条道路，3 座跨白莲泾的桥梁，2 座雨水泵站及调蓄池，1 座污水纳管泵站，4 条道路的综合管沟，2 座下穿世博大道的人行地道以及与市政道路相配套的雨污水管道、照明与供配电、交通安全与管理设施、道路景观与绿化等附属工程。道路建设总长度 22.3km。

本工程在设计中积极应用符合科技世博和节能减排理念的新技术：

（1）设计理念先进，立足后续利用，适应可持续发展的要求。通过道路及市政配套设施的建设和改善，使其既满足园区建设阶段作为骨架性施工通道的需要，又满足世博会期间的交通需求，同时与上海市中长期道路交通发展相协调。

（2）道路设计在园区核心区采用排水沥青路面和透水性人行道铺装，提高车辆行驶的安全性和行人行走的舒适性，降低行车噪声，对缓解城市热岛效应和涵养地下水分亦有良好效果；积极探索工程废弃物资源化利用的途径，采用 HEC 固结建筑垃圾渣土作为软土地基处理、垫层和基层材料，减少了渣土外运，在降低工程造价，加快施工进度，保证工程质量，避免环境污染方面均取得良好效果。

（3）雨污水泵站采用了将使用功能和景观效果有机结合的全地下式排水泵站，泵站主体结构采用地下形式，地面上只保留人员进出口、通风井、设备检修孔等小型构筑物。雨水泵站系统性运用初雨调蓄池，减少汛期初期雨水对黄浦江的污染。采用门式自冲洗系统，无需外动力和外部供水，利用自身蓄水冲洗池底沉积物，降低了维护费用。

（4）综合管沟总体布局合理，断面尺寸紧凑，节约了投资；创造性地使用地面式通风、投料口，避免构筑物凸出地面对道路景观的影响。对于标准节段采

用预制拼装法施工，为国内首次，不仅提高了结构构件的外观质量，也简化了基坑的结构形式，从而降低了工程造价。

（5）景观绿化设计针对不同道路所处的区域和景观要求，选择不同的树种组合，使道路景观与周边环境融为一体。集中应用隐蔽的大树支持设施、涌泉灌溉等园艺新技术，成为集中展示上海园艺科技水平的舞台。

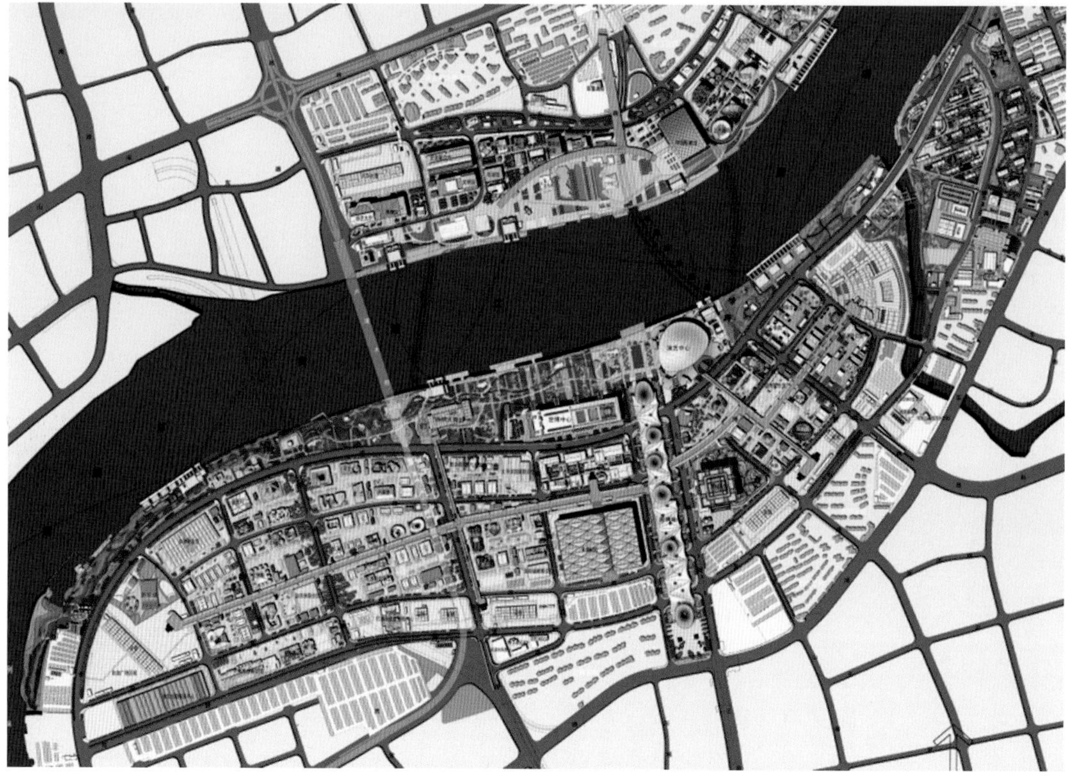

宁波市城庄路姚江大桥（湾头大桥）工程

设计单位：上海市政工程设计研究总院（集团）有限公司

主要设计人员：马骉、葛竞辉、袁建兵、艾伏平、任烈柯、顾晓毅、陈磊、朱廷、俞宏峰

城庄路为城市主干路，路线全长约993m，桥梁总长832m，其中主桥长276m，南岸引桥长332m，北岸引桥长224m。姚江大桥为机动车双向六车道加非机动车道和人行道，主桥桥宽43.6m，南岸引桥不布置人行道，桥宽31.5m，北岸引桥布置人行道，桥宽39.0m。设计车速为50km/h，设计荷载为公路－Ⅰ级。主桥为下承式三跨连续钢桁架拱桥，跨径组合为48+180+48＝276m，主桥总宽43.6m，主梁为钢－混凝土叠合梁结构。引桥为跨径30m预应力混凝土连续梁桥。本工程主要设计特点如下：

（1）桥型独特。主桥采用主跨180m的三跨一联下承式钢桁架拱桥，整体外观古典、稳重、美观，与周边景观定位相吻合。

（2）全桥节段间分别采用拴接或焊接连接。全桥连接方式包括节段内杆件工厂焊接和节段间现场连接。主梁节段间采用焊接保证了主梁内部的密封，避免梁内积水；拱脚处节段板厚达5cm，采用焊接避免了采用多排螺栓导致的承载力降低过多、连接板尺寸过大的缺点。与拴接相比，节省了约35%的螺栓和拼接板数量，且通过制造精度控制、焊接变形控制、节段预拼等工艺保证了精准定位，确保其他拴接节段的顺利连接。

（3）整体式节点板设计。对拱桁、风撑的杆件连接采用了整体式节点板的构造方式。拱桁由上弦杆、下弦杆通过腹杆连接，风撑由工字形杆件多面连接，

整体式节点板的运用避免了过多的拼接板和螺栓，节约了钢材用量。

（4）中跨钢主梁承受拱桥的部分水平推力。主桥的主梁和拱脚为固结连接，设计采用让叠合梁的钢主梁承受部分恒载水平推力（其余水平推力由水平拉索承受），从而减少水平拉索用量37%，并便于水平拉索的布置。

（5）边跨腹杆的高强螺栓连接采取分批施拧。设计时考虑先连接拱桁边跨腹杆腹板螺栓，待水平拉索张拉后再连接拱桁边跨腹杆翼缘螺栓。该方法有效地降低了边跨腹杆的次内力，节省了钢材和螺栓用量。

（6）中跨主梁在拱脚处采用连续处理，竖向刚度好，在恒载作用下，拱脚两侧主梁负弯矩基本相等，使拱桁下弦拱脚处基本处于轴向受压状态，结构受力有利，同时取消两条伸缩缝，提高了行车舒适性，便于维护和养护。

（7）主梁采用钢－混凝土叠合梁结构。钢梁为双主梁＋横梁体系，由较小的构件组装而成，适合现场无法进行大型构件运输、安装的施工条件。

（8）吊杆锚固设计。吊杆采取在拱桁下弦杆下方固定、钢箱梁内张拉的方式，综合张拉、维修、景观等因素。

（9）拱脚节点为叠合梁钢主梁、拱桁下弦杆、拱桁腹杆以及支座中心相交汇的重要受力节点，设计采用整体式节点板构造。下弦杆及腹杆的侧板和钢主梁的腹板对齐，直接传力。下弦杆顶底板与钢主梁的顶板采用焊缝，在钢主梁内部设置相应加劲肋和隔板，以使下弦杆内力迹线传递合理。

（10）边跨尾端及水平拉索设计采用拱桁上弦杆与钢主梁尾端部连接成整体的构造方式，以形成一个强大的刚性节点。每片拱桁布置两根水平拉索，分别锚固在整体节点竖向腹板的两侧，以利于简化构造。

上海A15高速公路（浦西段）工程

设计单位：上海市政工程设计研究总院（集团）有限公司

主要设计人员：温学钧、张瑜、朱蔚、王士林、齐新、李明娟、陆宏伟、谭显英、殷志文

A15公路（S32）东起浦东机场，接南进场路，西至枫泾镇北市界，通浙江申嘉湖（杭）高速公路，全长83.512km，其中浦西段长为47.36km。

A15浦西段均按高速公路标准新建，设计车速为120km/h，斜塘以西采用路堤式断面，以东至召楼路采用高架断面。规划红线60m。市界至A5公路采用双向六车道布置，A5公路以东按双向八车道布置。设计荷载为公路–I级。主线采用沥青混凝土路面结构，主线设有三座特大桥，即大蒸港桥、斜塘桥和油墩港桥，分别采用主跨165m矮塔斜拉桥、主跨120m钢构–连续梁桥和下承式系杆拱桥。浦西段设置大型枢纽型互通式立交三座和服务型立交两座。高架段结合地方道路规划，设置约17km地面道路。

本工程功能定位高、路线长，大多穿越城镇段，与多条高等级公路、市级航道、铁路相交，其路线走向的选定是设计的关键点，设计进行了多方案路线比选，结合沿线主要控制点和地形等提出了青浦、松江、闵行剑川路、黄浦江闵浦越江位置和南汇杜行等多个比选段，并进行详细论证，选取最佳路线方案。部分路段结合高压走廊合并走向，节约了城市用地。针对本工程与黄浦江上游水源保护区关系，注重高速公路与环境的协调，路线方案在符合总体规划和技术标准的前提下尽可能保护自然环境。

工程设计充分体现“以人为本”的理念，在符合总体规划和技术标准的前提下尽可能保留现状道路供地方车辆使用，结合闵行城市化地区，采用高架+地方道路的断面布置形式，保证本工程沿线地方路网通畅，减小对地方交通的影响，方便沿线居民生产生活，节约了用地。

为减少已建工程的废弃，本工程与高速公路相交

点均设置组合式枢纽型立交，在高速路网互通的基础上兼顾高速与地方道路的沟通，根据节点的功能定位，结合相交道路的现状及规划等级、性质、交通需求，对沿线立交总体布局及选型进行精心设计，合理确定互通式立交、横向通道位置及规模。

设计中积极推广应用新技术、新工艺、新结构、新材料，采用了“振动沉模薄壁管桩复合地基技术”、“曲梁预应力混凝土宽箱单索面矮塔斜拉桥”、“刚构－连续梁桥悬臂施工”等新型施工技术。

上海中环线浦东段（上中路越江隧道—申江路）新建工程

设计单位：上海市城市建设设计研究院
合作设计单位：中国市政工程中南设计研究院、上海浦东建筑设计研究院有限公司、同济大学建筑设计研究院（集团）有限公司、上海市政工程设计研究总院（集团）有限公司

主要设计人员：蒋应红、陆元春、童毅、马韩江、徐一峰、孔庆伟、凌宏伟、徐海军、赵杉

中环线浦东段（上中路越江隧道—申江路）新建工程全长 15.55km，规划红线宽度为 70m，按规划一次辟筑。建设标准为“快速路主线＋主干路辅道”，快速路主线为全封闭高架快速路，双向 8 车道，地面道路为城市主干道双向 8 快 2 慢断面。全线共设置全互通立交 4 个，及菱形立交 4 组。主要设计特点如下：

1. 总体设计以系统为原则，落实依托“和谐交通”、“可持续发展”、“景观优美”设计理念，充分重视道路功能分析，明确通道的服务对象，指导工程方案设计。

（1）功能恰当、考虑全面的敷设形式。确定“整幅式高架快速路＋地面辅道”为本工程的总体推荐方案，实施后各方反映优异。

（2）布局完善、针对性强的立交总体布置。从整个路网中分析相关重要道路、节点不同服务功能，深入分析路网间距、交通组织等方面，最终形成均衡完善的立交及匝道总体布置方案。在济阳路、杨高路、罗山路、申江路立交设计中，根据路网总体规划，遵循“不求最大、力求适度、略有超前”的原则，确保了主线交通连续、顺畅，准确定位各转向交通的主次。

（3）引入建筑空间理论，使高架成为城市建筑的有机组成部分。本次设计首次在应用空间建筑设计，以“十分之一理论”来控制高架桥梁的整体高度，推出全新飞燕弧形箱梁断面和分叉带系梁圆端形立柱。

（4）标准梁采用 3×35m 预应力混凝土连续箱梁，飞燕弧形为首次采用的结构断面，使该断面在纵横向空间受力状态更趋合理，有效地降低材料指标。

（5）合理布置排水管网、加强极端条件下排水能力。通过加密雨水口、优化立管管径等措施，保证极端气候下各关键节点的应对能力。

2. 高举“生态环保”旗帜，大力开展科技创新，建设“科技和谐之路”。

（1）开展“生态型城市道路系统建设和智能管理的关

键技术研究与工程示范”，科研成果达到国际先进水平。

（2）全路段采用新型排水降噪环保路面，大幅提高行车条件，保障行车安全。

（3）设计方案密切结合施工，极大减少施工外运和对居民的干扰。利用高架桥梁的支架基础作为地面道路结构，既大大缩短了工期、减少施工外运土方，对周边环境也做到了最大的保护。

（4）在强调降低材料消耗的同时，注重提高结构的抗震减灾性能。高架桥梁下部结构采用抗震间隙支座的双墩固定的设计思路，较大地降低了下部结构的材料用量，有效节约了工程投资。

（5）提倡交通智能化、层次化，方便交通疏导和管理，实现了广播、主线车道信号灯、高清卡口、高清网络摄像机等设备在快速路监控中的应用。

3. 直面复杂的建设环境，采取有力措施解决工程难点。

（1）建设稳固、均匀的道路路基，消除桥头跳车痼疾。在主线、匝道桥头采用落地梁处理，彻底消除了桥头跳车。在地面跨河桥桥台后采用改进型双向水泥土搅拌桩和 PTCC 桩，并编制适用于上海的桩体检测标准保证质量。

（2）重视对特殊节点处的设计方案，保障相关工程运行安全。在轨道交通 6 号线线位进入到中环线红线范围，处理合流污水箱涵、原水管线、军缆、河道改线等的相互关系时，经过多方研究分析和论证比较，制定了妥善的处理方案，确保相关工程绝对安全，同时也保证交通功能完善无缺。

上海市道路交通信息采集和发布系统工程

设计单位：上海市城市建设设计研究院

主要设计人员：陈洪、王宗暐、保丽霞、戴孙放、高翔、黄慰忠、王任杰、张烨平、徐卓亮

上海市道路交通信息采集和发布系统工程（二期）项目范围涉及中心城地面道路、快速路、高速公路、郊区干线公路以及上海市综合交通信息平台。本项目主要设计特点如下：

（1）有6项创新技术在工程中得到应用；

（2）以科学发展观落实技术方案，提供低碳、节能的智能交通系统设计；

（3）在世博交通出入口客流检测及主要交通走廊的交通保障中，社会效益显著；

（4）项目设计过程中确立科研课题，取得专利、软件著作权、国家标准编制等成果。

在设计过程中注重新技术的应用。在SCATS区控中心设计中，选用了可用率达99.999%的新型容错服务器，提高了系统的稳定性；在高速公路交通量采集方面，选用了新型微线圈，提高了采集精度，降低了设备成本；在地面道路交通信息采集方面，研究并实现了基于ITS Port的交通数据采集方法；在快速路交通事件检测和报警方面，采用了基于Fisher判别的AID算法，使事件检测率提高到87.5%，在通信系统方案设计中，对点对点光缆、低速自愈环、工业以太网等方案进行了比选，并最终采用了更为先进的光纤以太网。

在技术方案的确定上，落实科学发展观，对各个道路交通子系统界面尤其注意，分析各子系统的地域、交通数据流关系，将可以集成的设施合二为一，既满足近期、远期功能要求，又充分利用交通设施软硬件系统的资源共享。工程在设计中，注重采用低碳、节能的智能交通系统设计，比如对线圈、视频、微波等检测设备的比选，通过经济、有效的子系统设计，以及在数据处理上的挖掘作用，为建设节约投资约1200万。

本工程覆盖范围较广，涉及的主管单位多，设计和协调难度大，有城市快速路网、中心城地面道路、高速道路、郊区干线公路网等，根据设计要求，分1项总体设计和5项专题设计。在项目实施过程中，严格把关项目功能定位，对总体设计中各子系统的关联

界面进行有效融合，对工程技术方案进行必选优化，将总体设计与专题设计有机衔接，既实现了总体功能，又便于分项工程实施。

在项目设计过程中，确立了研究课题，以科研带动生产，在工程项目中体现创新。在本工程启动前，完成了上海市科学技术委员会立项的《城市道路交通与信息采集发布系统二期研究》（项目编号：重科 2007-001），旨在通过该工程性研究课题，为上海市道路交通信息采集和发布系统工程二期建设提供指导。在科研项目中，完成了“SCATS 与 GPS 交通数据融合技术”、“道路交通联动控制与信息发布技术”、“交通紧急事件检测和报警技术”、“基于手机信令的交通数据采集技术”4 项关键技术，并且都在二期工程中得以实施应用。

本项目共有 6 个创新技术，4 个专利获得受理，获得 1 项软件著作权，发表了 3 篇论文（EI 检索），申请了 1 项国家技术标准并获得立项。

上海市轨道交通 2 号线西延伸（中山公园—徐泾东站）工程

设计单位：上海市隧道工程轨道交通设计研究院
合作设计单位：铁道第三勘察设计院集团有限公司、中铁电气化勘测设计研究院有限公司、上海市城市建设设计研究院、华东建筑设计研究院有限公司、上海电力设计院有限公司、中铁上海设计院集团有限公司、上海市地下空间设计研究总院、中铁第四勘察设计院集团有限公司

主要设计人员：陈文艳、陈勇、朱蓓玲、阎正才、许熠、张勇、舒展望、杨立新、何永春、郭建祥、周晓玲、梁建国、朱桔妹、李帅、王怡文

上海市轨道交通 2 号线西延伸（中山公园—徐泾东站）段工程是轨道交通 2 号线的重要组成部分，整个延伸段工程由西延伸工程（中山公园站—淞虹路站）和西西延伸工程（淞虹路站—徐泾东站）两部分组成。工程全线为地下线路，按 A 型车 8 辆编组设计。本延伸段共设有 7 座地下车站，线路全长 14.8km，并设北翟路车辆基地 1 座（占地 34.26hm^2），在北新泾站附近设主变电站 1 座。本工程主要设计特点如下：

1. 发挥网络整体功能

（1）虹桥火车站站引入 5 条轨道交通线路，“锚固”了近期网络，发挥了网络的整体效应。在规划换乘的 5 条轨道交通线中，2 号线西延伸为最早建设和开通的轨道交通线。设备的配置涵盖了与既有线的衔接、本工程开通需求和其他线的接入条件预留。

（2）北翟路车辆基地承担了 2 号线、7 号线、10 号线、13 号线的大架修任务，以及 2 号、13 号线配属车辆定修工作，成为网络车辆架大修资源共享线路最多的基地。

2. 实现多交通工具换乘

（1）实现了与高铁、磁浮铁路、公交及航空的安全便捷立体换乘。

（2）通过一期工程和东延伸工程成为国内唯一一个连接两个国际机场和两个铁路大型客运站的轨道交通线。

3. 勇于创新，攻克难关

（1）区间隧道在穿越机场滑行跑道、停机坪区域的设计中，在管片的各分块增加两个预埋注浆管（封顶块除外）措施，管片采用钢筋钢纤维 – 聚丙烯纤维复合混凝土，进行特殊处理，将地面沉降最终控制在 1cm 范围内。

（2）在机场飞行区施工高度限高 12m 特殊区域，成功实施了直径 1500mm、深度 32m 的钻孔咬合桩作为围护结构。

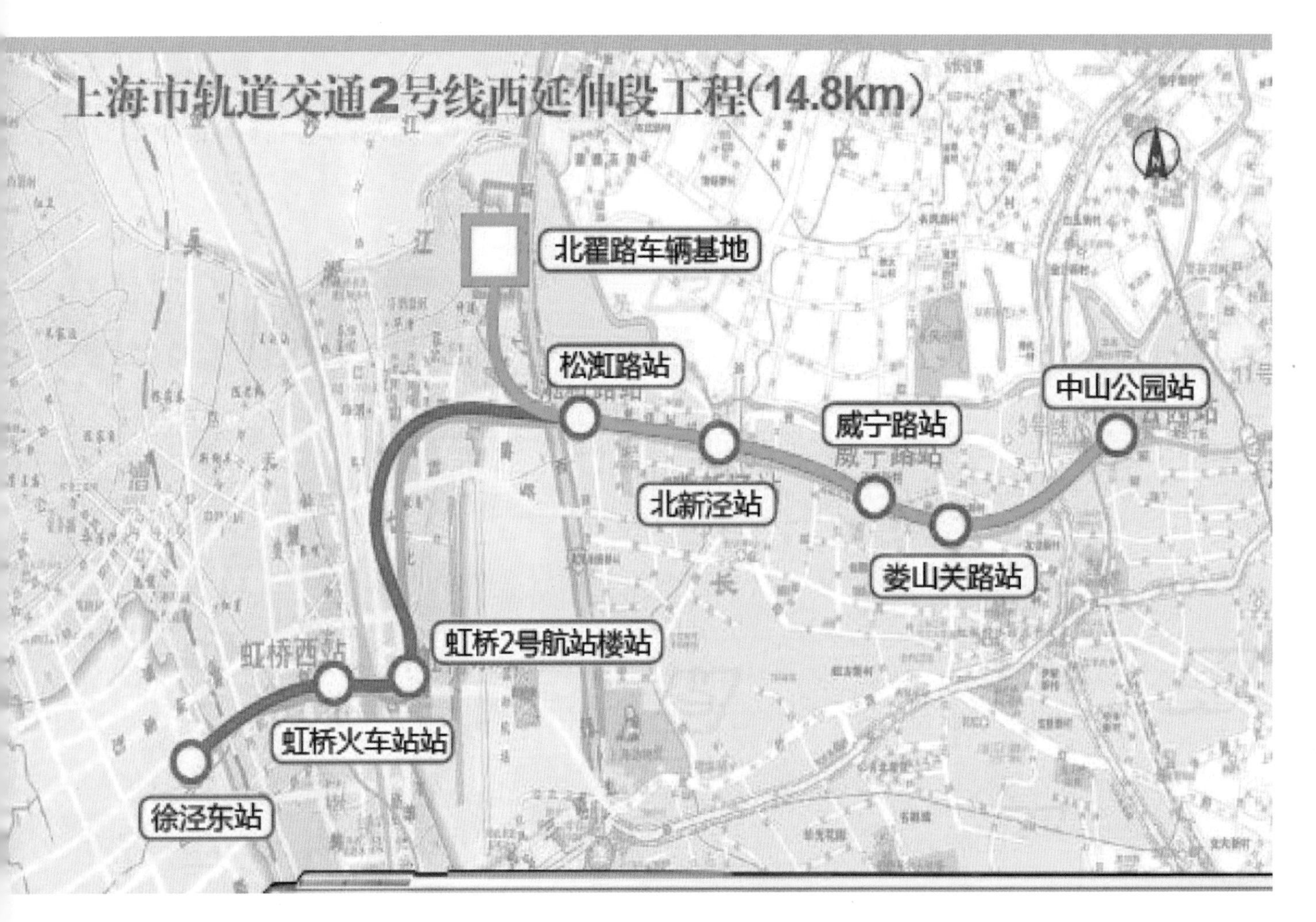

（3）打破了延伸线常见的“一线两制”的过渡期，直接进入了与既有线同时段同间隔的快速循环通道。

（4）使用减振道岔，同时全部采用轨道减振器扣件。

（5）针对钢弹簧浮置板安装位置位于小半径曲线地段，采取了将隔振器盖板上覆尼龙垫绝缘的方案。

（6）淞虹路站是国内第一个采用喷射纤维混凝土作为侧墙的刚性内防水层的地下车站。

（7）控制中心增加了北翟路车辆段的复示终端，强化了管理措施。

（8）结合地下隧道工程设计施工特点，在软黏土中使用孔隙水压力多功能探头，用静力触探方法，测试土层超孔隙水压力。

4. 资源共享，凸现节约

（1）采用集中设置空调集中冷站，为数条换乘地铁线提供空调冷源。

（2）车站照明控制采用智能照明控制系统，整个系统可根据不同时间、不同场景设定灵活的照明方案。

（3）通过对回排风机、组合空调箱等大容量风机实现变频调速，达到节能目的。

5. 以人为本，注重环保

（1）乘客导向系统、乘客信息化系统、残疾人无障碍设施、广告系统、公共无线系统等车站各种设施开通创造了一次到位，并实现在紧急情况下导乘与广播“一键双播”的同步显示和播音。

（2）虹桥东站疏散照明采用智能控制系统，并结合声光等信号提醒措施，有效地引导乘客及时撤离火灾现场。

（3）车站装饰结合了每个车站所属区域的文化特征和形象风貌，尽可能采用环保材料，如地下一、二层上方使用的是吸声材料，柱子上使用的是环保涂料。

（4）车站公共区空调系统设置有空气净化消毒装置，极大地改善了地下车站的空气质量。

上海北京西路—华夏西路电力电缆隧道工程

设计单位：上海市政工程设计研究总院（集团）有限公司

主要设计人员：杜一鸣、石红、汪敏、董志周、袁丁、任永青、方以清、张晔明、陈伟雄、冯励凡、王侃文、周质炎

隧道全长 15.34km，设置 14 座工作井，隧道段采用内径 5.5m 盾构和内径 3.5m 顶管。隧道内敷设有 2 回路 500kV 电缆和 10 多回路的 220kV，是国内第一条 500kV 电压等级的电缆隧道。本项目的工程规模、电压等级、电缆容量等为国内第一、亚洲第二。

隧道从北京西路、大田路世博变电站出发，到三林变电站，必须穿越南北高架，延安路立交，已建、在建、规划中的地铁区间和车站，黄浦江等。

设计按规划、沿线设施主管部门要求，对线路走向、隧道平纵线位、工作井的间距及定位、辅助系统方案等反复分析论证。在有效规避风险的基础上，采用适合于电缆隧道的线路标准，实现在沿线众多障碍群中的顺利穿越，实现市中心与郊区的电力沟通，并利用规划市政用地，避免大量拆迁，优化隧道长度。

针对沿线密集的各类设施，设计对关键节点重点研究，落实控制要求定量化和技术措施精细化。优化的隧道平纵线位和隧道结构设计，使隧道安全、顺利穿越各类设施，其中穿越 12 处地铁，与地铁隧道间距仅 2 ~ 3m。

隧道盾构段，电缆布置分上下层，中间有隔层板。为在内径 5.5m 的小空间、1400m 的长距离隧道内设置隔层板，创新设计了预制装配式现浇叠合板结构。预制构件用特制的专用设备拼装。隔层板的叠合层采用长距离混凝土输送泵，实现一次性浇筑。

为排除隧道内长期运营产生的热量，满足电缆温控要求，设计利用土壤蓄热功能，提出隧道“年热量平衡法”理论。在一年内，用季节大气温度的变化来调节隧道内的温度。通常，电缆隧道的工作井间距约 600m，利用了土壤蓄热功能，工作井间距最大达到 1.4km。

根据隧道照明、接地特点，采用智能照明控制系统和共地不共线的接地方式。

根据隧道消防特点，沿隧道间隔设置防火分区，并布置消防管道、消火栓及防火门，防火门设电子闭门器。

监控系统覆盖全隧道，火灾报警系统结合防火分区及报警设备设置，并与通风及消防设备联动。

高等级、大容量、长距离的电缆隧道，国内首次建设，缺乏相应规范。在业主主持下，联合相关单位，对关键技术进行了全面研究，确定了一系列设计标准和技术措施。

隧道空间小、距离长，其火灾规律及灭火策略是防灾设计的关键。通过 1 ∶ 1 实物模型，模拟隧道环境下的电缆燃烧过程，取得了国内首次电缆燃烧温度、扩散范围、烟密度、气体毒性数据，掌握了隧道火灾及灭火的规律，确定了消防体系和防灾策略。

上海市轨道交通 10 号线（M1 线）一期工程

设计单位：上海市隧道工程轨道交通设计研究院

合作设计单位：上海市城市建设设计研究院、中铁上海设计院集团有限公司、中铁电气化勘测设计研究院、铁道第三勘察设计院集团有限公司、上海电力设计院、上海市地下空间设计研究总院、上海大学美术学院、上海丰臣设计装饰有限公司

主要设计人员：利敏、陆元春、陈昌祺、黄启斌、韩军、傅铭、李力鹏、王喜军、吴玮民、朱涛、杨玲、朱宏、叶小兵、周威、方迎利

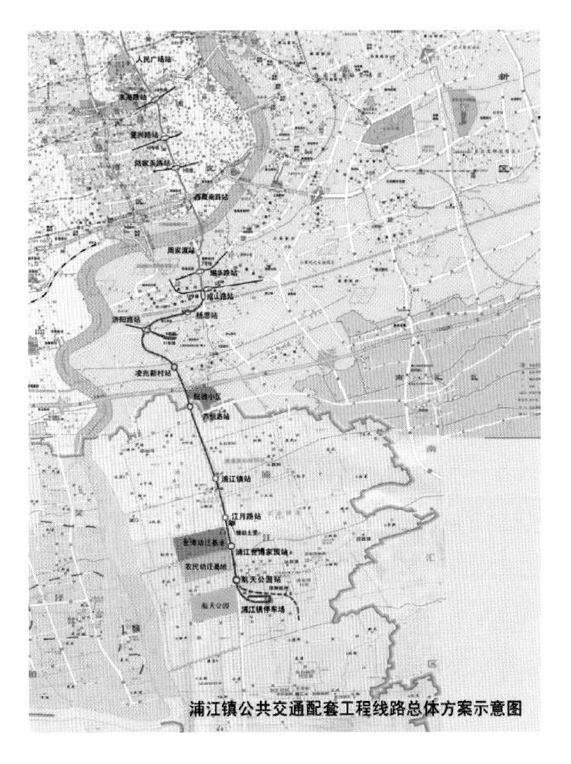

浦江镇公共交通配套工程线路总体方案示意图

本工程线路全长 14.22km，地下线长 8.24km，高架线长 5.89km，共设 8 座车站，其中地下车站 4 座（有一座轨道交通三线换乘枢纽），高架车站 4 座，设停车场 1 处（占地 19.4hm^2），主变电所 1 座。主要设计特点如下：

1. 车站建筑基于研究各系统功能的集成整合，形成模块化、集约化的建筑布置，突出现代交通与车站功能，布置紧凑合理。

如济阳路站与 6 号线、11 号线形成“十”字形和“//”形换乘枢纽站，地下一层为三线共享的站厅站，四个共用的出入口全部与下沉式广场沟通，使地上地下空间融为一体，实现建筑和机电设备系统的资源共享，提高轨道交通网络整体效果。

2. 高架车站装修率先采用清水混凝土无装修设计，外立面和建筑的梁、板、柱等结构全部采用清水混凝土，车站屋顶雨篷采用白色与透明相间的膜结构，与清水混凝土外立面和谐协调；站厅和站台公共区均为无吊顶装修，营造了系统集成简约、新颖的公共空间。

3. 地下车站采用一柱二跨钢筋混凝土箱形结构，济阳路换乘枢纽站采用三柱四跨及四柱五跨钢筋混凝土箱形结构，高架车站采用建桥合一的结构形式，轨行区为小 U 形结构，站台区采用预制小箱梁结构。

4. 区间结构由单圆盾构隧道、明挖暗埋段和敞开段以及高架桥梁组成，满足线路纵断面需要，各种区间形式均为技术成熟而先进的结构，其中高架区间上部结构采用具有国际先进水平的小 U 梁结构设计技术。

5. 机电设备系统沿用 8 号线一期工程的制式和技术标准，并与一期工程系统接口连接或兼容。

信号系统率先选用无线移动闭塞（CBTC）ATC 系统，为上海轨道交通网络互联互通创造积极条件，符合国际发展趋势；刚性接触网在地下线路中的应用和车站、停车场门禁系统的率先应用都属国内领先技术。

通风空调为乘客提供舒适的乘车环境，节省能耗；地下车站灭火采用水消防系统、气体灭火系统和灭火器系统。

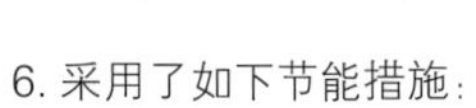

6. 采用了如下节能措施：

（1）通风空调采用屏蔽门的制式（地下部分）；

（2）车辆、空调机组、送排风机、水泵及自动扶梯等采用变频技术；

（3）照明均采用高效节能型灯具和节能控制方式；

（4）停车场的房屋建筑的设计和材料的选择均按照公共建筑节能设计标准的规定执行，浴室等建筑采用太阳能技术。

深圳市光明污水处理厂工程

设计单位：上海市政工程设计研究总院（集团）有限公司

主要设计人员：张辰、俞士静、顾建嗣、彭弘、王彬、韩亮、李翊君、陈萍、方路

光明污水处理厂设计总规模为 25 万 m^3/d，近期规模为 15 万 m^3/d，出水达到国家一级 A 排放标准。近期在雨污混接较严重时需考虑雨季部分老城区截流污水量，近期雨季设计规模为 $3m^3/s$。本工程主要设计特点如下：

1. 污水处理采用针对性强的创新“强化脱氮改良 A^2/O”工艺

针对南方地区污水进水低碳高氮磷，雨季需考虑污水截流和出水水质需达到一级 A 排放标准的特点，设计采用以强化脱氮为主的改良 A^2/O 二级处理 + 深度处理工艺路线，保证出水达标。

2. 污泥处理采用全封闭机械浓缩脱水、料仓贮存的方式

污泥处理采用全封闭的机械浓缩脱水技术，避免了污泥在厌氧条件下的放磷问题，同时也改善了操作环境。污泥贮存采用国际先进的料仓形式，减少了污泥在堆放贮存过程中对环境造成的二次污染，使原本环境最为恶劣的污泥区条件大大改观。

3. 运用资源节约、环境友好、循环经济的设计理念

（1）本工程设计有再生水回用设施，主要用于厂内的生产用水，包括格栅冲洗水、生物除臭滤池喷淋水、污泥管道冲洗、绿化浇灌等，节约了宝贵的水资源。

（2）在全厂范围对有恶臭产生的构筑物采用了加盖除臭工艺，结合生物反应池顶加盖的情况，在生物反应池池顶上采用绿化覆土，既提高了压重，减少了大型水池需抗浮的桩基工程量，又可使厂区的绿化覆盖率超过 50%，真正成为一个花园式的工厂，体现了环境友好。

（3）按照循环经济的要求，将光明污水处理厂排放的一级 A 标准尾水作为茅洲河的景观补充水，为茅洲河进行生态补水，大大改善了沿岸的生态环境。

4. 总图布置采用集约化设计理念

污水处理构筑物及总图布置采用集约化设计理念，初沉池与生物反应池、二沉池配水井与污泥泵房分别采用合建形式，达到生物处理、超越、配水、沉淀处理、污泥回流的目的，减少构筑物个数，方便运行管理。污水处理厂近期占地仅 $8.10hm^2$，用地指标仅为 $0.54hm^2$/ 万 m^3 水，大大低于国家标准。

5. 将节能的理念体现到设计的每个方面

注重节能环境设计，选用高效节能设备，优化工艺设计流程，控制二次污染，使污水处理厂的药耗、电耗和水耗大大降低。

6. 结构设计先进可靠

在地质结构异常复杂的情况下，提出了基础设计与抗浮设计综合解决方案，将地基处理的费用在复杂的地质中仍控制在合理的范围内。

上海崇明中央沙圈围工程

设计单位：上海市水利工程设计研究院

主要设计人员：程松明、刘新成、何刚强、陈海英、李国林、潘丽红、舒叶华、刘小梅、卢永金

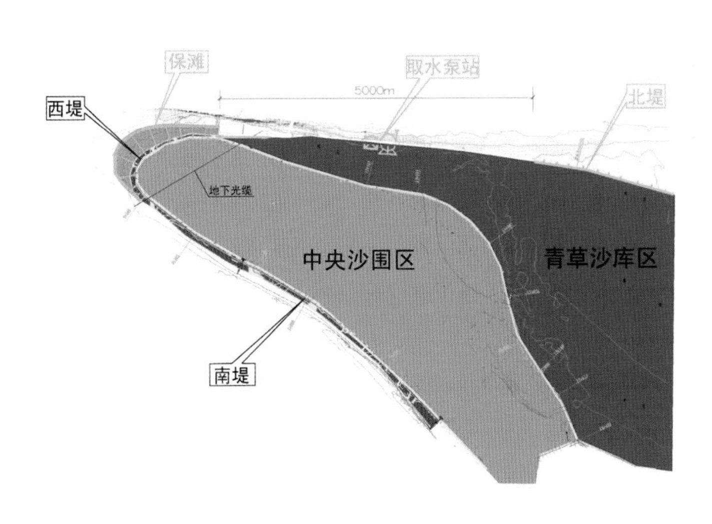

中央沙圈围工程位于长兴岛头部长江水域，是一项集圈围造地、长江河势控制、城市供水等多种功能于一体的综合性工程，工程圈围造地 1380.69hm^2，新建圈围大堤 17.6km，建设保滩坝 6km，围区形成日供水 8 万 t 的长兴岛临时水库一座。

本设计经科学论证并采用先进的数值计算模型和物理模型验证，制定了科学合理的总体实施方案。本工程的实施，固定了长江口南北港分流口的位置，为后续工程的实施奠定了基础；设计选定的圈围堤线和鱼嘴形头部保滩平面形态，顺应长江口河势，合理分配南北港水沙分流比，形成科学的南北港分流口重大人工节点。

设计上固沙保滩总体方案因势利导，动态实施；软体排结构技术综合运用，极大拓展使用空间。针对

中央沙河势紊乱的特点，设计提出“动态监测、动态施工、动态保护”的实施理念，因势利导。头部保滩结构，坝身断面采用了扭王体和抛石混合棱体加超长混合软体排的结构形式，排体长度创下了河道整治固沙护滩应用的新记录。设计在工程北侧新桥通道陡坡上采用在抛填袋装砂整坡，再铺混合软体排的新型陡坎护坡结构，极大地拓展了软体排使用范围。监测表明，本工程的实施达到了稳定南北港分流口和保护堤防安全的预期效果。

在施工组织设计上开创大规模长距离江心圈围筑堤新境界，排水设施永临结合，龙口合龙、安全筑堤、港汊封堵等均有所突破。针对中央沙三面环水、建设条件恶劣等特点，设计提出了修建安全平台、临时码头、施工便道和竹便桥等临时设施，解决了运输及安全问题。对于中央沙港汊众多，水情较为复杂的特点，设计提出了先堵小港汊、保护大中港汊，最后多龙口同步合龙的堵港方案，获得了成功。设计考虑南沿设置两座涵闸兼作围区龙口合龙前的临时排水，永、临排水结合，突破常规堤闸同步施工的工艺，节省投资和工期。

中央沙圈围工程是一项集圈围造地、长江河势控制、城市供水等多种功能于一体的综合性项目，其社会、经济、环境效益显著。工程实施起到了稳定南北港河势大局的作用，对落实长江口综合整治规划，促进长江口综合治理和稳定深水航道具有重大意义。中央沙及时圈围，极大地降低了青草沙水库施工难度和建设成本。今后根据城市用水需求，中央沙将适时纳入青草沙水库，发挥更大的供水效益。利用中央沙大型港汊形成的临时水库，已于 2007 底向长兴岛供水，满足了青草沙水库建成前过渡期长兴岛的生产生活用水，发挥了重要的社会效益。

郑州市王新庄污水处理厂改造工程

设计单位：上海市政工程设计研究总院（集团）有限公司

主要设计人员：张辰、王锡清、高陆令、王瑾、陆晓桢、李滨、袁弘、甘晓莉、陈虹

郑州市王新庄污水处理厂改造工程是郑州市重点工程，设计规模 40 万 m^3/d，占郑州市污水处理量的 50%，出水水质主要指标均达到《城镇污水处理厂污染物排放标准》（GB18918—2002）中一级 B 标准的要求，部分出水回用至郑州裕中能源有限责任公司，回用水规模 10 万 m^3/d，污泥采用中温厌氧消化，产生的污泥气进入城市燃气管网，日供气量 1.0 万 m^3/d，消化污泥经脱水后外运至堆肥厂堆肥后农用，实现污泥的最终处理处置和资源化。

1. 采用前置缺氧段 A/A/O 工艺

对原有系统的改造及新建生化处理系统均采用前置缺氧段 A/A/O 工艺，它在传统 A/A/O 工艺前设置缺氧池，去除回流污泥中的硝态氮，从而确保厌氧段的厌氧状态，提高生物除磷效率。在前置缺氧段 A/A/O 池内设交替段，夏季时交替段作为反硝化段使用，冬季时交替段作为硝化段使用，NH4-N 出水达到一级 A 标准。

2. 尾水综合利用

采用设交替段的前置缺氧段 A/A/O 工艺，出水水质稳定，尾水除厂内回用外，约 10 万 m^3/d 回用于郑

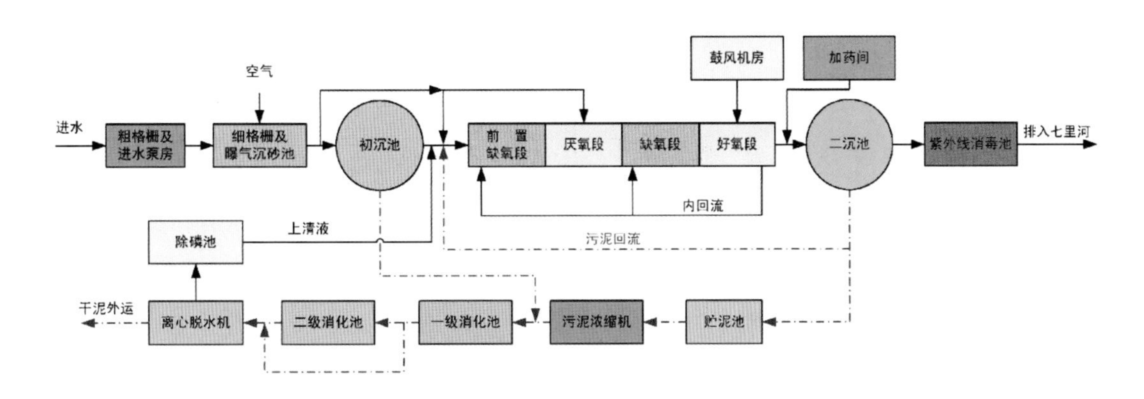

州市裕中能源有限责任公司，其余尾水排入七里河，回用水量占总处理量的 25%。

3. 污泥气综合利用

采用离心浓缩，提高污泥消化系统的产气率，污泥消化产生的污泥气除满足污水处理厂需要外，并入城市燃气管网，日供污泥气量约为 1.0 万 m^3/d。

4. 污泥综合利用

王新庄污水处理厂脱水污泥约 400t/d，进入郑州市污泥处理处置厂进行堆肥后，用于土地改良及绿化用土，实现污泥的最终处置和综合利用。

5. 优化设计，降低投资，节能降耗

改造工程在充分利用原有生化处理系统的同时，因地制宜，对原有曝气沉砂池、污泥浓缩脱水机房、鼓风机房、污泥消化系统进行挖潜改造，充分利用，降低工程投资。

紫外消毒池出水液位采用固定堰控制，最大限度减少水头损失。出水水头损失由常规的 0.7m 降低至 0.25m。年节电 20 万 kWh。

6. 圆形构筑物采用预应力结构

为了有效解决温度应力及混凝土收缩产生的裂缝问题，大型矩形构筑物反应池采用设置伸缩缝，大直径圆形构筑物采用预应力结构来解决以上的问题。

7. 采取各种措施确保不停水施工

改造项目施工时都会面临停水问题，设计中除小体量改造采用植筋技术连接新老混凝土结构外，新增大体量出水渠则采用钢结构设计，池内混凝土结构改造与池外钢结构加工同步进行。

8. 详实进行负荷计算，避免厂内建设 35kV 变电所，节省投资

改扩建工程增加负荷较多，设计时在对污水处理厂现有变配电系统和负荷情况进行仔细踏勘调研的基础上，充分利用现有变配电系统供电裕量进行充分挖潜，节省投资，简化了设计和施工，又使本工程的建设对污水处理厂的正常运行影响最小。

苏州市七子山垃圾填埋场扩建工程

设计单位：上海市政工程设计研究总院（集团）有限公司

主要设计人员：王艳明、俞士静、石广甫、卢成洪、华巧寿、杨承林、毛红华、王萍、王利俊

苏州市七子山垃圾填埋场扩建工程设计处理规模1600t/d，总库容800万m^3。主要建设内容包括填埋库区、渗沥液调节池（设计库容7万m^3）、渗沥液处理站（处理规模1200 t/d）、生产生活管理区等。

该工程作为利用老场竖向加高＋水平拓展的扩容工程，在国内首次应用现代土工加筋技术，成功解决竖向扩容库区的稳定与沉降等关键技术难题，实现新老填埋场的可持续发展，在以下方面取得突破性进展：

（1）在老填埋场上按照新标准进行竖向堆高扩容，将环境岩土工程技术与高维填埋作业工艺相结合，单位面积库区的库容增加至原来的3.5倍多，充分挖潜土地价值。

（2）考虑填埋场工程的动态特点，应用“全寿命”设计理念，拟定合理的填埋场库区发展规划和分期实施计划；为确保建设与营运的有机结合，制定分期建设与运营交叉发展规划以及完备的填埋作业工艺和分期实施计划，最大程度减少废弃工程，减少工程一次性投资费用。

（3）采用创新的渗沥液收集与导排工艺。因地制宜地在垃圾挡坝前沿施工若干碎石导排井，延伸至老场挡坝的导流层，以改善老场垃圾坝碎石棱体的导排性能，有效降低老场垃圾挡坝上游的渗沥液水位。将老场调节池改建为上下两层，分别作为竖向堆高库区

及老场共同的渗沥液导排转换枢纽，新老场渗沥液在此汇集后分别经重力导排至下游调节池。

（4）环卫专业引入美国EPA推荐的HELP模型计算渗沥液产量和调节池容积，大大提高了计算结果的科学性与合理性；利用CIVIL 3D软件高效计算填埋场土方及库容，解决了填埋场工程至关重要的土方问题。

（5）针对老场污染防治，在渗沥液迁移扩散数值分析基础上，采用塑性混凝土垂直防渗帷幕加固处理措施，有效解决老场遗留的环境污染问题。采用现代化填埋气收集与发电利用系统，实现填埋气资源化回收利用，有效减少温室效应。采用全自动监控系统，显著提高特大型填埋场的营运管理水平；采取全方位的环保措施，对渗沥液采用安全可靠的处理措施，满足达标排放。

（6）针对竖向堆高库区和水平拓展库区的不同特性，老场基底构建采用“穹隆型”结构和加筋衬垫基层，确保老场衬垫系统的结构安全。水平拓展区采用HDPE膜+土工聚合衬垫+压实黏土的复合防渗方式，竖向堆高区采用LLDPE膜+土工格栅+压实黏土的复合防渗方式，有效解决了新场扩建的安全防渗问题。

（7）渗沥液处理采用膜生化反应器（MBR）工艺。该工艺用超滤替代常规二沉池，提高污泥分离效果，污泥回流使生化反应器中的污泥浓度达到15g/L左右，硝化池中采用特殊设计的高效内循环射流曝气系统，大大提高氨氮及其余污染物的去除效率。

云南省德宏州弄另水电站工程

设计单位：上海勘测设计研究院

主要设计人员：徐哲、成卫忠、陈荣权、王贵明、孙菁、万里飘、吴现、魏忠、符新峰、徐平、徐诚

本项目位于云南省西部的德宏州龙江—瑞丽江中段的梁河县境内，是梯级开发规划的第 12 级电站。水库总库容 2.33 亿 m^3，为季调节水库，电站装机容量 180MW。电站开发任务主要是发电，兼顾防洪、灌溉等综合利用功能。

弄另水电站工程为大（2）型 II 等工程，枢纽建筑物主要由拦河坝、引水系统、发电厂房及开关站等组成。拦河坝坝型为碾压混凝土重力坝，最大坝高 90.50m，坝顶长度 280.00m。大坝设计洪水标准为 100 年一遇，校核洪水标准为 1000 年一遇。水库泄洪采用坝顶溢洪道泄洪，最大下泄流量 3270m^3/s。坝顶溢洪道布置 3 孔，单孔尺寸 10m×12m（宽 × 高），堰面采用 WES 型曲线，设弧形闸门控制泄洪。坝顶溢洪道左侧设有 1 个中孔，为冲砂、放空孔，孔口尺寸 3.5m×4m，设弧形闸门控制启闭。引水系统由进水口、引水隧洞、压力钢管等建筑物组成。引水系统采用单机单洞布置，设计最大水头 76.50m。引水隧洞长 453.167m，内径为 7.60m，引水隧洞底坡为 8.7%。压力钢管内径为 6.0m，总长 80.158m，从进水口至机组中心引水道长度为 566.761m。发电厂房位于引水系统末端，为引水式地面厂房，厂房内安装 2 台 90MW 的水轮发电机组。220kV 开关站采用户内 GIS 方案，紧靠厂房上游侧布置。

工程设计过程中根据项目的特点和难点进行了大量的试验研究和设计优化工作，在专业技术上有多项创新和突破，设计主要特点如下：

通过碾压混凝土配合比试验研究，采用单掺火山灰碾压混凝土筑坝技术，填补了国内碾压混凝土筑坝材料的空白，使缺少粉煤灰地区建造碾压混凝土坝成为可能。通过对高地震区碾压混凝土重力坝动力分析研究，优化了大坝体型，有利于减小大坝混凝土的温度应力，同时方便施工，确保了工程质量。通过对大坝温控有限元仿真计算研究，确定了有效的温控措施，保证了大坝的施工质量。通过水工整体模型试验研究，优化了大坝布置，减小了大坝泄洪对下游两岸边坡的影响，确保了边坡的稳定和安全。通过引水系统调节保证计算，引水系统隧洞布置采用两条底坡为 8.7% 的平洞方案，体现了创新要求。因地制宜，开关站与发电厂房布置相结合，最大限度地减少了占地。通过大坝泄洪雾化区影响研究，为确定泄洪雾化区的边坡支护方案提供了理论依据，保证了雾化区边坡的稳定和安全。

山东东营市南郊水厂水质改善工程

设计单位：上海市政工程设计研究总院（集团）有限公司

主要设计人员：邬亦俊、吴国荣、范玉柱、卢辰、王伟、徐鑫、朱冰、黄雄志、高宇

山东东营市南郊水厂水质改善工程针对微污染原水冬季低温低浊、高藻、高臭味、溴化物含量高的特点，在原厂常规处理的基础上增加粉炭、高锰酸盐投加及膜处理工艺，净水规模为10万m^3/d。工程内容包括：北部平流沉淀池改造、新建高锰酸钾系统、新建粉末活性炭投加车间、新建膜池及辅助车间、新建排水池、厂区内附属设施。

本改造工程用地在东营市自来水公司南郊水厂现有场地内，充分利用水厂现有空间，发挥现有构筑物的作用，紧凑布置，合理安排工艺流程。本工程主要设计特点如下：

1. 国内首个城市供水工程中建成通水的10万m^3/d级大规模的膜处理水厂，为膜处理技术的大规模应用创造了先例，也是“十一五”水专项中浸没式超滤膜示范工程。

2. 针对原水10亿级的高藻及较高的溴化物含量特点，依托科研，结合粉炭、高锰酸盐投加，膜滤处理绿色方式，实现出水水质优良，无污染，无副产物。

3. 设计中创造了浸没式膜处理布置和运行形式，全自动化操作和仪表监控，打造了现代化膜处理工厂模式。

4. 高锰酸盐预氧化 + 粉末活性炭工艺 + 常规处理 + 膜处理工艺，加强除臭和有机物处理，满负荷 10 万 m^3/d 甚至超负荷至 12 万 m^3/d 生产，出水水质稳定，浊度 < 0.1NTU。

5. 浸没式超滤膜充分利用原工艺作为膜的完善前处理，结合高程布置、膜池埋地设置，利用产水泵直接抽吸提升至清水池，运行效率高。工程设计见缝插针，以膜池占地少的优势，利用原厂空地，实现整个工程与原系统的完美结合。

6. 创新设计的浸没式膜处理工艺形式，创新了膜滤池化学清洗操作方式。工程较其他膜形式而言具有设备少，管理方便，造价低，合计粉炭和预氧化处理费用相当于臭氧活性炭工艺，运行费用低，水头损失较臭氧活性炭工艺相当，占地省等优点。

7. 合理建立计算模型，综合比较确定无缝膜池方案，采取设置加强带及结构加强等措施，保证了池体的整体性；对已有沉淀池的改造，复核原结构配筋已不能满足现有规范要求，采取了增大截面法加固、药洗池特殊防腐等措施。

8. 设备现场变频调速，节能省土建；利用现状回路，保证改造期正常通水；采用 E&P 软件设计，提高质量，缩短周期。

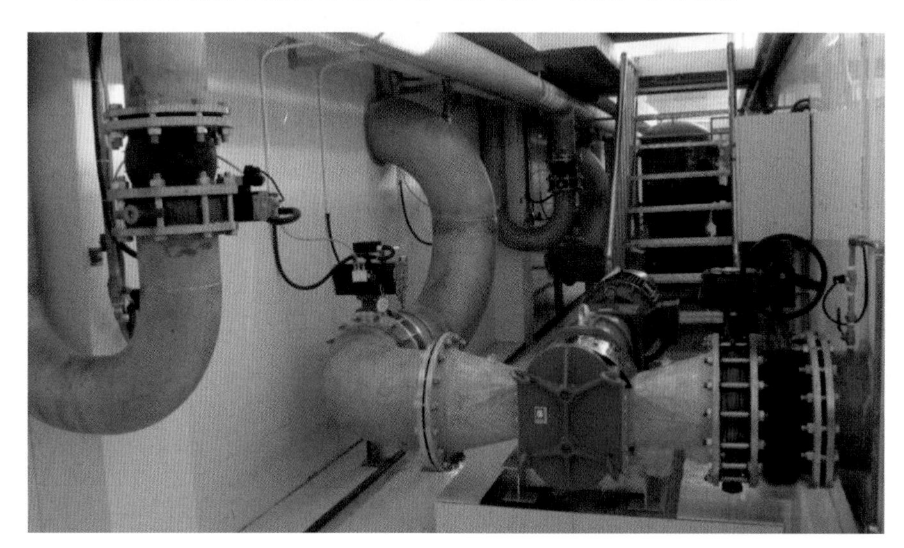

上海南市水厂改造一期工程

设计单位：上海市政工程设计研究总院（集团）有限公司

主要设计人员：李钟珮、王如华、包晨雷、王林、罗韶平、朱雪明、王海英、辛琦敏、王广平

南市水厂改造一期工程规模为50万m^3/d，最终规模为70万m^3/d。工程内容包括常规处理、深度处理、排泥水处理系统。本工程主要设计特点如下：

（1）南市水厂改造工程确定水质目标为不但要符合建设部的《城市供水水质标准》以及卫生部的《生活饮用水卫生规范》，还针对目前原水水质和现状出水水质中存在的主要问题，重点选择感官和有机污染指标作为进一步提高水质的主要控制目标，使水质得以进一步提高和完善。工程所确定的水质目标，达到了国际先进水平，将明显改善其供水区域的自来水饮用水口感。

（2）基于试验验证，采用了先进的水处理工艺及水处理技术，并以科研为依托，对引进的高效澄清池处理技术用于黄浦江原水的适应性进行了课题研究。首次针对黄浦江水源进行新工艺的大规模系列性的试验研究。有关结论直接应用于工程的实践中。提出了适合于黄浦江原水处理的新净水处理工艺组合，使得一些场地条件紧张的水厂在改造中采用此项新工艺成为可能，并为实施深度处理、污泥处理留下发展空间。研究成果通过国家科学技术委员会的验收，获2004年度上海市科技进步二等奖。

（3）南市水厂处于上海市的中心城区，土地资源非常紧张，为了达到设计目标，不但采用了技术先进的高效水处理构筑物，而且整个厂区采用集成式的布

置，大大地提高了土地使用率，大幅度地减少了水厂用地，成为水厂布置的一大创新特色。

（4）合理利用原有地基处理条件、桩基处理独具匠心、水厂超大规模基坑围护的优化设计、软土地基上超大规模叠合池的结构设计与沉降控制方法以及新材料的应用为类似工程起到了创新示范作用。

（5）采用国内外先进和适宜的监控技术、计算机技术和网络技术，从满足工艺流程监测、自动化控制、安全运行的要求出发，合理配置计算机监控系统和在线检测仪表，确保系统自身和监控实施过程的安全性，自动化水平达到水厂运行时的现场无固定人员值守、中控室集中监控。

（6）水厂采用了合理的电网构架，电气系统安全、可靠、经济、节能。

天津滨海能源发展股份有限公司四号热源厂工程

设计单位：中机国能电力工程有限公司

主要设计人员：苟建新、朱敏、唐佳赟、计光、魏靖、顾琛钧、姚向东、张炜玮、林其略

天津滨海能源发展股份有限公司四号热源厂3×116MW循环流化床热水锅炉新建工程位于天津市经济技术开发区北部，东海路以西，泰丰路以东，第十二大街以北，出口加工区以南，规划用地约为6.129hm²。本工程主要设计特点如下：

(1) 采用大容量循环流化床热水锅炉（3×116MW），锅炉房采用半露天布置，有效减少建筑容积，节省建筑材料。

(2) 锅炉烟气采用布袋除尘器除尘和炉内石灰石脱硫加炉外氧化镁法脱硫，使烟尘和二氧化硫的排放浓度远低于国家和地方规定的限值。

(3) 锅炉辅机等高压电机均采用变频装置，节约电能，减小启动电流，实现软启动，省去电容补偿设施。

(4) 高压厂用电工作段互为备用，两路电源进线采用微机型线路保护装置，并设置一套微机型高压厂用电源双向投切备用自投装置。

(5) 热水循环泵扬程按两级泵串联运行（即在管网较长的首站换热器出口设置升压泵）方案选择，节约电能，降低管网压力，降低投资，减少泄漏风险。

(6) 锅补给水处理采用全自动软水器和催化加氢除氧器高效节能设备，取消软水器和除氧器之间的中间软化水箱，简化系统，减少能量损失，提高自动化程度。

(7) 采用流线型自立式多管集束钢烟囱并将脱硫吸收塔一一对应布置在烟囱钢烟筒下方，有利于烟气排放扩散、节约材料、节约能源、节约土地、节约投资，已获得实用新型专利。

(8) 将生产、行政办公室、热水循环泵房、化验间、化学水处理室和采暖加热站等合并布置在主厂房内，节约材料，节约土地，节约投资。

(9) 生产用水优先利用城市污水处理后的中水，工业冷却水回收循环利用，生产废水作为脱硫循环水池补充水和干灰调湿用水使用，实现一水多用，节约用水。

(10) 选用双齿辊破碎机，电耗比同类破碎机省30%～40%；选用下引式仓泵，与上引式仓泵相比

节能约 30% ~ 35%。

(11) 封闭式综合煤库集汽车卸煤、贮煤、上煤、转运、碎煤及推煤机检修间、材料间、淋浴间于一身，节约占地和空间，提高运行效率。

(12) 渣仓内的干渣筛分后经气力输送至炉膛内作为床料使用，实现排放物的循环利用，且实现无人值守，提高自动化程度。

(13) 采用分散控制系统（DCS）作为热水炉的主要自动化控制系统，热水炉及其辅机的监视、操作及公用系统、辅助生产系统（如化学补给水处理系统、输煤系统等）和厂用电系统均纳入 DCS 系统进行，减少一线运行人员的配置，便于运行人员的操作和维护。

(14) 循环冷却系统的工业水泵和机力冷却塔一起露天布置在清水池顶，有效利用立体空间，减少占地面积。

(15) 综合煤库采用自动消防水炮，主厂房电缆夹层设置悬挂式干粉自动灭火器，提高消防可靠性。

(16) 综合煤库屋面采用曲线形的中间低两端高双跨连续网架结构，四周悬挑出柱网，外墙充分利用栈桥的起伏做构思，再配以 3.5m 宽大红色的线条，创造出海鸥飞翔、海浪翻滚的大气景象。

(17) 厂区采暖加热站采用模块化的工控板式换热器机组，高效节能，结构紧凑，占地面积小，实现无人值守运行。

(18) 集中控制室和电子设备间采用变频变制冷剂流量多联分体式空调系统，新风由全热交换器供给，回收室内排出空气热量，且减少建筑层高，无需专用的空调机房，可以节能 30% 以上。

(19) 厂区及烟囱维护平台均采用太阳能照明。

东海大桥 100MW 海上风电示范项目

设计单位：上海勘测设计研究院

主要设计人：陆忠民、李健英、林毅峰、宋强、董勤俭、秦东平、江波、陈能玉、李彬

本项目是国家海上风电重点示范项目，也是我国乃至亚洲第一座海上风电场，位于上海东海大桥东侧1~4km范围，距南汇嘴岸线8~13km，风场平均水深10m，90m高度处年平均风速7.8m/s。风电场共安装34台单机容量3MW的海上风电机组，总装机容量102MW。

风机选型结合海上风能资源评价和台风影响分析，采用单机容量3MW的离岸型风电机组，轮毂高度90m。通过对风电场海域风向、风机尾流和湍流影响的分析，将34台风机布置在东海大桥1000t辅通航孔两侧，北侧布置有2台风机，南侧分四列布置有32台风机。风机顺主风向间距约1000m，垂直主风向间距约500m。

风机基础采用基于多桩混凝土承台基础结构，承台直径14m，厚度4.5m，每个承台下布置8根直径1.7m的钢管桩，钢管桩壁厚25~30mm，平均长度80m。结构设计采用“海上风机－支撑结构－地基－基础”整体分析的方法，能满足风机和支撑结构整体频率的控制要求。基础承台侧面设置钢结构靠泊和防撞设施，1000t级航道两侧基础承台外侧设置防撞筒形护舷，提高了基础的整体安全性能。

风机塔筒过渡段与钢管桩基础之间采用了适用于打桩施工偏差条件下的钢结构连接方式，有效解决了混凝土疲劳承载性能偏低的问题，提高了海上风机基础在长期复杂、动力荷载作用下的结构安全性能。

风场内部采用一台风机配一台35kV箱式变压器的形式，充分利用了塔筒内部空间，有效防止海洋腐蚀环境对电气设备的影响。34台风机组成四个海缆回路，与陆上升压变电站连接，通过顶管穿越芦潮港海堤，降低了海缆穿越对堤防运行和安全的影响。场内集电线路采用光电复合海缆敷设，有效减少了海底电缆的长距离输电损耗，大大提高了发电利用率，避免了场内海缆路径发生交越，方便海缆敷设。

风机塔筒过渡段设有安装用的位置调节装置，可精确地调整塔筒过渡段的位置，以确保过渡段上部法兰面的安装水平度。风机安装采用整体吊装方案，通过自主研发的吊装缓冲和精确定位系统，缩短了海上吊装作业时间，加快了海上吊装进度。

在风电场中设计、安装了一套完整的海上风场建筑物安全监测系统，包括海上测风塔，波浪海流测量仪，钢管桩及承台应力、应变、变形、频率监测系统，自动监测海上风电场的风、波浪、潮流、风机基础安全状况，采用无线和光缆两种方式将监测信息发送到中央控制室，为风电场的安全运行提供保障。

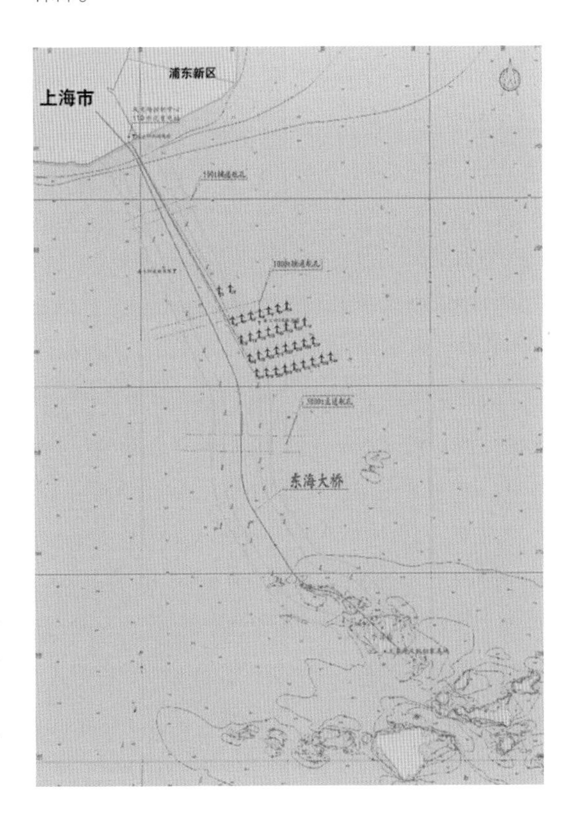

华锐风电

上海辰山植物园景观设计

设计单位：上海市园林设计院有限公司
合作设计单位：德国瓦伦丁 + 瓦伦丁城市规划与景观设计事务所

主要设计人员：朱祥明、秦启宪、丁一巨、刘定华、许曼、茹雯美、潘其昌、江东敏、江卫

1. 总体设计：辰山植物园总规划面积约 207hm²，基地内除 71.4m 的辰山外，地势较为平坦。规划以解构富有鲜明中国特色的文字中篆书的"园"字为构思。将"园"字的外框设计成绿环，用于界定植物园的内外空间；3 个部首代表植物园中的山、水和植物三大景观元素，体现了江南水乡的大地景观艺术特质。

2. 竖向及绿环设计：绿环设计巧妙地运用竖向地形起伏变化，模拟自然，形成丰富的生境环境，以满足植物生长的需要，为植物引种驯化提供基础条件。同时，将整个植物园有机地串联在一起，系统性地将植物分为五大洲植物区系。整个绿环大面积超高填土，地基处理上采用塑料排水板的方法，加速土体排水固结，提高地基承载力和稳定性。在填土中加设双向土工格栅，以提高堆筑土体的稳定。局部河道边坡部分采用水泥土搅拌桩，以形成稳定的边坡。施工过程中结合实时堆筑监测，控制施工堆土的速率，节约造价，并保证整个土方工程的安全与稳定。

3. 植物配置：植物园绿化配置设计有别于常规的公园和绿地，通过对植物园各区域功能的差异性分析，科学合理地配置景观树和专类植物。总长 4.2km 的绿环是辰山植物园按五大洲地理分区展示植物的重要区域，分布有美洲区系（南美、北美）、非洲区系、澳洲区系、硬叶林与黑海阔叶落叶林区，并特设华东植物区，收集展示华东地区木本植物和珍稀濒危植物。植物园规划引种植物 168 个科，1049 个属。最终达到 30000 种植物，形成特征鲜明的植物展示体系和植物景观空间。在绿环区域设有 26 个专类植物园（水生植物园、蔷薇园、观赏草园、旱生植物园、岩石草药园、矿坑花园、染料植物园、盲人植物园、油料植物园等），营造具有地域特征、主题植物特色、景观宜人的专类花园。

4. 硬质景观设计：硬质景观设计与植物配置有机

结合，亭、廊、架、平台、座椅设计选用钢、木、石等材料，铺地与园路多选用碎石路面，满足透水功能，简约别致的设计形成独特的风格。

5. 功能配套设计：植物园外围配套功能区与城市市政道路联动开发，结合三个出入口，配置了大量停车场，总面积约为 45305m^2，满足机动车、非机动车等的需求；园内水系与外围河道通过箱涵、泵闸来隔离，满足蓄洪和增强城市河道泄洪、排洪的功能；绿环上展览温室、南入口综合楼、科研中心三大功能建筑，均为地形覆土建筑，有效地提高了地下空间的开发和利用率。

6. 给排水设计：给排水设计融入了绿色低碳的可持续发展理念，以技术先进、实施可行、经济可控为目标，坚持减量化、再利用、再循环的 3R 设计原则，从雨水资源综合利用、水体水质改善控制到可再生材料选用等各个方面贯彻了绿色的设计理念。

7. 电气设计：电气设计体现了可再生能源的利用、低碳环保、节约资源的理念，以技术先进、系统安全可靠、经济合理为设计原则，从系统设计、新能源应用（太阳能）、电源的确定、设备材料的选用等各个方面体现节约、环保、绿色的设计理念。

上海浦东世博公园工程（B包）

设计单位：上海市政工程设计研究总院（集团）有限公司
合作设计单位：上海市园林设计院有限公司、荷兰 NITA 国际设计集团

主要设计人员：朱祥明、祝红娟、王钟斋、钟律、朱胜萱、庄伟、卢琼、陈惠君、张海容

世博公园（B包）位于黄浦江南岸，南至浦明路，西起打浦路隧道，东至世博轴，卢浦大桥从场地西部上空高架而过。总用地面积 16.9hm^2。

1. 总体布局——“滩”的肌理，“扇”的骨架

滩的肌理——在构思的过程中抓住“滩”的概念，将水体、道路、场所、设施、绿化等元素用滩的概念联系在一起，形成互相交融、有机的整体。用滩的概念将自然生态与城市人类活动完美地融合。

扇的骨架——我们将抬升的扇形基地比拟为折扇的扇面，将我们按风向走势而特意设置的乔木引风林比拟为扇骨，将整个滩的景观构成比拟为中国的水墨山水画。

2. 规划结构与分区

基本结构以滩的形成及扇骨状均匀分布于基地的乔木林为主体结构，以山脊形成的步道为主要交通主框架，贯穿岸、水、林、岛，在其沿线组织出不同的生态景观，让活动休憩的场所与自然生态环境完美融合。

3. 竖向设计

（1）地形与绿地内景观观赏视线的关系

地形塑造集中于靠浦明路一侧，使世博公园前部有更多的亲水空间和开阔的滨江视野。

（2）防汛墙、防汛通道与地形的关系

防汛墙埋入整个地形构造中，含蓄不外露。并且大部分设置在防汛通道下方，沿 7m 等高线设置。

（3）地形与平面肌理的关系

整个地形的形态设计延续了“滩”的平面肌理构想，自然地融入到整个平面构图中去。

4. 绿化种植设计

以“立足生态、体现自然；兼顾功能，统筹布局；适树适地，突出主题”为原则，并展示建立生态恢复和生态重点植物品种收集应用典范。本次规划的植物

景观主要有风景林地景观、林下花带景观、湿地水岸植物景观、园林式花园景观、树林草坪景观等形式。

5. 服务建筑设计

以生态建筑为设计指导方向，在满足功能和空间需要的同时，强调实现资源的集约和减少对环境的污染。本着因地制宜的原则，在建筑设计中注重遮阳和自然通风，降低空调等能源消耗。服务建筑的形式风格尊重原设计方案，从自然界吸取设计灵感，将建筑很好地融入到整体设计的生态自然的“滩”肌理中。

6. 铺装设计

通过铺装图案和材料的变化作为提示和引导，突出场地的交通或集散功能，同时体现生态特色、环保功能。公园选用透水混凝土和塑木铺装的场地超过80%，良好的透水性增强了雨季地表净流的过滤作用，间接地有效维护了黄浦江的水环境。在硬地铺装中采取积极嵌入草块的处理手法，更加突出了户外场地的绿色生态感受，同时也提高了铺装透水率。

上海后工业景观示范园

设计单位：上海市园林设计院有限公司
合作设计单位：德国瓦伦丁＋瓦伦丁城市规划与景观设计事务所

主要设计人员：应旦阳、丁一巨、罗华、韩莱平、茹雯美、潘其昌、江卫、陆健、李娟

随着社会的发展，我国部分地区已出现了传统工业衰落的现象，更多的城市由于产业结构调整面临内部空间结构的调整，城市中出现了大批工业遗址，面临如何更新的问题。以前，很多人认为工厂是一种很普通的事物，没有什么特别的。甚至，由于某些工厂污染严重，人们会把工业作为跟人类生活对立的一种东西，或者说跟自然完全对立的一种东西，而工业遗址自然都是垃圾。其实，工业不仅生产了人类生产生活必需的产品，它本身也并不是我们想象的那么可怕，完全可以成为文化的一部分。这种文化不像诗歌、文

学或音乐，而是一种工业文化，它对于增强城市的认同感和标志特色很重要。

人类社会经历了农业文明、工业文明、信息文明等不同的阶段，每一个阶段，每一种劳动都是光荣的，不存在高低贵贱之分。高能耗、高污染、资源消耗严重的工业是人类历史的一部分，我们不能够把这段历史忘掉，也不能不承认这段历史。中国成为世界工厂不是偶然的，改革开放以后，中国能迅速地发展，一个很重要的原因，就是一个多世纪工业化的丰富历史积淀。我们现在要走一条新型工业化道路，这条道路不是从天而降的，它必须建立在对历史反思的基础上。所以历史的遗迹不是垃圾，是财富，我们必须保护它。只有很好地承认这段历史，把它作为人类文化遗产的一部分，教育我们的后代，我们才能够走上一个健康的可持续发展的道路。

“后工业景观示范园”就是在这一背景下产生的。该园位于宝山吴淞工业区原上海铁合金厂内。该厂建于 1958 年，是我国冶金行业中的八家重点铁合金生产企业之一，其年耗电量 5 亿 kWh，占全市用电量的 1/200，年排尘量 3000 余吨，占全市的 1/7，是一个耗能大户及粉尘排放的污染大户，属国家明令限制的高耗能行业。该厂所在的宝山吴淞工业区也是高耗能、高污染企业集中地，根据上海产业结构调整的需要，该厂于 2006 年 6 月停产，规划将厂区改造为生产性服务业集聚区，在其中心区域建设“后工业景观示范园”。

设计对厂区遗留下来的各种工业设施、地表痕迹、废弃物等加以保留、更新利用或艺术加工，作为主要的景观构成元素营造新的景观。同时，通过土壤改良、建立地表水循环系统、植被恢复等手段重塑被破坏的生态环境。

设计强调了对工业遗址价值的再认识，并以改造、重组与再生方式保留和延续场地的工业元素和工业特质，强调了景观必须延续工业景观的文脉，必须具备保留和再利用工业遗址的特征，必须是基于场地历史和环境的景观更新，而非彻底拆毁、全盘重建的创造，从而给予了后工业景观示范园更加深刻的价值内涵和场地特征。

上海外滩滨水区综合改造工程

设计单位：上海市政工程设计研究总院（集团）有限公司

主要设计人员：钟律、祝红娟、金轶峰、陈奇灵、金飞、肖艳、杨学懂、顾红、白浩哲

外滩滨水区改造工程是外滩综合改造工程中改善环境、重塑功能、重现风貌的重要举措。工程范围北起苏州河口，西至中山东一路、中山东二路西侧建筑界面，南至十六铺客运中心北侧边线，东至黄浦江岸线，岸线全长 1.7km，总面积约 14.7hm^2。

设计方案的最大亮点是，明确了历史保护建筑为外滩“主角”的地位，滨水区以谦逊、简洁，与历史建筑融为一体的主要设计原则，两者和谐地融为一体，共同形成富有亲和力和场所感的城市空间。

滨水区的空间改造也是设计的亮点之一，设计在现状外滩地面层（FL+3.5m），及空箱平台层（FL+6.9m）之间增加了体验外滩空间的二层观景空间（FL+4.7m），形成了三层观景空间系统，三层观景空间之间主要采用大坡道的形式来联系，形成安全、舒适、自然的高差过渡和富有趣味性的观景场所，也缓解了在防汛空箱附近所产生的压抑感。

设计的另一亮点是将外滩的景观节点进行了重新的梳理，形成了四大广场（黄浦公园、陈毅广场、金融广场、气象台广场）、一处平台（北京路大平台）以及两段过渡空间的结构体系。依据不同的区域特征满足来到外滩的外地游客以及本地市民不同的休闲、游览、观景的需求，一改原先外滩以漫步为主的单一活动功能。

四大广场全线连通，广场之间的过渡空间区域主要通过木铺装结合大树草坪，形成具有亲和力的步行空间。并设置雾喷装置降温增湿使得空间的舒适度进一步提升。

滨水区的绿化设计主要有五个特点：第一，对现状大乔木尽量进行原址保留，对灌木以及地被植物进行重新规划布局，由于平台的设置而无法将原址保留的现状乔木选择合适的移栽季节就近进行移栽，减少乔木的修剪量。第二，新规划乔木尽量以不遮挡游客和市民观赏历史建筑视线为原则，根据对外滩建筑以及景观视线进行分析，在历史建筑最为优秀的区域新

种植乔木不能遮挡游客观赏历史建筑的视线。第三，在硬质广场区域新规划乔木主要以大树地坪的形式种植，在不影响游客交通通行功能以及广场容量的前提下，尽量增加绿化量。第四，绿化设计延续整体统一的设计原则，绿化、铺装、小品设计融为一体。第五，由于现状存在大量的香樟，因此新规划的乔木建议以具有季相变化的落叶乔木，灌木以开花类的植物为主。

从 20 世纪 50 年代开始，外滩区域经历过规模最大的两次改造，分别是 20 世纪 90 年代初的改造和此次综合改造。前次改造注重防汛和交通功能，而这次改造则使得外滩由“车辆环绕的孤岛”转变为“人人乐享的城市客厅”。通过本次改造，外滩地面公共活动空间增加 40%，绿化面积增加 10%，约为 2.33 万 m^2，并配备了可同时容纳约 2000 人就坐的座椅和多种服务设施，以满足大人流量的活动、休闲、休憩等需求。

上海世博公园A区（亩中山水）

设计单位：上海浦东建筑设计研究院有限公司
合作设计单位：北京易兰建筑规划设计有限公司

主要设计人员：王明辉、陈跃中、施丁平、盛棋楸、李雪松、闫景颖、韩璐芸、张林、贾晓海

世博公园A区（亩中山水）为2010年上海世博会配套的新建公园。用地范围东起白莲泾，西至世博演艺中心，南抵世博大道，北临黄浦江，用地面积为26583m^2。

本设计用“亩中山水”再现中国传统名园中深入人心的场景，力图以现代理念展现传统园林元素，创造出最具魅力的人性空间。方寸之间，亩中造景体现出中国园林的独特思维，打造代表中国当代园林精神的项目。

整个设计将场地规划为两个部分：静谧幽雅的竹林和深藏其中的体现中国传统韵味的九亩园林，即荷香园、石笋园、叠石园、映月园、盆景园和环秀园。两者相互包容，形成有机整体，提供了漫步、穿越、赏园、休憩、观江等多种活动方式和游览路线。九亩园林合为一个整体，周边则以单纯的竹林围合，造成幽深的意境，园内的景观建筑（荷香馆、听雨轩、亭、廊）追求当代性和中国意味相融合。整个园林以亩为载体，以山水为题，以现代的理念结合传统元素展现中国园林的现代和未来

一轩、一桥、一廊、一亭点出诗情画意，一石、一树、一池、一花绘出山水灵气。漫步九亩园林之中，仿佛穿梭于古今，前人的情怀、今人的希冀交相辉映。珍视传统、拥抱未来，亩中山水以现代理念展现传统园林元素，创造出最具魅力的人性空间。

建筑设计采用现代理念，结合建筑造型以生态建筑为设计指导方向，在满足功能和空间需要的同时，选用先进的技术手段处理，尽可能减少资源能源的消耗，降低对环境的影响。把生态学原理从简单的中空玻璃、外墙保温、自然通风等物理层面外，提升到对

建筑空间模式、形式与使用者心理等方面的综合考虑的层次上。立面设计采用现代与古典相结合的设计手法，大胆运用现代材料和科学手段，将中国园林传统元素融入期间，创造诗情画意，令人流连忘返的建筑空间。荷香馆、听雨轩选用钢骨木肌结构，表现为本色木材。四方亭、廊道、门廊为完全的木结构建筑，表现为本色木材。

本项目的重点和难点是在用地范围的下方有地铁8号线和西藏南路隧道通过，当时地铁8号线已建成，还未通车。当时考虑到本用地范围内的景观造坡、大量的绿化所增加的荷载和地铁8号线的安全，经过与地铁管理公司和交通运输管理处等相关部门进行反复的沟通。最终利用挤塑板置换土的方法解决了这个难题。

上海世博园岩土工程勘察（一轴四馆）、咨询及智能平台开发

设计单位：上海岩土工程勘察设计研究院有限公司

主要设计人：许丽萍、孙莉、金宗川、杨石飞、李韬、徐枫、孙健、袁斐、陈海洋、顾国荣、张银海、辛伟

上海世博会场址位于南浦大桥和卢浦大桥之间的黄浦江两岸滨江地带，占地面积为 5.28km^2，为上海有史以来最大的单项建设工程，其中"一轴四馆"——世博轴、中国馆、世博主题馆、世博中心和世博文化中心，为标志性永久建筑。

世博轴及地下综合体工程，基坑总长度达 1.2km，宽度达 120m，基坑开挖深度约为 10.0 ~ 17.0m，属超大型深基坑；中国馆由国家馆及地区馆两部分组成，其中国家馆由 4 个核心筒作支撑体系，柱网尺寸为 16.2m × 16.2m，单柱最大荷重达 200000kN，具有荷载巨大且集中的特点；世博主题馆、世博中心以及世博文化中心均属大跨度结构，采用无柱大空间，最大柱跨间距达 136m，单柱荷载巨大，对单桩承载力及沉降要求极其严格。

1. 岩土工程详细勘察的主要技术创新

（1）进行了充分的前期调研，编制工程地质分区图、天然地基条件分区图、桩基条件分区图，针对各类地下设施、保护保留建筑及防汛墙现状等编制专题调查报告，对景观绿地和大面积堆土、污染土修复及处置技术等进行初步研究，为规划决策及初步设计提供依据。

（2）对影响桩基持力层选择的关键土层第⑤ 2、⑦、⑨层进行深入分析论证，确定桩基设计参数，系统分析桩基沉降的影响因素，结合科研成果与地区经验合理预测桩基沉降量。

（3）为主题馆进行持力层、桩型、沉桩方式、沉桩设备的多方案比选；针对大跨度中国馆、世博文化中心和世博中心，提出钻孔灌注桩后注浆工艺，得到设计采纳。

（4）对工程建设中桩基施工、基坑开挖和环境影响进行风险提示，并提出对策建议。

2. 地震安全性评价及地质灾害评估主要技术特色

（1）在多套潜源方案的基础上，综合各潜源方案的基岩反应谱，进行了不确定性修正，据此进行土层

地震反应分析，得到了 50 年、100 年不同超越概率的地表和地下不同深度的地震动参数，主要成果被列入《中国 2010 年上海世博会注册报告》。

（2）针对中国馆，在确定潜源分布、地震活动性参数、衰减关系的基础上，完成了 50 年超越概率为 63%、10%、2% 的基岩水平向和竖向地震反应谱，并各合成了 9 条时程，建立了三个土层动力学计算模型，完成了各超越概率的水平向、竖向的地表地震动参数，被设计采纳。

（3）结合拟建一轴四馆的工程特性及可能采用的基础施工工艺，提出在建设期与营运期可能引发或遭受的主要地质灾害类型，采用类似工程比拟法、定性与定量评价相结合的方法，合理确定评估区的地质灾害危险性等级为中等，明确工程建设的适宜程度，提出有针对性的防治措施。

3. 岩土工程专题咨询的技术难题与创新

（1）为满足上海市地铁管理方要求覆土引起 M8 线上方地基变形控制标准≤ 10mm 的要求，采用 ABAQUS 进行数值分析，预测世博主题公园景观覆土沉降及对 M8 线变形影响，并结合已有科研成果就景观覆土可能引起的环境效应问题进行分析，提供技术支持。

（2）世博轴基坑周边临近轨道交通 M8 线与 M7 线，考虑环境条件的复杂性，采用三维有限元进行计算，定量预测不同围护方式、不同施工工况条件下基坑围护体及临近地铁的位移与变形，为基坑工程设计与管理提供咨询服务。

4. “岩土工程专家系统”的主要技术创新

（1）建立了世博园区“基础资料模块”，在 GIS 工具的地图漫游、空间搜索强大功能帮助下，实现世博园区地层信息系统的空间数据管理，为世博园区的场馆建设与二次开发提供有力的技术支持。

（2）该系统能模拟岩土专家对方案论证评审的思维过程，系统考虑岩土工程设计诸多因素，并进行多方案比选，以获得合理的基础设计方案。

（3）风险控制模块针对不同地质条件和基础或基坑工程特点，从岩土工程角度识别该项目可能涉及的风险源与风险事件，并根据专家经验评价这些风险事件的风险等级，提出对应的风险控制措施。

上海虹桥综合交通枢纽核心区岩土工程勘察、监测、检测

设计单位：上海岩土工程勘察设计研究院有限公司

主要设计人：陈晖、曾军军、褚伟洪、唐坚、金宗川、魏建华、陈桂英、王瑞科、吴超、尹骥、吴秀珍、张晓沪

虹桥综合交通枢纽规划范围东起外环线，西至华翔路，北起北翟路，南至沪青平公路，规划用地约 26.26km^2，集航空、城际铁路、高速铁路、轨道交通、长途客运、市内公交等多种换乘方式于一体，为上海陆上门户的标志性工程。其核心区规划建筑南北长约 1110m，东西长约 1690m，由东向西依次为：航站楼、东交通中心、磁浮、高铁、西交通中心，总建筑面积 150 万 m^2，其中地下建筑面积 50 万 m^2，上部建筑面积 100 万 m^2。

本工程建筑面积大，分布于各单体、各楼层的多个大空间互相连通，布局复杂多样，地下工程高低错落相连，地下一层普遍埋深约 9m，地下二层普遍埋深约 19 ~ 21m，局部地下三层最大埋深约 29m，属超大面积超大型地下工程。核心区建筑物柱网尺寸大，单柱荷重大（单柱荷重设计值最大达 50000kN），对沉降尤其是差异沉降控制严格，地下空间复杂，是迄今为止，一体化开发规模最大的地下空间工程。

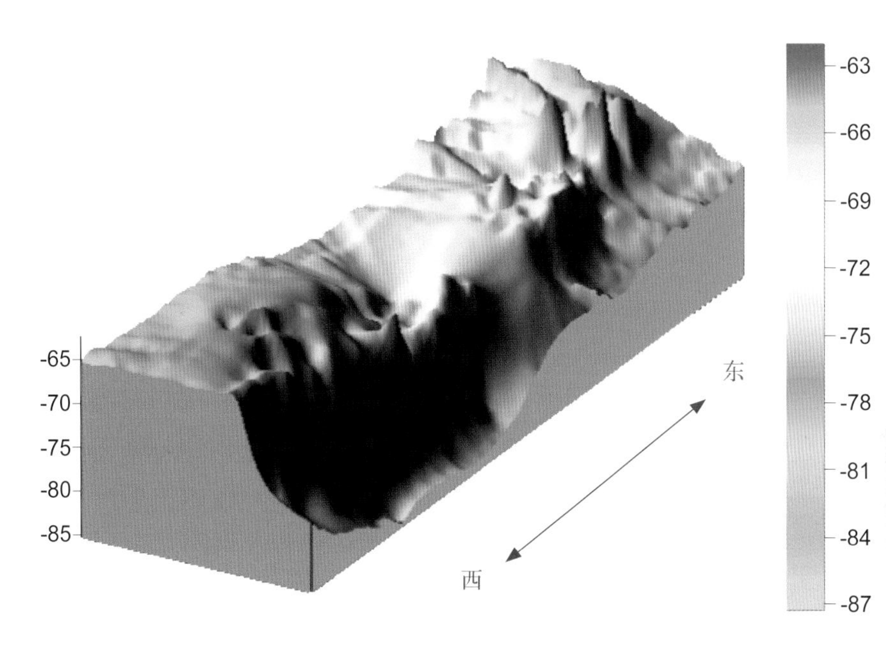

1. 岩土工程勘察主要技术创新

（1）采用多种勘察手段，包括深孔静力触探（最深达 100m）、标准贯入试验、波速试验、现场注水试验、承压水观测、旁压试验、扁铲侧胀试验、电阻率测试、室内共振柱试验等特殊试验，综合获取各类土性参数。

（2）对影响桩基持力层选择的关键土层（第⑦2 层、第⑨层）作重点深入分析，确定桩基设计参数，有针对性地分析评价建筑变形特征，采用多种计算方法估算建筑物沉降，经与实测值比较，两者较为吻合。

（3）详细分析评价不同桩型的成桩可行性，尤其是为确保钻孔灌注桩成桩质量和减小因孔底沉渣太厚引起沉降过大，建议钻孔灌注桩采用后注浆工艺，经实际检验不仅合理，而且为桩基工程顺利实施奠定了基础。

（4）分析工程建设与环境之间的相互影响，对桩基工程、基坑工程中主要涉及的岩土工程风险进行预分析评价，并提出减少不利影响的措施，为设计及施工单位提供合理建议。

2. 基坑工程监测主要技术创新

（1）建立较为完备的超大面积多梯次围护体系的四维预警监控系统，重点分析了场地承压水对大型超深基坑的影响，为国内类似工程的监测设计、实施和风险控制提供了大量实测的资料。

（2）通过实测两级放坡、重力坝挡土墙及地下连续墙多级梯次围护体系侧向位移，验证了大面积多梯次围护体系理论设计的合理性。

（3）根据工况分区域、分重点监测，特别加强了对“坑中坑”和直径达 50m 的半圆形环形支撑的监测，实现了信息化施工，有力地保障了基坑工程的顺利进行。

（4）采用光纤光栅传感器等新技术，获取了翔实的资料，为设计优化和科研工作积累了资料。

3. 桩基检测主要技术创新

（1）紧密结合土性特征和施工工艺，对多种测试

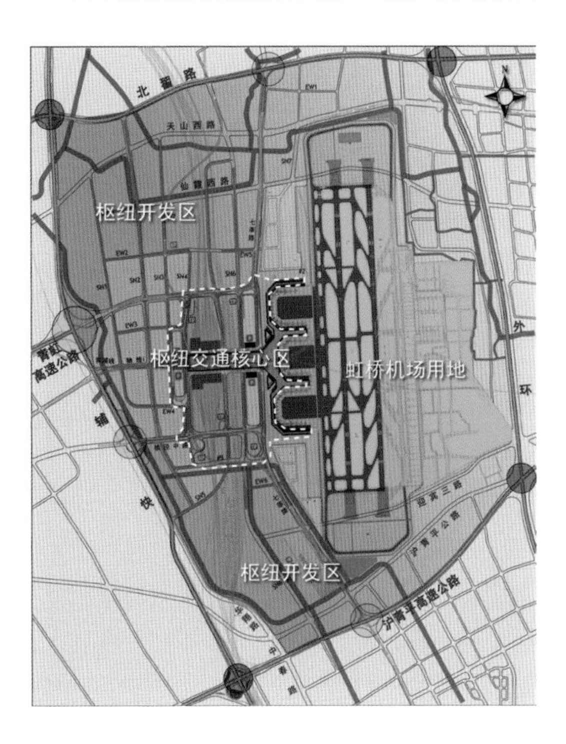

方法和测试内容取得的测试结果进行综合判断，提高测试成果的准确性和可靠度，为设计方案的比选和施工质量的控制提供依据。

（2）采用了分布式光纤、光纤光栅传感器进行桩身轴力测试，总结了光纤传感技术的现场布设、数据采集、数据处理和数据分析的成套技术。

（3）进行了静载抗压、抗拔、水平、载荷板等多种类型试验，对大直径灌注桩进行了桩端（侧）注浆前、后及桩端（侧）注浆与未注浆的比对试验，对同一桩径的直桩与扩底桩进行了比对试验，总结了各土层侧摩阻力发展规律和大直径钻孔灌注桩承载力发挥机理。

虹桥国际机场飞行空间安全保障测量

设计单位：上海市测绘院

主要设计人员：姚顺福、王光耀、楼恺达、孙翠军、杨常红、朱骋、万从容、管卫华、刘德阳

虹桥国际机场位于上海市中心城区西部，是上海空中对外交通的西大门。机场周边居民地密集，人口稠密，交通发达，主要有A20公路、沪青平公路、沪青平高速公路等上海陆上交通大动脉，目前正在建设的虹桥综合交通枢纽是上海市重大工程之一。测区范围按照上海机场（集团）有限公司提供的资料，以虹桥机场东、西跑道为中心，分别以半径4km、6km、50km以及起降面15km范围的区域，其中6km范围内涉及嘉定、普陀、长宁、闵行、松江、青浦6个区，约108km^2。

1. 首次采用数据融合分析方法，研制软件筛选备选障碍物。

机场障碍物有严格的筛选要求，相对于跑道南北两端点，是按一定的爬升斜率（0.12%）来控制，6km的其余范围按45m高度来控制，6～15km范围按0.15%来控制，15km以外按150m高度来控制。以上范围如果现场筛选，则要投入大量的人力、花费大量的时间，为此采用上海市现有的全市范围的正射影像数据，充分融合上海市全市数字化地形数据，根据筛选技术要求研制软件，在计算机上直接对正射影像资料进行筛选，找出备选障碍物，大大提高了工效。

我院基础地理数据库中8层以上建筑物包含三个高程信息，即主体、设备和天线高程。经验证，数据库数据中建筑物主体的高程精度较好，因为主体一般是不会变化的。如果在作业开始时确定验证建筑物主体高程精度的方案，测量时即可利用全站仪测量高于主体部分的高差，此高差加上主体高程就得到障碍物的绝对高程。利用这种方法，直接引用建筑物的主体高程，工作效率提高了近70%。

2. 多种先进测绘手段获取外业数据。

改变以往传统的纯工程测量方法，采取了多种测量方法相结合进行现场作业。对于水箱顶、平顶房等障碍物，如果两个数据相吻合，且空三测量的位置就是实地的最高点，则即可选取空三数据和数据库数据中的高的一方为该障碍物的高程。这种在内业测量的方式，减少了外业工作量，提高了作业效率。

RTK直接测量，房顶、水箱顶等可以直接上顶的目标，利用RTK直接测量其三维坐标，利用此方法共测定20个目标。极坐标法，利用两点或三点RTK布设的点位作为起始点，采用极坐标法加三角高程的方法测设，利用此方法共测定64个目标。利用已知后视点测量，在周围有2～3个已知坐标的目标时，只需布设1个RTK控制点，利用这些已知坐标的目标作为后视，测定障碍物的三维坐标，同时可以利用更换后视目标，来检查测量成果的准确性，在本次作业中利用此方法共测定27个目标。前方交会法测量，利用此方法共测定1个目标，即奉贤广播电视塔。

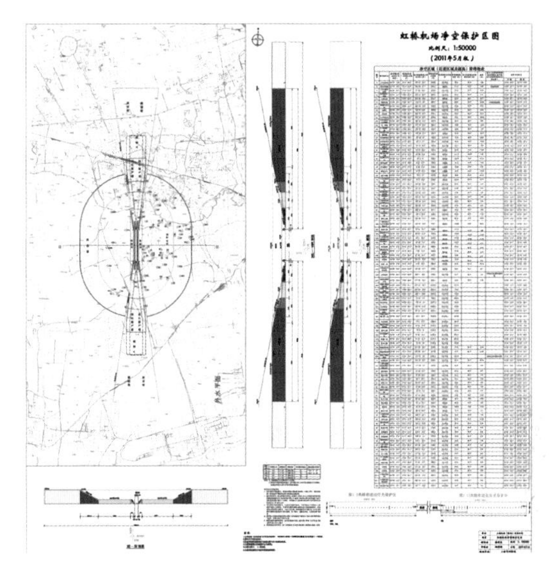

3. 编制软件进行自动计算和成果生成。

根据航空要求，成果需要提供多种形式的方位角和高程，为此编制了软件，进行城市坐标方位角和真方位角以及磁方位角的自动换算以及吴淞高程和黄海高程的自动换算，并直接生成最终成果报表。

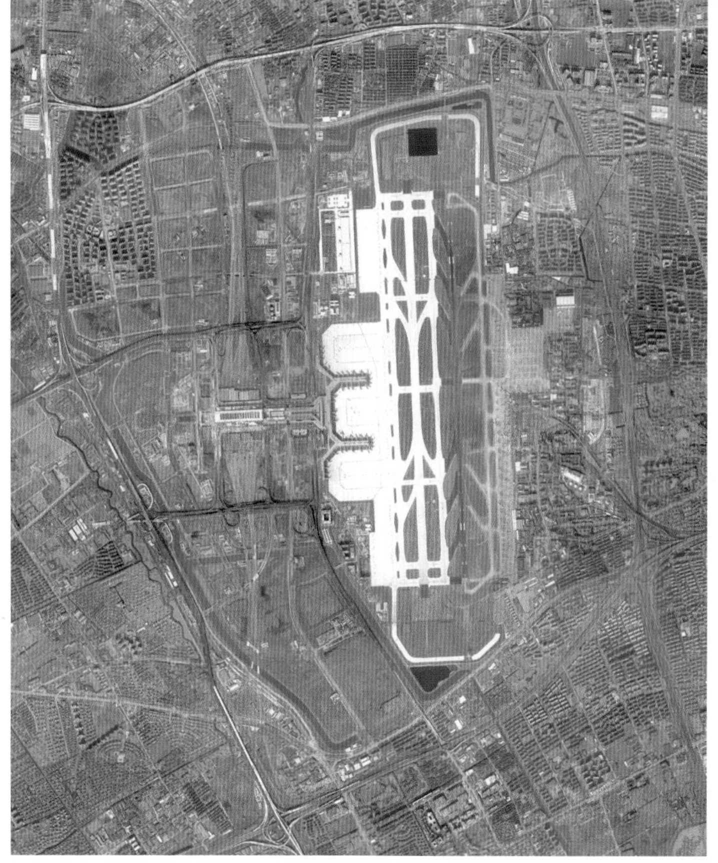

南京绿地广场·紫峰大厦岩土工程勘察、设计咨询

设计单位：上海岩土工程勘察设计研究院有限公司
合作设计单位：江苏南京地质工程勘察院

主要设计人员：顾国荣、赵福生、陈波、韩国武、陈晖、王恺敏、邵霞萍、李书春、谭金忠

绿地广场·紫峰大厦位于南京市鼓楼广场西北角A1地块，东靠中央路，南临中山北路，总建筑面积为239400m^2，由2幢塔楼（主楼和副楼）及7层裙房组成。主楼70层（高度320m），副楼24层，裙楼7层，地下4层，基坑开挖深度约20m，主楼、副楼与裙房为整板基础，不设沉降缝。主楼核心筒区域总压力约为2000kN/m^2，其平均压力约为1000kN/m^2。

本工程为南京市迄今为止建筑高度最高的标志性建筑，主楼层数高，荷重大而集中，主副楼与裙房荷载差异大。主楼结构体系采用钢框架—钢筋混凝土核心筒结构，外围钢框架与钢筋混凝土核心筒通过在10F ~ 11F、35F ~ 36F、60F ~ 61F三道伸臂桁架和带状桁架与巨型核心筒连在一起，形成三道抗侧力结构，钢结构总吨位约16000t。整个地块基坑开挖一般为20m，最大达到30m（电梯井部位），基坑开挖面积达13500m^2。场地东侧中央路，西南侧中山北路均是繁华的交通主干道；南京地铁1号线直接穿越基地，对地铁的保护要求高。

本工程在传统工程勘察的基础上开拓了地基基础优化设计的岩土工程咨询，为业主节省了投资，为社会节约了资源，具有显著的社会、经济效益。主要技术创新点如下：

（1）除室内试验外，更多地采取多种原位试验方法对比分析，合理确定岩体承载力、基床系数，深入了解岩体强度、破碎情况，确定岩体完整程度，并首次在南京地区分别采用ϕ300和ϕ800圆形深层载荷板试验进行对比，获得了较为准确的岩基地基承载力参数。

（2）提出了基于多种原位测试成果的“综合分析方法”，采用自主开发的沉降计算软件进行计算与综合分析，并根据计算结果按严格控制塔楼变形总量与整个底板变形协调的原则，合理调整主楼、副楼、裙房与地下车库的桩长、桩径或桩间距，使其满足设计对变形控制的要求，实践证明沉降分析与预测正确。

（3）采用地质三维软件获得全风化、强风化及中风化岩体三维立体图，对钻孔灌注桩与人工挖孔桩从设计便利、施工可行、质量控制、工期、价格等方面进行综合分析比较后提出人工挖孔桩方案，优化后的单桩承载力参数较原方案提高一倍，桩端入土深度由原70m减短至20 ~ 25m，节省了大量桩基费用，大大缩短了工期，经济效益显著。

（4）对土钉墙、悬臂桩、排桩加内支撑、桩加锚等多种围护方案进行可行性分析比较，最终建议采用地下连续墙（两墙合一）加支撑方案，并在对基岩裂隙水进行多种试验和深入调查的基础上，提出不需要进行大规模降水，而采用坑内集水坑、明沟排水方案。这些建议最终被采纳并被证明完全正确。

（5）本工程岩土工程咨询服务贯穿初勘、扩初勘察、详细勘察及后续基坑围护、桩基施工等全过程，解决了与超高层建筑地基基础设计密切相关的桩基持力层选择、桩型选择，以及单桩承载力估算，总沉降量与差异沉降控制等关键技术难点，大大拓展了岩土工程技术咨询的深度和广度。

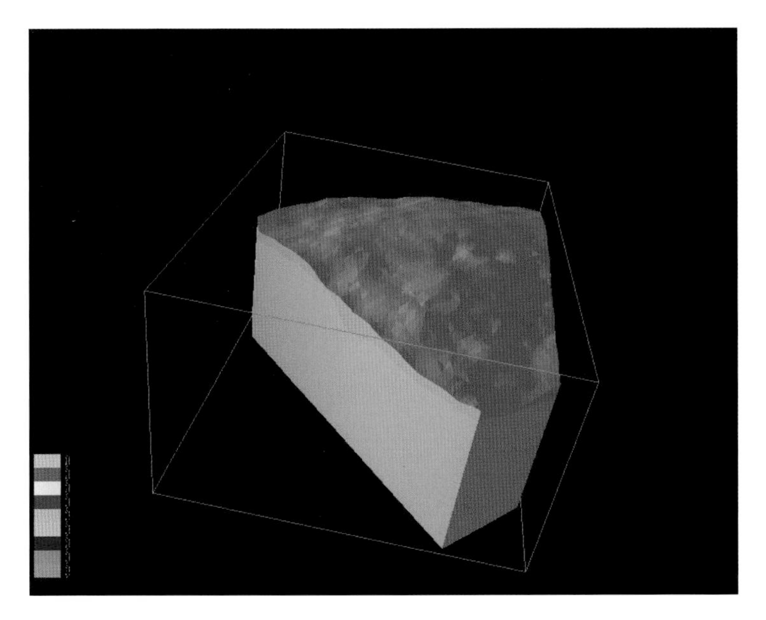

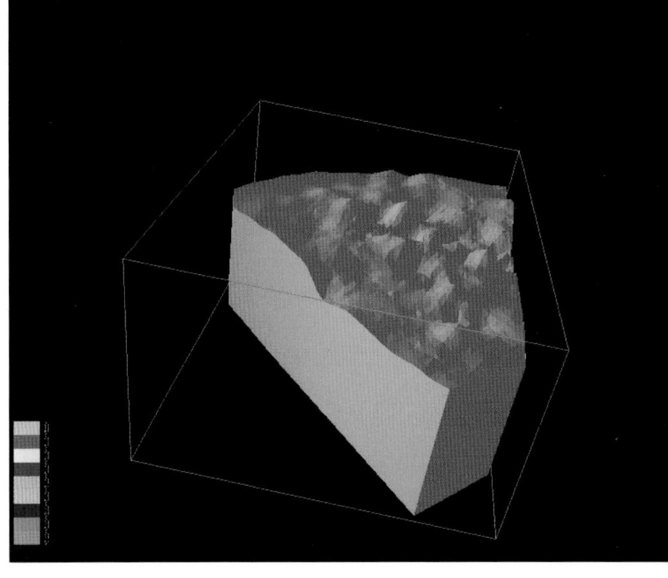

上海市轨道交通 10 号线（M1）一期岩土工程勘察、咨询及数字平台开发应用

设计单位：上海岩土工程勘察设计研究院有限公司
合作设计单位：上海市隧道工程轨道交通设计研究院、上海市城市建设设计研究院、上海海洋地质勘察设计有限公司

主要设计人员：许丽萍、辛伟、孙莉、孙健、马忠政、石长礼、夏群、陈伟宏、黄卫权、张银海、陈波、徐枫、裘惠民、李平、熊卫兵

上海市轨道交通 10 号线（M1）一期工程总长 32.76km，连接闵行、长宁、徐汇、卢湾、黄浦、虹口、杨浦等 7 个城区。全线 30 座车站有 10 座为两线或三线换乘站，区间隧道埋置深度约 15 ~ 32m 不等。

轨道交通 10 号线全线工程地质条件复杂，古河道区分布范围广、切割深度深，浅部受吴淞江故道影响大；线路从城市中心穿越，地下障碍物、桩基础、保护建筑多，市政地下管线复杂，且多处与已建和规划中的轨道交通线路相交；涉及浅部潜水、微承压水和承压水三个含水层，工程建设与营运涉及岩土工程问题种类多，包括地基变形、基坑边坡稳定、基坑水土突涌、流沙及砂土液化等，工程风险大。

1. 岩土工程勘察的主要技术创新

（1）综合运用钻探、静探、扁铲侧胀、十字板、现场注水试验、承压水头观测等原位测试手段，查明沿线地层和地下水分布特征。

（2）积极应用新的勘探工艺：针对场地条件限制，采用钢块堆载配合套管下锚的静探施工工艺，最大探测深度达 70m；应用“隐形轴阀式厚壁取土器”，极大地提高了取土质量。

（3）除常规物理力学性试验外，有针对性地布置室内三轴试验、静止侧压力 K0 试验、浅部地基土回弹试验、共振柱试验等特殊试验测定有关力学性指标，为设计施工提供所需参数。

（4）针对沿线的工程地质与水文地质特征，结合工程建设的需要，进行工程地质的分区和水文地质条件的类型划分。

（5）根据轨道交通工程的特点、沿线工点的地质条件及环境条件，勘察报告对涉及的区间隧道、地下车站、联络通道、进出洞及停车场等，对可能涉及的岩土工程问题提出预防和控制措施，并进行各类风险提示。

2. 岩土工程咨询主要技术创新

（1）首次尝试轨道交通全线的岩土勘察及咨询一体化技术服务模式，对全线分别由 4 家单位出具的 56 份详勘报告（初稿）统一进行全面仔细核查，确保了各工点正式详勘报告的质量，体现了岩土工程咨询的“全程性”与服务模式的“创新性”。

（2）统一对轨道交通 10 号线进行全线工程地质条件、水文地质条件及岩土工程分区评价，绘制软土、流砂、液化土、承压水突涌等岩土工程各类专门图件，这些图件在建设与营运期具有很高的实用价值，受到各方高度赞誉。

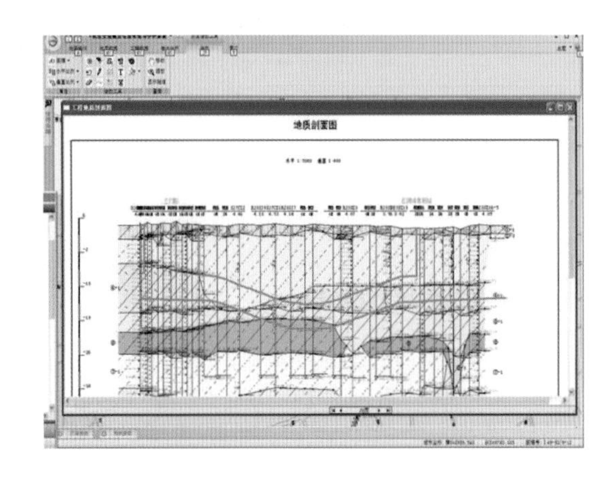

（3）对于基坑设计中关键的地基土基床系数，综合运用多种测试方法分析比较，结合工程经验提出适于工程设计使用的建议值。

（4）对各工点涉及的关键岩土工程风险予以全面的分析评价，对风险进行评估，提出对策，进一步降低岩土工程风险事故概率。

3. 地质信息数字平台开发的主要技术创新

（1）具有动态实时生成剖面图、工程地质分区、水文地质分区、关键土层分布区域显示等功能。

（2）基于岩土方面的大量数据源及工程经验，对各地铁车站、区间邻近区域发生工程施工（打桩、基坑开挖等）的情况，可进行风险评价，提出控制对策，并开发了各地铁车站以及区间的岩土工程风险预警提示等功能。

（3）采用自主研发的 GIS 平台，采用 SQL SERVER 数据库，结合轨道交通地质数据管理和应用的特点进行开发，更符合轨道交通的应用特点。

上海文化广场改造基坑工程围护设计及承压水控制

设计单位：上海申元岩土工程有限公司

主要设计人员：李伟、梁志荣、魏祥、李忠诚、王建君、王杰锋、赵军、陈颖、李成巍

上海文化广场改造项目属于上海市重大工程，位于卢湾区复兴中路以南，茂名南路以西，永嘉路以北，陕西南路以东。

本工程的特点是规模大、超深、基坑开挖面起伏众多、工程地质与水文地质条件复杂、环境保护要求极高，缺少可供参考的类似工程实践经验。

基坑设计考虑将基坑划分为常规开挖区域和局部落深区域分别处理，整个基坑由浅至深分层、分块逐步开挖。设计选用两圈封闭的地下连续墙及钻孔灌注桩作为基坑周边围护结构，内部设置了 2 ~ 4 道钢筋混凝土内支撑，局部设置了第 5 道钢支撑。

结合第 1 道钢筋混凝土支撑和场地出入口，设计了三横三纵的栈桥，为加快基坑施工、地下室结构施工创造了条件，确保了整个工程的按期完工。

基坑围护施工前，进行了专项的承压水群井抽水试验，根据试验确定了承压水含水层水文地质参数，并据此进行了降压井的设计。

1. 大面积、超深、多开挖面基坑的创新设计与复核。

基坑开挖面起伏较多，设计采用整体和局部分别考虑、规范计算方法和有限元数值模拟共同分析，从设计、计算分析的角度首先确保设计合理，并对施工工况提出严格要求，细节部分设置安全保障措施，确保基坑施工安全。

2. 环境复杂基坑的创新性的环境保护设计技术。

为确保环境安全，设计选择环境保护控制可靠的板式支护结构结合内支撑体系，确定了合理的围护结构和支撑结构体系刚度；在坑内落深较大区域，分别选用了钻孔灌注桩和重力式挡墙不同的落深处理工艺；进行了专项的抽水试验及降压专项设计，确保降压的环境安全；设计对施工提出了严格的工况控制要求；对重点保护区域采取了针对性的加强措施；对降压、疏干降水提出了按需进行的设计要求；充分利用“时空效应”原理，体现以时间换空间的设计思想，创造条件加快施工速度。

3. 地下承压水控制的创新性设计。

本工程基坑水文地质条件复杂，第⑦1层、⑦2层、⑨层（即第一、二承压含水层）大面积沟通，对降压设计、施工及环境保护提出了严峻的挑战。设计进行了专项的群井抽水试验，并根据试验成果进行了专项降压设计。

4. 为方便施工、加快进度、缩短工期，进行了创新性的栈桥设计。

5. 从保护环境角度出发的设计施工细节处理与设计对策。

对落深较深地下连续墙采用低强度等级、低配筋率混凝土隔幅回填技术措施，对落深较浅的地下连续墙和钻孔灌注桩则采用隔幅（根）低强度等级混凝土回填、跳打等一系列措施，通过不同的手段，解决围护结构施工中的难题。

6. 信息化施工的设计技术。

本工程的顺利实施，为国内城市闹市区超深、超大、环境极其复杂基坑采用顺作设计施工新方法、新工艺、新技术提供了成功的范例，将有力地推动国内超大、超深基坑工程设计施工技术的进步。

上海北京西路—华夏西路电力电缆隧道工程勘察

设计单位：上海市政工程勘察设计有限公司

主要设计人员：鲁俊平、任东晓、胡立明、高大铭、费翔、印文东、卢明起、曹黎明、赵冬

北京西路—华夏西路电力电缆隧道工程是连接世博500kV地下变电站和三林500kV变电站的重要电力通道。隧道全长约15.34km，途径静安区、卢湾区、黄浦区及浦东新区，穿越黄浦江，采用盾构法、顶管法、明挖法施工。本项目是上海市近年来一次性建成的规模最大的电力电缆隧道工程，其中过江段顶管施工直径达3.5m，是当时最大直径顶管越江工程。本工程的建设主要解决2010年上海世界博览会园区供电问题，均衡上海中心城区用电网络，减轻上海市中心城区用电压力，加快浦东建设，工程建设意义重大。

本项目路线全部为地下线，主要采用盾构、顶管、明挖施工，盾构、顶管施工段埋深为13.0 ~ 34.0m，明挖施工区间最大开挖深度为13m。工程沿线分布有厚层软土、饱和粉（砂）性土、软硬岩土界面，多层地下水（浅层潜水、微承压水、承压水）、浅层沼气等多项对盾构、顶管、明挖施工不利的地质因素，场地地质条件复杂。同时，本工程线路主要行经上海市中心城区及黄浦江、川杨河，沿线环境十分复杂。工程建设存在地面沉降和变形、隧道涌水、涌土、流砂、浅层沼气喷冒与爆炸、河道岸坡失稳等潜在重大风险。

本工程为重大地下空间工程，对地质条件、地质参数准确性均提出了很高的要求。勘察手段根据工程特点、地质条件合理选用，有效性、针对性强，确保勘察测试成果准确。如软土地基进行了十字板剪切试验，以获取软土原位剪切强度和灵敏度；基坑和隧道

工程进行了扁铲侧胀试验，以获取地基土静止侧压力系数和水平基床系数；隧道盾构进行了标准贯入试验，以估算地层侧向抗力系数；对沿线分布的多层地下水，布置了现场注水试验、承压水水位观测试验；对沿线浅层沼气对布置了沼气检测、压力测试试验。室内试验根据工程特点，布置了软土三轴（UU、CU）试验、基床系数试验、静止侧压力系数试验、固结系数试验、回弹试验、粉砂性土颗粒分析试验、地基土动三轴和共振柱试验。通过勘探、原位测试、室内试验等综合手段，查明了场地工程地质、水文地质条件，综合评价地基土的工程特性，合理确定各项地质参数，为设计、施工提供了有力地质依据。

勘察成果报告根据地层岩性特点进行分区，并结合工程特点、施工方案有针对性地进行了分区分段评价。对盾构施工、顶管施工、明挖施工等可能涉及的岩土工程问题，对环境的影响问题等进行了深入细致的分析，并提出了合理的处理及预防措施。设计所需地质参数根据多种测试、试验手段综合确定，全面、可靠、正确、合理。勘察成果报告内容翔实，条理清楚，结论正确，建议合理，图件清晰整洁，满足设计和施工要求。

上海市 A15 机场高速公路（市界—南汇区段）

设计单位：上海市政工程勘察设计有限公司

主要设计人员：杨雷、丁国洪、黄星、高大铭、俞皓、杨振雄、邢春艳、万鹏、林杰豹

上海市 A15 机场高速公路工程(市界—南汇区段)西起浙江上海市界，接浙江省申嘉湖高速公路，东至闵行南汇界区，全长 55.7km，途经金山区、青浦区、松江区、闵行区。全线均为新建，主线设计车速 120km/h，规划红线宽度 60m。

本工程以高架为主，包括高架、立交、特大桥、道路、排水及服务区等多项子工程，立交包括互通式立交 5 座、部分互通式立交 1 座、预留互通立交出入口 1 对。高架桥梁结构以简支梁为主，单桩承载力特征值 2500 ~ 3000kN，采用 PHC 桩、钻孔灌注桩。地面道路规划红线 60m 辟筑。市界—A5 公路双向六车道，A5 公路以东双向八车道。路基最小填土高度 1.8m，最大 3.5 ~ 4.0m。沿线包括大蒸港特大桥、斜塘特大桥、油墩港特大桥。大蒸港特大桥为矮塔斜拉桥，全长 345.0m，采用三跨结构形式，主墩基础采用 Φ900 的半开口钢管桩，单桩承载力特征值 6MN；斜塘特大桥全长 380.0m，采用四跨预应力混凝土刚构—连续体系，主墩基础采用 Φ900 钢管桩，单桩承载力特征值 6MN；油墩港特大桥为下承式钢管拱桥，全长 100.0m，采用单跨结构形式，桥墩基础采用 Φ1200 的钻孔灌注桩，单桩承载力特征值 6MN。

全线跨越泻湖沼泽平原、滨海平原两大地貌类型。沉积环境分正常沉积和古河道沉积两大类，且交替展布，地质条件较复杂。根据工程特点经过科学分析、

精心设计了勘察方案，在勘察过程中采用了成熟的综合勘探手段，以合理的勘探工作量详细查明了沿线场地的地层分布，编制了详细完整全面的岩土工程勘察报告。

本工程勘察工作于 2005 年 7 月完成初勘，2006 年 8 月完成详勘。通过一系列详细的勘察工作，掌握了全线的工程地质特征，查明了高架、立交、特大桥处的地层分布特性，为选择适宜的桩基持力层提供了正确的桩基设计参数，并对沉桩可能性进行了技术分析；同时对设计、施工中应该注意的问题进行了较详细的阐述。勘察中通过多次方案比选、论证分析，在满足规范、设计需求的前提下，节约了工程投资。

上海外滩通道北段工程监测

设计单位：上海岩土工程勘察设计研究院有限公司

主要设计人员：褚伟洪、戴加东、周本辰、汪大龙、王艳玲、易爱华、张晓沪

外滩通道是上海市“三纵三横”交通主干网络中三纵东线的组成部分，北段北起武进路吴淞路交叉口，穿越天潼路至外白渡桥下穿越吴淞江，沿中山东一路至福州路。另在长治路设一出入口匝道。天潼路至福州路为盾构段，采用 Φ14270 的土压平衡盾构施工，是国内直径最大的土压平衡盾构隧道；天潼路工作井至吴淞路、长治路出口为明挖段。

外滩地区是上海近代历史建筑最集中的地区，而盾构施工过程中还穿越运营中的地铁二号线、人流密集的南京东路人行地道和北京东路人行地道。本工程监测的主要技术创新如下：

(1) 建立了超大的土压平衡盾构施工的四维预警监控与分析系统，对监测数据实现实时分析，形成了高效、快速、准确的信息反馈系统。对重要的设计参数进行了验证，对关键节点及高风险点进行重点监控，指导现场信息化施工，确保本工程与环境的安全。

(2) 外滩通道工程位于建筑密集区，在本项目施工过程中采用多种新施工工法、新工艺，由于属于首次应用，工程监测成为检验其适用性的强有力手段。在盾构推进过程中，科学的监测数据为调整盾构施工参数提供了依据；通过对土体位移的观测，为在浦江饭店的隔离柱成功选型奠定了基础。

(3) 天潼路工作井的挖深最大达 26.5m，属超深基坑，周边环境复杂，同时面临承压水突涌的风险。在本工程中，建立了完备的超深基坑监测工程的四维预警监控控制系统，保证了工程的顺利实施和周边环境的安全。

(4) 为了确保外滩通道工程盾构段施工安全，本工程中采用光纤光栅监测新技术，对盾构推进过程中周边建（构）筑物变形、盾构衬砌管片自身受力情况等进行高精度自动化监测，克服了常规监测技术中传感器使用寿命短、存在零点漂移、监测数据易受干扰等弊端。将光纤光栅（FBG）传感技术应用于外滩通道工程监测实践，对软土地区超大直径土压平衡盾构推进中邻近人行通道的结构沉降、接缝变形、盾构自身管片结构受力、附属结构基坑支撑轴力等参数进行综合实时动态监测，揭示出施工过程中多种监测对象的变形和受力规律。

(5) 系统地对光纤光栅传感器在盾构隧道及基坑中的布设工艺进行研究，验证了光纤光栅传感技术在隧道及基坑监测领域中应用的可行性，为今后光纤光栅传感器在重大工程监测的运用奠定了实践基础。

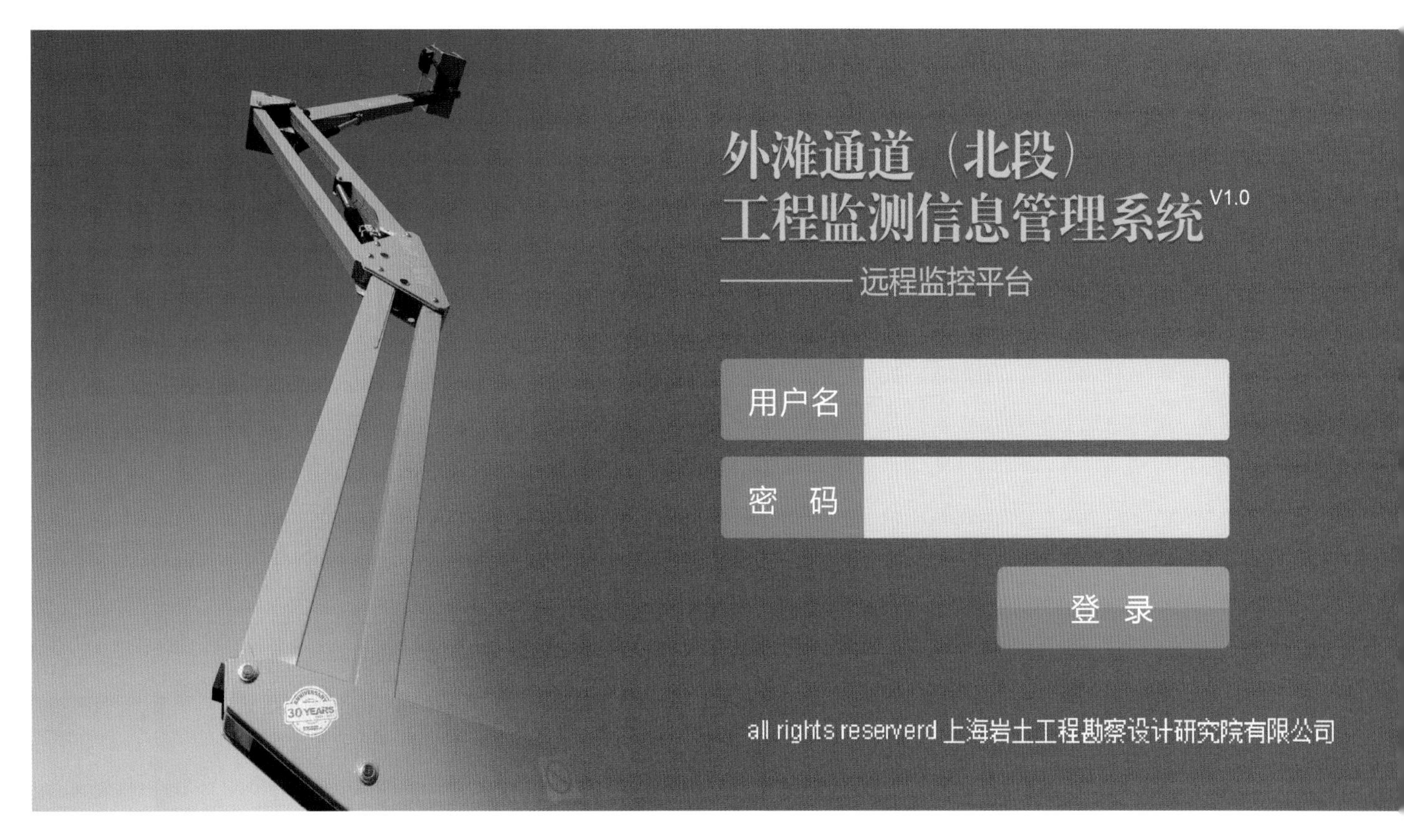

(6) 开发了一套包含岩土、环境、监测等信息的隧道施工安全预警软件“外滩通道（北段）工程监测信息管理系统”，实现了对地质信息、周边环境、监测数据的动态显示和对比分析，将地质数据库与施工监测数据库有效集成，实现了工程安全自动评价，一旦数据超限及时预警，实时反映工程的风险状况，给业主、设计、施工、监理等各参建相关方起到了及时的信息反馈和预警作用。

2011年度上海优秀勘察设计

二等奖

2010 上海世博会世博村（B 地块）

设计单位：同济大学建筑设计研究院（集团）有限公司
合作设计单位：德国 HPP 建筑设计事务所

主要设计人员：周建峰、赵颖、张扬、肖艳文、李伟兴、洪世宣、陈旭辉

世博村 B 地块项目位于浦明路以东，雪野路以西。用地面积 88100m²，总建筑面积 193141mm²。其中，地上建筑面积 152150m²，地下建筑面积 40991m²。

世博村紧邻黄浦江而建，是一组有着良好水环境的“水岸建筑”，而 B 地块则拥有世博村内最大的江景和室外休闲场所。

B 地块的总平面布置充分考虑该区域的城市脉络，采用了与周边现有建筑相协调的设计布局，使新建筑与旧城和谐共生，同时充分利用江景资源。沿江建筑高度 6 ~ 8 层，向着雪野路方向，建筑依次抬高。第二梯度 10 ~ 15 层，第三梯度 16 ~ 20 层。建筑错落布置，打通了沿江观景视线，形成理想的多角度江景通透视廊。

B 地块的设计概念更偏重于诠释公寓式酒店的自由和灵活性。客房平面为全套房设计，借鉴了高级公寓的交通模式，采用单元式布置。每个单元设有一座剪刀梯和两座电梯。这些单元排布在宽 8.1m、进深 14m、层高 3.2m 的网格里，根据使用的不同需求，可以水平或

垂直连接，极大地展现了可持续发展的弹性设计理念。

同时，卫生间采用隐蔽式同层排水体系。除了上下贯通的立管，其他横向支管均设在楼板上。卫浴系统整合在墙体内，在墙体内设置隐蔽式支架，外露部分只有卫生器具本体和配水龙头。地面整洁，清洁极为方便。世博会后，可将卫生间按新的功能布局重新设计、施工，对楼下的功能没有丝毫限制。

在建筑单体的立面造型方面，呈现出简洁明快的国际主义建筑风格。主楼立面采用 3 段式的设计手法：底层 – 中部 – 顶部跃层公寓。浅米色天然石材及金属板和断热铝型材钢化中空玻璃组合的材料极富现代感，固定的百叶窗既是建筑上一个重要的设计元素，又可作为防晒设施。在宽 8.1m、两层高度 6.4m 的统一网格里，设计了三种建筑外立面类型。使整个建筑群体既各具特色，又和谐统一。

18 号是地块内的一幢保留建筑，原为上海溶剂厂锅炉房，始建于 20 世纪 30 年代。修缮的重点是最大限度地保持建筑本身的历史记忆，保证其建筑外立面的建筑艺术风貌特征，并将其融入新的城市结构中。以“建新如旧”为原则，将原建筑具有历史价值和建筑艺术的装饰构件再生和保护。

主楼均采用钢筋混凝土框架 – 剪力墙结构，裙房采用钢筋混凝土框架结构。为了保证建筑空间的灵活运用，本工程采取如下措施：（1）仅在轴网位置设置框架梁，公寓房间内一般不设次梁；（2）楼板采用平板形式（部分大跨楼板采用预应力楼板）以满足房间隔墙的自由分隔需要；（3）框架梁适当位置预开洞以满足设备管线铺设需要，进而节约层高。

中国人民银行支付系统上海中心

设计单位：华东建筑设计研究院有限公司

主要设计人员：向上、陈宏亮、陈磊、盛峰、吕燕生、李鸿奎、李伟刚

中国人民银行支付系统上海中心建设工程位于上海浦东新区张江高科技园区，总用地面积64716.2m^2，形状近似长方形。工程分两期建设，其中一期工程建设用地约56358.2m^2，由生产运行中心及配套的动力楼（合并简称1号楼）、业务管理中心（简称2号楼）、附属用房（简称3号楼）及门卫等单体建筑组成。二期用地8358m^2。

本期工程总建筑面积58142m^2，最高建筑高27.1m，地上最高6层，地下1层。本项目在基地北侧纬三路开设主入口，南侧纬四路开设次入口，通过连通南北入口的曲折形主路将园区划分为东西两个区域。东面为工作区，西面为生活区。工作区中设计有园区主体建筑，围合成“L”形，开口面向张家浜。其中1号楼4层，高23.8m，动力楼2层，高21.4m。二号楼6层，高27.1m。生活区中设计有园区附属建筑，也围合成“L”形，开口面向纬三路。其中附属用房6层，高23.9m，武警用房4层，高22.6m。

由于建筑功能的整合，基地上建筑布局紧凑不松散，同时留出了大面积的整体绿地，使得建筑被绿化围绕，基本做到了建筑隐于林的效果。另外，由于独特的布局方式，使得最多的房间能享受到张家浜、中横港等自然景观，同时避免了建筑之间的对视干扰，从而大大改善了工作与生活环境。

支付系统上海中心工程是人民银行的核心项目，该项目完成后，将成为全国各家金融机构的核心。中心将各家金融机构遍布全球的分支机构的数据交换进行集中处理，确保24h安全、可靠的运行，为国内各家银行提供快捷、高效的金融服务。如果说商业金融机构信息中心是各家银行的神经中枢的话，人民银行支付系统上海中心则是各家金融机构的心脏，其功能是统筹全国金融系统，保障国家金融信息安全，属于国家金融系统重大工程。鉴于该中心在国家银行建设史上具有重要的历史地位，工程建设要体现高可用性、高可靠性、高安全性和技术先进性，建成世界一流的数据处理中心。

机房全景

江苏吴江中青旅静思园豪生大酒店

设计单位：华东建筑设计研究院有限公司

主要设计人员：王浩、施韵、安永利、李萌、杨小琴、朱海勇、孙磊

本项目采用一轴三区的规划理念。一轴——以酒店前广场、石桥景区、酒店主楼、酒店内部景区及静思园大石为一系列，形成空间（三维）及时间（四维）上的主轴线。三区——由南向北依次布置三个区域，酒店入口绿化景区、酒店建筑区及酒店内部景区，内部景区又与其北面的静思园融为一体，共同成为酒店的主要景观。

酒店主要客流由二层南侧进入，最先到达的酒店前广场是一个非常重要的场所，它位于主轴线的端部，是空间序列的起点，由此将旅客的视线引向北面酒店主楼及静思园。紧接着是配有“美人靠”扶手的石桥，不远处就是酒店主楼深挑的入口大雨篷，在此有意采用覆盖式的空间构成手法。主楼二层西侧有联系客房区的室内连廊，因入口大厅靠基地中间设置，故游客能方便地到达每栋客房楼，并通过客梯到达各楼层。

酒店货物、机械可由酒店主楼地下一层东侧的入口进入，在此设有卸货区，货物可由货梯进入其他楼层。

员工由主楼一层西侧的入口进入，并下到地下一层进入员工服务区、后勤办公房，员工可直接在该楼层进行更衣淋浴，再由地下室的服务电梯及一层连廊到达各客房区，通过专用楼梯、货梯在各层开始工作。

整个建筑的立面造型设计透露出江南园林建筑的神韵，并把它们用现代的手法在建筑中充分展现。

酒店建筑作为一个整体，以简洁、大气的设计，给游客完美而深刻的印象，高低错落的坡顶及檐口设计，都体现出传统与现代的结合。

园林建筑的传统元素——白墙、青瓦、金山石基座，在本设计中均能一一体现。传统符号——屋脊吻兽、镂花窗等，都是园林建筑的一大特色，本项目将其保留并进一步概括、抽象化，以现代手法演绎。

旅客出入口延续江南宅院南入口的传统习惯，并沿用了苏州私家园林留园由一条小道曲径通至主入口的做法，主入口由庞东路进入基地南部地块，沿河设置车道，伴着青青飘逸的杨柳，缓缓进入景色优美的前广场及主桥，到达酒店二层的入口大堂。

合肥大剧院

设计单位：同济大学建筑设计研究院（集团）有限公司
合作设计单位：项秉仁建筑设计咨询（上海）有限公司

主要设计人员：项秉仁、陈剑秋、王玉姝 、肖小凌、陆燕、杨民、钱必华

合肥大剧院总建筑面积 60034m^2，主要包括一个1520 座歌剧厅、一个 948 座音乐厅、一个 508 座多功能厅、排演厅、车库、自行车库、公共服务空间、交通辅助用房等部分。交通流线十分复杂，多种功能空间通过精心的设计形成完整的空间序列和高效简洁的内外流线。

大剧院深化设计中涉及建筑、结构、给排水、空调暖通、强电、弱电、声学、舞台、灯光、音响、视线设计、二次装修和环境设计等多个工种。通过良好的施工配合与工程协调，最终保证了工程的高品质与高效率。

合肥大剧院造型独特，空间曲面复杂，以层层交叠的流线型屋面形成优美的天际线。在设计与施工中，实现了幕墙的外观造型与施工技术的完美结合，创造了流畅优美的建筑造型。

通过设置隔声墙体、隔声屋顶、隔声门，并且采取有效的设备消声与隔振措施，厅堂所有材料均经过声学测试，确保了良好的隔声效果。

本建筑采用了大量的节能技术措施，如双层节能屋面、金属外遮阳、双层双中空 LOW-E 玻璃外墙、低窗墙比、太阳能集电板、冰蓄冷、水源热泵、热回收等。

合肥大剧院的建筑形态为椭球形，主体结构采用钢筋混凝土框架－剪力墙体系，剪力墙主要布置在上下贯通的大空间的周围和楼电梯间等处，同时考虑了平面结构刚度的均匀性，形成空间刚度相对均匀的结构体。结构整体分析充分考虑了建筑物的空腔多、结构跨度大等特点，打破平面层的概念，以空间杆件、空间质点的概念对结构运用多套程序分析比较。本工程存在较多的大跨度空间和长悬臂结构，采用后张有粘结预应力混凝土梁、桁架外挑结构、钢桁架结构等多种结构形式。屋面采用钢结构，支承于下部混凝土结构柱上，结构布置一部分采用柱上双向 H 型钢梁，并设置次钢梁作为屋面板系统的支承结构。前区和剧场上方跨度较大，采用平面钢桁架、K 形节点相贯焊缝钢管结构。对于钢结构温度应力的释放采用抗震限位单向滑动支座、V 形撑抵抗水平力等。

中国航海博物馆

设计单位：上海建筑设计研究院有限公司
合作设计单位：德国 GMP 建筑设计责任有限公司

主要设计人员：费宏鸣、杨琳、周晓峰、张隽、朱文、何焰、虞炜

中国航海博物馆选址于临港新城，建筑共四层，平面对称方正，南面临水，位于临港新城主轴线一侧，与马路对面的南汇行政中心遥相呼应。该建筑由一个两层的基座和两个侧翼构成。两个侧翼建筑部分之间是一个非凡的大型壳体结构，该结构在造型上模仿了海洋上航行的帆船的风帆。

一层、二层为主要的展示区域，通过中央共享大厅的自动坡道联系。二层的中心区域是一个巨大的上空空间，其中设置中国帆船。三层和四层布置较小题材的展览，及一些多功能会议和办公研究空间。建筑东翼南北两侧二、三层还分别设置了小型的电影院和穹顶天象馆。中央的帆形壳体提供大型船体的展示空间，同时建筑本身也是人们在户外的参观对象。

航海博物馆两个对置的轻质屋面壳体在广义上表现了海洋这一主题，使人联想起航海的风帆，构成了整个博物馆建筑的重要而富有个性的标志。

本工程设有世界上首例支承在弹性边界上的双曲面单层索网玻璃幕墙，首次完成了复杂曲面索网与网壳刚柔性组合空间结构的建模、找形、结构分析和优化设计，系统地开展了复杂曲面索网与网壳结构的风效应研究，尤其是风振动力响应的分析，开展了能多向转动的索夹节点的抗滑移性能研究，研究开发了新型的角接触关节轴承铰接节点。结构设计还深入进行了索网施工全过程分析并提出了控制指标。

本工程净空高度大于 8m 的展厅设置自动扫描射水高空水炮，代替自动喷淋灭火系统，能在发生火灾时自动探测着火部位并主动喷水灭火。消防给水采用稳高压系统，不设屋顶消防水箱，满足建筑外立面的要求。

整个工程采用燃气直燃型冷温水机组，再配备螺杆式冷水机组作为冷源。燃气直燃机选择以满足冬季供热的需求，不足的冷量由螺杆机负担。在二层屋面两个壳体形成的共享中庭高大空间，设置八个送风柱均匀布置在休息平台，空气由平台下方的机房送至送风柱，再由送风柱侧面设置的喷口送风至人员活动区域。

青岛大剧院

设计单位：华东建筑设计研究院有限公司
合作设计单位：德国 GMP 建筑设计责任有限公司

主要设计人员：崔中芳、吴博、陈春晖、赵磊、陈涛、梁葆春、田园

青岛大剧院选址于青岛市崂山区，毗邻从崂山山脚延伸到海边的新建广场。就像山峰一样，本建筑拔地而起，而像浮云一样轻盈的屋顶环绕其四周，犹如屹立在海水中的礁石。这样一座独特的地标性建筑暗喻着崂山独特的美景。

8 万 m^2 的建筑由 1600 座的大剧场、1200 座的音乐厅和 400 座的多功能厅组成。按照功能分为 4 个区，1 区大剧场设于北部，2 区音乐厅和多功能厅设于南侧，3 区表演艺术研究交流中心设于西侧，4 区演艺人员接待培训中心设于东侧。交通组织方案将大剧院生成的交通与周边道路的综合交通顺利地结合起来。

由 4 个分区的建筑围绕的 4.5m 高的公共区域可以方便地进入每个建筑。在这个大平台下面东侧安排了会议中心和餐厅，西侧则是排演厅和舞台后台。地下室主要是两层高的排演厅、停车库和设备机房。

建筑体块雕塑化的处理唤起了人们对崂山风景直接的联想。建筑的外观就像风景一样，类似于崂山著名的天气情况，大剧院的钢格栅屋顶像浮云围绕着像山峰一样的单体建筑体量。像山一样雄伟厚重的建筑和像云一样轻盈悠闲的屋顶形成了有趣的建筑对话。

对于在室外广场顶部由大跨度钢桁架承重的装饰格栅，其桁架最大跨度 70m，周边桁架悬挑跨度 9 ~ 21m，通过一系列固定支座、滑动支座支承于下部混凝土结构顶部。

由于屋架整体支承于下部四个相互独立的混凝土结构单体上，为了避免下部各单体独立振动对其产生不利影响，通过设置变形缝，将其分为南北两片。北片与大剧院相连的支承点采用固定支座，与其他各单体相连的支承点采用双向滑动支座；南片与音乐厅相连的支承点采用固定支座，与其他各单体相连的支承点采用双向滑动支座。为了保证建筑屋盖外观的整体性，在变形缝位置设计了可沿轴线伸缩、绕强弱轴转动的连杆。

桁架构件主要采用 H 型焊接钢截面。根据建筑要求，屋架不设置水平支撑，为了保证屋架结构整体的水平稳定性，将双向桁架的相交节点设置为刚性节点。配合建筑造型，单榀桁架以及各桁架的高度均变化不一。

重庆大剧院

设计单位：华东建筑设计研究院有限公司
合作设计单位：德国 GMP 建筑设计责任有限公司

主要设计人员：乔伟、傅海聪、陆道渊、孙正魁、钱观荣、任兵、杨琦

重庆大剧院位于江北城江北嘴两江汇合处临江地段，基地面积 68945m^2，总建筑总面积 99010m^2，内有 1850 座的大剧场和 930 座的中剧场，是目前国内仅次于国家大剧院的第二大规模的剧院项目。

一座由一排一排相互错开的宽大的玻璃板构成的、富有表现力的雕塑创造了一个用来隐喻船的造型，从整体看或从侧面看时，宛如一座漂浮在光的海洋上的剧院。光的超现实的光怪绮丽的反射创造了一个现实和虚构的诗般的作品，恰似大剧院的梦幻世界。大剧院并没有由墙面和窗构成的典型立面。由于光从里面透出来，太阳、云彩和水在玻璃复杂的棱面上反射，大剧院仿佛在由光营造出的新颖而神秘的气氛中闪闪发光。大剧院是没有背立面的，建筑物的四周和所有立面都向观众开放。外立面采用的特制的不完全封闭的陶瓷玻璃既满足了立面造型的要求，同时与内层的中空 low-E 玻璃有机地结合起来，形成呼吸式幕墙，完全满足了建筑节能的要求。

剧场观众厅的入口抬高一层，由 10m 标高进入，舞台平面则位于 8m 标高，布景区的两台大型布景电梯使这种超常的布局成为可能，同时也使底层成为贯通的平面，吸引着来往的观众，同时把剧院的所有休息室都连接起来，各种各样的演出和活动可以同时进行，互不干扰。两个剧场有各自的休息室，位于类似于船的‘龙骨线’的纵轴线上，这样在船头和船尾形成主入口区。大剧场和中剧场的观众通过宽大楼梯进入主休息大厅，观众们从这些休息厅可以观赏位于长江和嘉陵江对岸的重庆市天际轮廓线以及科学中心和穿越江北城新区的美丽的林荫大道。

拥有两层楼座的大剧场的几何形体是传统的马蹄形。剧场平面布置中为减少偏座的数量，保证观众有更好的水平视角，经过多轮方案比较，确认了适当加大后区观众视距的长厅方案，这样同时也减少了观众厅的宽度，对声学设计也是极为有利的。设计中 1 ： 20 的声学模型测试及完成后的现场实测均证明了这点。

大中剧场的舞台均为由升降式主舞台、旋转式后舞台、带车台的侧台等组成的品字形舞台，舞台机械功能设置齐全，能满足各种演出形式的要求。大剧场台口宽 18m，高 12m，与国际上多数大型剧场的规模是一致的，中剧场台口为宽 16m、高 8.5m。

本项目所有的后台和服务设施可以按“大剧场”和“中剧场”共享，然而两个剧院的空间布局设计成为功能彼此独立的区域。

玻璃结构的底部可容纳大型的餐饮设施及零售区，还可以利用可俯视城市林荫道的大型平台提供户外餐饮设施。从宴会厅也可以欣赏到长江对岸的全景。宴会厅经过一条露天阶梯与剧院广场连接，因而可独立使用，不受各类活动的影响。

上海中金广场

设计单位：上海建筑设计研究院有限公司

主要设计人员：袁建平、张智佳、贾水钟、叶谋杰、陈勇、邓青、潘利

中金广场项目位于上海徐家汇商业区内，西面隔路相望为天主教堂，南接建国宾馆，北与圣母院相邻，并有地铁和多条公交线路到达的交通便捷优势。

中金广场主要由3幢高层办公楼(分别为中高档、高档、普通写字楼）及裙楼组成，均设有3层地下室车库。裙房一至五层和地下一层局部为商场部分，各楼六层以上为办公用房。办公楼层从使用的便利性出发，采用大空间办公，使用率高，又可灵活布置。以通信为主的智能化功能可满足各种综合性商务的要求。商场布局采用高档精品商店形式，通过上下空间贯穿同时逐渐放大的中庭形成了高档、雅致的商业气氛。

建筑造型为轮廓清晰的整体直线通透体块构成，与周边复杂、多样的建筑形体形成对比。外立面装饰以玻璃、铝板为主，体现简洁、现代、高效、高科技的建筑理念。竖向的肋形装饰条加强了向上的形体感，体现了哥特建筑的细部特征，与保护建筑形成语言上的对话。

本工程一幢办公楼为钢筋混凝土框架－剪力墙体系，平面中有35°转角，另外转角部分分别在十二层、十五层局部收进。一幢办公楼为钢筋混凝土框架－核心筒体体系，结构局部在四层处进行竖向转换，另外主楼在二十层开始局部收进。另一幢办公楼为钢筋混凝土框架－剪力墙结构，单体平面中结构筒体偏置在一侧。主体建筑临近地铁。针对工程各种情况，设计进行局部弹性楼板分析，对核心筒和剪力墙的设置进行反复调整与计算，加强角柱和周边主梁的刚度，转换层通过桁架进行转换等方法，使结构设计符合各项规范要求。

本工程根据各楼商业与办公不同用户及不同区域，设置同一水池，分别设置恒压变频泵组，便于计量与今后维护保养。为节省投资，三幢办公楼消防系统共用，设置一个消防水泵房，一组消火栓及喷淋加压泵。

本工程根据各楼商业与办公不同用户及不同区域，设置不同的空调系统。房间面积大，人员较多有必要集中进行温湿度控制的区域采用全空气系统；小房间采用风机盘管加新风系统。空调系统、通风系统、冷热源采用直接数字控制，并与楼宇MBS联网，达到远程监视、控制、管理的功能。

本工程为了应对大量的出租用户，设计了大规模的计量系统，并把计量系统纳入能源设备管理系统。能源管理系统分为供配电监控装置和计量监测网络两部分。供配电监控装置与监视设备终端之间采用总线结构形式连接。

云南民族大学呈贡校区图书馆

设计单位：同济大学建筑设计研究院（集团）有限公司

主要设计人员：王文胜、曾凡、陆秀丽、黄倍蓉、王坚、徐桓、杨杰

图书馆位于学校中轴线上，作为校园的核心公共空间中心，在满足中央轴线对位的基础上，以舒展的姿态布置建筑体量，与位于校前区的行政楼、科技楼共同形成对中心广场的围合空间。建筑居中对称，水平舒展，门楼挺拔向上，气宇轩昂，为校园标志性建筑。

以反映云南地域特征和建筑文化以及民大人文特征为构思基础，吸取云南多民族建筑的精华元素，对传统线脚加以归纳、简化，采用傣式坡屋顶，用现代建筑语言阐述云南民大的人文历史。

以校区主入口轴线控制规划设计，图文信息中心总体上可分为两大部分：图书馆与报告厅。图书馆6层，居中设置，左右对称，由中央大厅连接四个阅览区组成，建筑形体开阔舒展，四个阅览区两两之间为深入建筑内部的绿化庭院，形成室内外空间的渗透，解决了自然采光和通风的问题，适应当地气候特点。报告厅3层，衔接于南侧，面向南侧校园道路，与图书馆连通并可独立使用。

坚持以人为主、以用为主的指导思想，为读者提供方便、高效、舒适的阅览环境，力求使图书馆不仅是一个藏书、借书与阅览的容器，同时也是一个人与人交流的场所。营造共享大厅、休息厅、空中花园等休闲空间，在读书、研究之余可以怡目养情，体现对人的关怀。

考虑建筑节能、环保的措施。5层通高的共享大厅，既有利于小气候的环境改善，有效促进节能环保，又为大进深空间提供了充分的光线；采用可控天窗装置、可控遮阳百叶装置，尽量采用自然采光、通风，提供舒适的室内气候；中庭绿化、庭院绿化的引入，可改善建筑局部小气候。

计算机网络技术的使用，使整个图书馆形成高度整合的网络，这一网络系统功能的发挥和正常运转是图书馆工作开展的关键。

本方案建筑平面主要采用8.4m×8.4m的柱网，统一层高、荷载，通层为可灵活划分的大空间，各阅览空间内藏、借、阅合一，仅从网络布线及空间使用上进行必要的分区，这种开放式的空间布局能在多层次上满足现代数字化图书馆的实体要求。

上海世博村 D 地块项目

设计单位：上海建筑设计研究院有限公司
合作设计单位：德国 HPP 国际建筑规划设计有限公司

主要设计人员：唐玉恩、周燕、沈宇宏、汤福南、叶海东、何钟琪、桑椹

上海世博村 D 地块项目位于浦东世博国际村内，世博会期间为各参展国家和国际组织人员提供完善的住宿保障。世博会之后，项目作为一个国际化的生活区域继续发挥作用。基地西侧为雪野路，东邻世博村路，西北方向为黄浦江。地块内建有 7 幢中档公寓式酒店，主楼高度按城市天际线和景观面考虑，由北向南和由西向东逐次递减，7 幢主楼错落排布。

各主楼地下一层、地面一层和二层布置有停车库、半室外广场、酒店大堂、沿街商业等；地面三层及以上为公寓式酒店，按一层 8 户设计；屋顶为观景平台。为体现模数化的理念，立面上的窗、空调百叶或实墙面，均以水平面三等分的尺度设置于立面模块中，依据平面的不同可相应调整窗、百叶或实墙的位置，保持整个立面效果的统一和完整，木质百叶也丰富了外观效果。本项目还重塑基地地形，创造山地景观，裙房顶部覆以绿色植物，营造了一个舒适、安全、绿色节能的人居环境。

本工程上部结构形式均为钢筋混凝土框架－剪力墙体系。7 幢主楼下共同拥有一个地下室，地下室被两道沉降缝分为三个区域。每个区域都为大底盘复杂高层建筑，针对主楼部分楼层开大洞的平面不规则等情况，结构设计分别采取了相应的措施。

本工程主楼给水系统采用比例式减压阀进行分区，既节约了造价，又节省了建筑面积。屋顶分别设置生活及消防水箱，以保证水质。热水系统采用导流节能型容积式换热器，既保证了热水的供水水质，又能满足建筑物热水量的需求。室内消火栓系统采用减压阀分区的方式，既能满足消防用水的要求，也有效降低了管网的工作压力。

本工程每套公寓采用一套一拖多直接蒸发式变冷媒流量空气源热泵型空调机组，室内机组采用暗藏风管机，室外机设在室外挑板上。商业及会所等设置集中空调机组，采用全热回收型双螺杆风冷热泵机组作为空调的冷热源。

本工程设置漏电火灾报警系统，同时结合内部电量考核的需求，将电能计量表和漏电采集模块合二为一，大大节省了造价。整个地下一层以车库为主，区域跨度大，采用智能车库引导系统，根据车辆所进的区域，引导车辆至该区域或相邻区域的空停车位。

成都军区昆明总医院住院大楼

设计单位：同济大学建筑设计研究院（集团）有限公司

主要设计人员：张洛先、姚威、罗晓霞、康续翰、徐更、彭宗元、杜文华

按照成都军区昆明总医院总体改造规划，新住院大楼位于老住院楼北侧并与之贴临，北靠医院保障区通道，位居医院景观轴线的北端。由于历史的成因，周边多为体量和形式散乱、标准较低的建筑。其中需要重点考虑的建筑是位于新大楼西南、具有民族风格的医技楼和东南侧先期竣工、现代风格的门急诊楼。住院大楼功能设置包括1200床的住院部和中心手术部、ICU、中心供应、中心药房及配液中心等医技用房。如何处理好各项功能要求，使新大楼成为医院整体改造的积极因素并符合军区提出的面积和造价控制目标成为设计的要点。

基于项目位置和相对庞大的体量，设计采用对称的布局，将高层主体置于前端并以弧形界面塑造，使之与门急诊大楼、医技大楼产生对话，并将左右两侧的绿化自然地衔接起来，契合院内动线和群体环境，以明确、简练、挺拔的建筑形象，展示军队医院建筑性格及时代性。

建筑形态塑造充分考虑不同区域功能的空间要求。对称布局有利于发挥双护理单元的配置优势，宽大平直的裙房有利于医技功能的展开，弧线正面有利于护理单元公共空间活跃氛围的营造、扩大病房景观视角，弧面递退则与病房所需进深对应。

结合昆明夏凉冬暖的气候优势，在裙房屋面设置绿化平台，为住院患者提供更多的室外活动场地。在主楼屋面设置太阳能集热板，充分利用清洁能源。

在保持施工必要间距的前提下，新大楼尽量往南布置，以缩短与门急诊楼、医技楼的距离，同时进一步消除对北侧院外建筑的影响。在建造过程中老住院楼继续使用，待新楼竣工迁移后拆除。

功能设计力求分区明确、使用合理，流线设计遵循医患分流、清污分流、人车分流的原则。

设计将主入口设在南侧，正对门急诊和医技大楼。北面正中作为医护人员出入口，两侧则作为货物和车库的出入口，与基地北面的保障区结合紧密。总体布局做到内外有别，互不干扰。

根据总体规划条件和楼内功能要求，医技功能安排在用地北部的裙房内。一层设住院部大厅和配套社会服务、中心供应、配液中心和中心药房，各区域可以相对独立使用。手术中心设在二层，位置便捷，与中心供应联系紧密。三层设ICU，并结合妇产科位置设置产房。住院部同层由两个护理单元组成，电梯按公共、内部、污物分类设置，方便使用与管理。

西门子上海中心（一期）

设计单位：上海建筑设计研究院有限公司
合作设计单位：德国 GMP 建筑设计责任有限公司

主要设计人员：刘晓平、葛宁、潘东婴、叶海东、叶民、栾雯俊、李云燕

西门子上海中心是西门子（中国）有限公司华东地区办公总部，位于杨浦区大连路长阳路，分两期建成。一期由四栋单体组成，三栋楼均为纯办公用途，另一栋为服务园区的餐厅。整个园区通过严谨规整的平面布局创造一种极具上海特点的里弄效果。各单体建筑的长宽均为严格的模数，建筑之间各方向的间距均统一控制，建筑群成南北两排布置，东西向的通道直线贯通，南北向的两条通道顺建筑布局而错位。

园区建筑群体由数个外形互相平行的直角立方体组成，有些建筑的裙房内部设置了庭院，这些庭院既能让阳光直接照射到室内，同时也是建筑手法上对“里弄”建筑中天井的一种再现。办公楼标准层外立面整体采用盒式单元双层呼吸玻璃幕墙系统，每个单元上下端设置永久的百叶通风口。单元幕墙的保温节能性能相当优异，因而降低了整个建筑的能耗。

本工程运用少量的立面手法和材质统一各楼，而在园区的不同区域实现大气、多变的设计效果。

本工程为钢筋混凝土框架－剪力墙结构，其余各楼均为钢筋混凝土框架体系。地下室底板采用桩筏形式，柱下设承台。地下室顶板采用梁板结构，地下室属于超长结构。 办公楼平面具有筒体偏置的特点，结构扭转效应明显，为克服筒体偏置带来的不利影响，

采取弱化筒体、加强周边构件、在东西两侧增加穿层斜撑等措施，以提高抗扭刚度，使得结构抗震性能验算满足规范要求。

本工程整个空调系统采用了干湿分离的设计方法。选用外呼吸幕墙及玻璃夹心层配智能电动遮阳百叶，大幅减少空调负荷。选用可为干工况工作模式的新型地板空调，同时设计了可开启式外窗与室内地板空调机组连锁控制的模式，节能性与小范围的调节性更好。

在办公区域、门厅等地采用了先进的“DALI”照明系统技术，可根据办公区域内不同团队的位置，随时进行编程，任意组合控制一个或若干个灯的开启。在所有办公区域、会议室等区域大规模地使用先进的“EIB”控制总线技术，把“DALI”灯光控制系统、遮阳百叶、地板空调等总承在一起。根据室外光射入情况对灯光、百叶、空调进行协同控制。

天津滨海高新区研发、孵化和综合服务中心

设计单位：上海建筑设计研究院有限公司

主要设计人员：苏倩、苏超、刘勇、包佐、陈志堂、乐照林、杨磊

天津滨海高新区研发、孵化和综合服务中心行政办公楼布置在基地的东北侧，为开放式办公和单元式办公两种模式结合的16层建筑。整个建筑形体由虚实两个体块穿插而成。北侧外立面轻盈具有雕塑感的玻璃幕墙，与南侧外墙的陶土板形成强烈的虚实对比。

综合服务区和科研中心楼布置在地块的正中。综合服务区由自南向北从正负零到15m的大斜坡顶覆盖。一层以行政服务中心为主，二层是会议中心。餐厅面向北侧人工湖，透过落地玻璃幕墙可以纵观新区整个规划的景观轴线。综合服务区由种植草坪覆盖，正南正北立面为玻璃幕墙。科研中心楼为6层办公楼，紧邻综合服务区。科研孵化楼布置在基地西侧，呈扇形发散布局，并通过连廊与科研中心楼相连，3幢建筑由北向南建筑层数依次递增，顶层设置可上人室外平台，与金属铝板的飘顶共同形成屋顶空间。

本工程为框架－剪力墙及框架结构，基础采用桩＋筏板＋柱下承台形式。由于斜坡贯穿了综合服务区的整个上部结构，并造成在二、三层及屋顶层结构平面有大量的楼板缺失，故除进行整体计算时设置斜柱斜梁计算单元外，另采用有限元程序对各主要轴线上的单榀斜框架作复核验算。

本工程热水系统加热方式采用太阳能热水设备辅以电加热装置，达到节能的目的。生活给水系统采用分质给水，将生活中产生的污水、废水集中排放至室外污水处理站，处理后再用于冲洗便器和绿化浇灌，循环利用。

本工程采用土壤源地源热泵系统，夏季制冷、冬季制热效率高，电力利用效率高，冬季无直接一次能源消耗，有利于节能减排，低碳环保。采用新风回流旁通系统，可提高各类新风空调器新风入口温度和送风温度，解决了寒冷和严寒地区冬季盘管防冻问题并提高了新风送风温度，避免了当地采用电加热防冻的非节能方式，可节省大量运行电耗。

上海高宝金融大厦(东亚银行大厦)

设计单位：华东建筑设计研究院有限公司
合作设计单位：TERRY FARRELL & PARTNERS

主要设计人员：丁琪燕、陈春晖、戴卫伟、陈涛、梁韬、谭奕、田建强

大厦主体分为主翼、东翼、西翼三个造型层次体块，主翼位于东、西翼之间，其立面渐渐倾斜，并从大堂入口楼层一直延续到屋顶层，既显示了动态的轮廓，又突显了主翼的造型；40层的西翼和32层的东翼高低交叠在主翼两侧，它们组织在一起，使大厦产生了起伏的韵律感和垂直向上的挺拔感。三翼各个独立面采用不同的表现手法，利用双表层构件强化层状的规划概念，表现出各面的垂直性和挺拔感，它们耸立在空中，在浦东的天际线上描绘出独特的建筑轮廓，展现了建筑当代风格的设计特征。

采用单元式玻璃幕墙，幕墙单元在专业加工厂组合成形后到现场安装，提高了幕墙的整体性能，获得了高质量的工程品质，并且大大缩短了施工工期。

针对建筑各个朝向面所处的不同环境条件(减少太阳能摄入、缓解冬季热量散失、减少眩光和最大化视野)，玻璃幕墙采用了4个不同的覆层类型，在获得完美外观的同时，既满足了节能要求，又提供了良好的室内办公环境。

标准层平面布局区别于普通的“口”形，分为东翼、西翼两个部分，两翼之间为电梯厅、休息区、会议接待等公共区域。这样的平面布局可以使租户获得相对独立、互不干扰的办公空间，为设立独立门禁等租户特殊需求提供了方便，在提高安全性的同时，兼顾了租户对空间私密性的需求。

在建筑的十五层至十七层、二十九层至三十一层、三十九层至四十层分别设置了三个空中花园，打破固有的办公空间设计模式，融入现代设计中的动感元素，使整体办公格局富于变化，在优化办公室内环境的同时，提升了办公空间品质，满足了客户的个性化需求。

杭州钱江新城核心区城市主阳台及波浪文化城

设计单位：华东建筑设计研究院有限公司
合作设计单位：德国欧博迈亚设计公司

主要设计人员：金瓯、王敏、吴玲红、李祥胜、高玉岭、钱翠文、陈永琪

杭州市钱江新城主阳台及波浪文化城，是一组沿着钱江新城核心区主轴线生长的综合建筑群，北接市民中心，南临钱塘江。

城市主阳台是一座公益性的城市博物馆，建设用地面积为65950m^2，总建筑面积23201m^2，建筑大部分体量架空于江面，沿江面长约322m，部分坐落在岸上，共2层，底层主要功能为展览、旅游、观光、休闲，二层为开放式观景平台，大屋面距江面15.69m。波浪文化城是一个地下空间建筑，分一、二期建设，总占地面积59054m^2，总建筑面积108730m^2，整个工程完全位于地下，共2层，主要功能为商场、休闲、餐饮、停车，地上部分为开放式公园。整体设计运用天窗、大台阶等建筑手法和绿化、水池等景观元素把大自然引入室内，成为一组有机的景观建筑。

城市主阳台是一个比较特殊的建筑，南部很大部分区域悬空于水面，中部跨过防浪堤坝坐落于岸上，北部再越过下穿的之江路与波浪文化城连成一体；同时，倾斜的观景屋面还与消防通道直接连通。地面层为主层面，由波浪文化城向南通过台阶、坡道至开敞的大平台，再向南逐渐过渡到室内，室内空间逐渐再向上过滤，达到沿江面的制高点。

城市主阳台的建筑体态走向呈不规则形态，与江堤的走向相协调。外立面虚实相间，时起时沉。天花板、

地面和墙壁都打了孔，嵌入圆形窗户（值得一提的是，所有观景天窗都经过与吊顶内设备管线核对并避让），这样一方面可以保证室内光线，另一方面可以让游客感觉与天、水连在了一起。

波浪文化城的地面层是一个开放的绿化与景观广场。均匀分布的交通芯筒既限定了此层面的空间，又有货运、客运、设备的功能。地下一层是波浪文化城的主层平面，中心区域主要设置了大型的购物商店，边界区域由一些小规模的商店、服务设施等功能组成，中心区域与边界区域通过灵活多变的步行街和不同规模的广场交织在一起。在这些步行街和广场的屋顶上分别开设了两条相互平行的采光天井和大量的采光天窗，它们不但为地下一层空间引入了宜人的自然光线，而且提供了良好的方位感，临街店面的玻璃门窗进一步强调了室内与室外的有机渗透。

上海港国际客运中心商业配套项目——S-B7 办公楼

设计单位：上海建筑设计研究院有限公司
合作设计单位：英国 ALSOP 建筑设计事务所

主要设计人员：庞均薇、刘艺萍、陆文慷、石磊、朱学锦、卢珊、吴亚舸

上海港国际客运中心商业配套项目位于上海中心区北外滩中心部位，是一个集客运、办公、休闲等现代都市功能于一体的建筑群，也是一种融建筑形态和科技完备概念于一体的超前城市空间。S-B7 办公楼是商业配套项目西端的标志性建筑。

S-B7 办公楼是一座办公、商业综合楼，地上各层均为办公，地下一层为商业步行街，地下二至三层为停车库。步入大厅，有自动扶梯下通地下会议层、商业街，上通景色良好的景观大厅，沿景观大厅的南面出口便进入步行商业街，由步行街通往一系列的高品质公共区域，并贯穿着各类艺术表演、文化展示及美食广场等休闲场所，继而到达码头岸边。多个下沉式广场的设计和大量天窗的运用，使上下层空间相互贯通，地下空间也可享受自然通风和充分的阳光，并创造出丰富的空间层次。平面设计较为规整，核心筒及辅助用房移至北面，办公楼内拥有充足的日照。

建筑造型简洁富有时代特色。柔和圆润的几何结构使建筑物的体量较为丰满，竖向遮阳板强调垂直线条，造型挺拔有力。建筑北向为彩色建筑表面，建筑南向和西向（江景方向）则以干净明亮的透明建筑外表呈现。

本工程地下二层、地下一层楼板沿东、西向一定长度范围内楼板缺失，设计在中间标高处设置结构传力系统，解决了地下室整体传力问题。地下二层、地下一层为了节省层高，减少开挖深度，节约围护造价，采用不规则异形无梁楼盖的结构形式。采用基础梁与基础板架空的形式，使地下室范围内的两条隧道得以通过。办公楼剪力墙核心筒偏于一边，为增强结构整体扭转性能及改善弱方向层间位移角，边榀框架柱采用型钢混凝土柱，边榀柱增加斜撑，确保结构的安全可靠性。

本工程多层办公楼生活用水采用变频供水，减少二次供水污染。厨房污水在地下室设置专用隔油机房，达到污水排放标准以后排至室外。

本工程空调冷水、热水由基地能源中心提供，空调冷热源采用电动离心式冷水机组 + 江水源螺杆式热泵机组的形式。采用江水冷却的离心式制冷机组及螺杆热泵机组，运行效率高。江水冷却可减少噪声污染，改善建筑的视觉效果，亦无运行卫生条件之忧。地板送风空调系统利用架空地板作为送风静压箱，架空地板内安装有带送、回风口的地板风机。

上海黄浦众鑫城二期 B 块办公楼

设计单位：上海中房建筑设计有限公司

主要设计人员：丁明渊、包海泠、杨永葆、徐立群、黄映春、刘志繁、邵颖

黄浦众鑫城二期 B 块办公楼（现名“黄浦中心”）位于上海市黄浦区老西门。项目毗邻中华路环城绿带，西侧与上海新天地咫尺之遥。

基地周边关系较为复杂，规划尽可能减少建筑密度，提高绿地率，绿化设置与老城区环城绿带相呼应。建筑空间、形体关系以及流线组织均与二期办公楼统一考虑。建筑单体简洁方正、色彩稳重，并充分利用东、西两侧新天地和黄浦江的景观价值，减少与南侧已建高层住宅的视线干扰，成为该区域协调醒目的一景。

建筑采用了玻璃与石材结合的单元式幕墙，简洁现代而不失精致。底层大堂为通高透明的玻璃，结合旋转门和彩釉玻璃雨篷，形成通透、尺度适宜的入口空间。在单元式玻璃幕墙两侧选用了内开内倒式外窗，外设固定遮阳百叶；南、北两端凹进的设备平台外侧，也采用了固定百叶的方式，突显出建筑的细部和层次。

建筑平面结合外部景观条件，采用了大空间可变体系，既节省了内部通道，又能根据需求分隔，体现了现代办公建筑高效灵活的特征。整幢建筑共设 7 部电梯，高、低区分置。标准层层高 4.0m，净高 2.7m。底层大堂南北贯通，净高 7m。地下 2 层，设有机动车位 174 个以及物业、设备、餐厅等功能，局部设有玻璃采光顶棚，使地下部分自然采光。

黄浦中心的外墙材料包括 30 厚花岗岩石材及百叶、6+12A+6LOW-E 双层中空玻璃单元式幕墙、深灰色金属构件及百叶、灰色彩釉玻璃、窗间墙及百叶、15 厚单片高透玻璃等。建筑师在施工图阶段即提供了较准确的材料样板，业主和施工单位再根据样板选样，建筑师现场定样，结合幕墙细化，最终完成建筑外墙的设计施工。同时建筑外墙的主要材料和细部构造也适用于建筑景观及室内设计，以表达出建筑由内而外统一的设计语汇。

景观设计既要符合城市总体景观规划，又须有自己的个性，并与主体建筑相协调。黄浦中心的初步景观概念在建筑总体规划阶段就已成形，建成后的景观更像是建筑的一部分，与建筑融为一体。室外景观的视觉中心即沿路绿坡，绿坡设计讲究均质的平面肌理与建筑立面相协调，采取密集排列的带状花池并由内向外倾斜，形成强烈的方向感，与建筑的竖向线条相呼应，形成建筑似破地而出的向上态势，而夜间的景观照明更强化了这一效果。

同济规划大厦（鼎世大厦改扩建项目）

设计单位：同济大学建筑设计研究院（集团）有限公司

主要设计人员：章明、张姿、张晓光、姜文辉、何天森、邵喆、于金岭

同济规划大厦改扩建工程位于上海市杨浦区国康路同济高科技园区内。本工程建设用地面积 3065m^2，由原 12 层高的上海苏艺窗帘绣品厂厂房改扩建为 15 层、高达 70m 的高层办公楼。

因原有建筑的设计文化作用趋于边缘化，所以此建筑的改造定位于在维持原有结构体系的前提下，重新改变其功能定位、文化定位、艺术定位。改变建筑中内向性单一空间的模式，定位于全方位的整合与梳理空间关系。改变原建筑设计中形态关系的松散性与无序性，重组建筑形态，重构形态组合关系，打造条件分明、逻辑关系清晰的全新建筑形象。改变原建筑关联性较低的平面化的拼接表皮，定位于全面改造外立面表皮，取材于富含传统人文色彩的“竹制”母题，使其成为强化建筑形态的有效手段，同时，东西向格栅表皮遮掩了空调室外机的零乱与无序。

为体现科技、生态及节能的原则，在大厦建材及设备的选用上尽量体现高技术、低能耗。

设计秉持了贯穿始终的立面生成的逻辑性原则，在密集嘈杂的城市现实环境中，完成了从无序到有序、从随机到有机的设计理念的转变。具有编织效果的外部界面有效统合了原有厂房的散乱状态，梳理了单体与城市背景的关联，并成功地提升了建筑的视觉丰富度与包容度。从新旧建筑的比照中可以折射出作品所具有的批判性改造方式，表现出建筑师对城市更新现实问题的深入思考与探求，为目前正在进行的大规模的城市改造与更新提供了富于借鉴价值的范例。

苏州润华环球大厦

设计单位：华东建筑设计研究院有限公司

主要设计人员：郑凌鸿、孟丽姣、华绚、陈锴、李传胜、周润、徐霄月

本项目位于苏州工业园区商务商业文化区，周围交通便利。基地占地面积 14896m²。超高层主楼为两栋。办公主楼 44 层，高 188.50m，水平分隔为办公和酒店式公寓。公寓主楼 49 层，高 175.08m。商场裙房 4 层，高 22.5m。地下 3 层，高 14.1m，为停车库及设备机房。该项目是集购物、饮食的大型商厦和甲级办公楼及酒店式公寓为一体的综合房地产开发项目。

设计着眼于在城市的街区创造一幢晶莹夺目、卓尔不群的建筑。设计通过对建筑的适度切割、塑形，富有力度的垂直向上汇聚的简洁线条和材质的转换，在视觉上凸显璀璨、优雅的立体效果。在整个项目立面造型设计上注重考虑两座塔楼与商业裙房的形态关系，建筑材料上通过石材的运用使塔楼和裙房两者有机统一，塔楼上部采用玻璃幕墙形式，晶莹剔透。

本工程由办公及公寓楼 A、酒店式公寓楼 B 和裙楼 C 组成。A 楼采用钢筋混凝土框架－核心筒结构，B 楼采用钢筋混凝土框架－剪力墙结构。结构布置沿双轴基本对称。两栋主楼均采用型钢混凝土柱。

A 楼、B 楼均为钢筋混凝土高层建筑。A 楼二层、三层楼板开洞较大，属于平面不规则中的楼板局部不连续类型。经结构计算，A、B 两楼局部楼层的最大弹性水平位移大于该楼层两端弹性水平位移平均值的 1.2 倍，属于平面不规则中的扭转不规则类型。

针对结构超限情况，本工程按地震安评报告选取计算参数，进行了罕遇地震下的弹塑性变形验算，采用了 SATWE 和 ETABS 进行了对比分析；在取用风荷载时，考虑了风力相互干扰的群体效应；进行了弹性时程分析以判断结构薄弱部位，进行了中震弹性分析以控制结构底部加强区的安全。

虽然主体结构平面规则且基本对称，但由于结构平面中的荷载分布不均匀及水平荷载作用于结构时考虑偶然偏心的影响，两楼的扭转效应仍较明显。在结构设计中采取了一定的措施改善抗扭性能，控制扭转指标，如抗侧力构件的周边化布置、构件配筋率适当提高等。

上海虹桥产业楼 1、2 号楼（临空园区 6 号地块 1、2 号楼）

设计单位：上海建筑设计研究院有限公司

主要设计人员：钱平、寿炜炜、陈众励、徐凤、王彦杰、张伟程、叶海东

虹桥产业楼 1、2 号楼位于上海市长宁区临空园区 6 号地块内，为绿色节能示范建筑。两栋办公楼的地下室相互连通，设置地下车库和下沉广场，使地下空间得以充分利用。幕墙设计选材时严格控制，做到不对周边建筑物产生光污染。2 号楼设置垂直绿化，屋面种植大量绿化。2 号楼南立面选用中空夹芯节能墙体，还采用新型节能型幕墙。节能型幕墙集外倾式幕墙形体、太阳能光伏板、局部呼吸幕墙以及可动遮阳板于一体，优化了围护结构的保温隔热效果。

工程设计节能率 65% 以上，达到《绿色建筑评价标准》三星级设计标准，并获得绿色建筑国家二星级绿色建筑设计标识，同时通过“十一五”国家科技支撑计划——可再生能源与建筑集成示范工程以及国家“双百工程”绿色建筑审批。

本工程为钢筋混凝土框架结构，基础为桩筏基础。地下室顶板之上设置混凝土竖井放置光导管，可以将白天自然光引入地下室。

本工程给水系统采用市政直接供水、恒压变频水泵供水相结合的系统，既充分节约了能源，又保证了供水系统的安全性及可靠性。利用地源热泵热水机组从室外浅层土壤环境中吸取的地热能资源作为热媒的生活热水系统，大大提高了能源的利用率。采用雨水回渗措施，维持土壤水生态系统的平衡。

本工程采用干湿分离独立控制的空调形式。新风采用热泵式溶液调湿新风机组，它是集冷热源、全热回收段、空气加湿、除湿处理段、过滤段、风机段为一体的新风处理设备，独立运行即可满足全年新风处理要求。办公区空调冷热源采用地源热泵机组加水冷冷水机组的复合形式。冬季室内热负荷全部由地源热泵机组承担，夏季地源热泵机组承担部分冷负荷，不足部分则由水冷冷水机组承担。

本工程智能化电网管理系统采用自动计量装置采集各能耗数据，在每层配电间、大容量设备附近等处分别设置计量表具，对空调、动力、照明插座和特殊用电等分开计量。在建筑物南立面及屋顶设置太阳能光伏发电系统。太阳能电池组件采用单晶硅和双晶硅的形式，南立面电池组件与建筑物玻璃幕墙结合完美。地下车库部分区域设置光导管自然采光系统。

无锡市土地交易市场

设计单位：同济大学建筑设计研究院（集团）有限公司
合作设计单位：无锡市建筑设计研究院有限公司、南京东大智能化系统有限公司

主要设计人员：陈剑秋、汤艳丽、刘佳宇、郑毅敏、赵昕、胡宇滨、钦建新

本工程位于无锡市太湖广场西南侧九里基地块北侧，东至规划路，西至运河路，北至文化路，是太湖广场现代建筑群的重要组成部分。

结合该区域的气候特征以及本用地周边环境及道路关系，形成主体建筑以矩形形态为主导，南北两个相错的建筑体量。将建筑主楼部分位于用地中部西侧，以获得较好的景观和朝向，将裙房位于用地东侧，减弱临街面的体量感。在地块的西侧让出一块区域做花园，为办公人员提供了休息的空间，同时成为城市景观的延续。

该项目功能包括对外密切关联的办证大厅、土地交易市场和内部的办公会议功能。根据使用性质的不同和功能逻辑的要求，以人的行为模式和心理感受为潜在的指导原则，将大部分办公用房置于南面以获得良好的朝向和日照，并且提供办公空间弹性变化的潜在可能性。通过中间的电梯厅和中庭等空间作为南北两部分的中介和过渡，形成便捷而清晰的功能逻辑。这样的布局使得各办公单元在享有良好的景观视线和相对的独立性的同时又保持了较好的相互关联性，并且有机地融入到整体场地环境中去。将对外关联密切的办证大厅和土地交易市场置于下部裙房，以满足大空间的结构逻辑要求和空间功能的特殊性。通过中庭共享空间的设置使其与主楼办公空间之间的关联得以有效的控制，同时缓解了大空间使用上人群过度集中所带来的压抑感。

基于建筑环境一体化的设计思路，该项目建筑形象设计的重点在于有机表达整体的场所形象，建立该场所的秩序及多样性和连续性的整体形象特色。富于现代感的浅灰色外墙肌理和玻璃界面的线性构成形成强有力的质感对比，竖向建筑元素的连续性强化了建筑的节奏感和向上的形象特征。整洁的墙面和开放的空间，结合理性的构成方式，表达了现代行政机关建筑的特质和内涵。

华东师范大学闵行校区体育楼

设计单位：同济大学建筑设计研究院（集团）有限公司

主要设计人员：陈剑秋、雷涛、彭璞、盛荣辉、王聂、刘瑾、徐国彦

本项目位于华东师范大学新校区，占地面积 15560m²，基地西侧临校区道路，道路红线宽 10m；北侧临城市铁路，距用地红线 15.5m；东侧为校区运动场地，包括 400m 运动场、网球场、篮球场、排球场等，南侧隔校园广场与学生活动中心相望。

建筑包括体育与健康学院办公教学楼和体育场馆两大部分，均为地上三层。办公教学楼位于建筑西侧，体育场馆位于建筑东侧，两者之间设通高绿化庭院。

南侧主体广场的设计与建筑物主体空间相协调。下沉广场的布置便于师生到达半地下层的场馆活动，同时也使半地下层室内空间室外化，自然生态外部空间的引入使空间得到了延伸；直达二层的天桥设计则充分保证了二层场馆的交通与安全疏散。天桥与下沉广场相结合，创造了丰富变化的主入口空间形态，也成为校区内标志性的生态广场空间。

体育场馆主要功能为办公及运动场馆。办公区为教师办公室、研究生教室及工作室、会议室。体育场馆包括游泳馆、篮球馆、排球馆、乒乓房、体操房、健身房六大部分。

设计中采用了主体空间的设计手法，以半地下层至二层通高的中庭为轴，将六大场馆分设于中庭两侧，健身房、乒乓球室及游泳池设于半地下室，二层设乒乓球馆，三层设排球馆及篮球馆、体操房，其中篮球馆兼作多功能厅使用，可容纳 960 人。

设计中将自然采光通风的通高中庭作为体育馆区的核心轴线，既是室内交通的主要路线，也是师生休息交往的重要场所。鱼骨状的布局方式有利于各运动空间的到达与相互联系，师生们可从南侧下沉广场直接进入楼内或者通过直达二层的天桥直接进入中庭的枢纽空间，然后进入各个场馆。中庭的枢纽空间便于各个场馆的联系，同时也便于卫生间、更衣室等公用设施的共享使用。

上海香港新世界花园 1 号房

设计单位：上海中房建筑设计有限公司
合作设计单位：龚书楷建筑师有限公司（香港）

主要设计人员：虞卫、黄涛、徐文炜、杨永葆、卫青、吴忠林、王翔

香港新世界花园 1 号房地处黄浦区的南端，其南侧紧邻世博园企业馆区。1 号房底层为大堂，二至四层为商业，五层及以上为办公楼层，层高为 4m。

标准层办公楼层平面呈南北向长的椭圆形。核心筒位于中部，形成了框筒结构体系，同时也将沿外墙的整体空间留给了办公功能使用，空间利用率高。建筑立面设计以横向带窗和横向线条组合为主题，结合弧形挺拔的建筑形体和铝板幕墙的质感展现出现代办公建筑的特征。建筑外墙的灯光设计结合线条布置，在夜幕中五彩变幻的水平灯带使建筑增加了时尚的气氛。在世博会期间，1 号房的灯光配合世博会区域的灯光，形成了一道浦江北岸的亮丽风景。

香港新世界花园 1 号房采用钢筋混凝土框架筒体结构体系。本工程按抗震设防烈度 7 度设计，结构抗震设防类别为丙类建筑，抗震等级按 B 类高度建筑确定。主楼结构中部分框架柱采用型钢混凝土组合柱。

地下一至三层利用市政管网压力直接供水；地面一至四层商业裙房设一套恒压变频给水系统，五至三十六层办公楼层采用水泵至高位水箱和减压阀分区重力供水方式，上下分三区。

选用高效率节能型水泵，水泵工况选在水泵性能曲线的高效段。生活、消防用水分区合理。采用节水型卫生洁具及出水龙头。其中商业、办公采用红外感应式洗脸盆水嘴和小便器冲洗阀以节约用水。办公主楼卫生间内热水器采用定时控制的节能型电壁挂容积式热水器，可设定在夜间低电价时运行加热，白天使用，能有效地节约能源和节省电费。

本项目空调冷源由三台离心式冷水机组及一台螺杆式冷水机组组成，对应的冷却塔设于塔楼屋顶。空调热源由锅炉产生的高温热水经换热器换热而得。空调水系统采用四管制异程式系统，分高低区。

本项目在地下层设 35kV 用户变配电站一座，在地下层及 15 层避难层内设 10kV 变配电站三座，分别给地下三层冷冻机房空调设备、大楼低区及大楼高区用电设备供电；在地下层设置一台 1000kW 自备柴油发电机组，作为消防负荷、通信系统、安保等负荷的后备供电电源。

宁波市镇海新城规划展示中心及附属设施

设计单位：同济大学建筑设计研究院（集团）有限公司

主要设计人员：江天风、吴蔚、颜开、钱骏、曹炜、季节、马良

本项目位于镇海新城中心区域，周边即将建设镇海区新市民中心、文化公园和宁波大学体艺中心等一系列重点工程。规划展示中心作为新城建设的组成部分，将用于城市规划建设展览展示、公众咨询及其他相关功能。展示中心不仅仅是贴近公众、宣传镇海区建设历史和建设成就、让市民参与规划和规划管理的文化平台，还将成为提升镇海区城市文化建设水平、对外宣传镇海的重要基地。

新城规划展示中心及附属设施位于镇海新城骆驼街道团桥村，北侧是文智西路，东至西大河，南侧及西侧紧邻其他建设用地。现状场地东西向矩形，地势平坦。由于基地内绿化相对较好，故设计中考虑部分保留。

设计从城市角度出发，考虑建筑的体量和形态布局，使之成为区域标志性建筑，提升城市景观形象。设计中功能布局和人流动线设计合理，区域功能相对独立，内外动静区分严谨；外环境与建筑造型结合，创造了富有特色的空间体验，体现出新时代的开放性和公共性，同时将中国传统庭院所主张的人与自然和谐的观念引入办公空间，营造出一系列宜人的场所；通过空间的收放转换和立体景观的交流形成一系列宜人的场所，将“绿色”引入内部办公环境之中，避免单调乏味的办公空间，创造以人为本的新型办公环境，使工作效率、生态效率和个性特色相互平衡。

展示主入口设置在基地北侧，具有标志性，为公众入口；西侧为办公日常入口；后勤入口单独布置于建筑的南侧。

结构主体采用钢筋混凝土框架，抗震等级三级。混凝土采用C30级，填充墙外墙采用240厚底排封孔小型混凝土空心砌块，内墙采用240厚轻质加气混凝土砌块。

大连国际金融中心 A 座（大连期货大厦）

设计单位：华东建筑设计研究院有限公司
合作设计单位：德国 GMP 建筑设计责任有限公司

主要设计人员：傅海聪、陆道渊、江蓓、牛斌、韩风明、王珏、魏炜

大连国际金融中心 A 座坐落于大连星海广场中轴线上，朝南面海，地上约 11.5 万 m^2，地下约 10.2 万 m^2，高度达 241m，是集数据交换和办公的现代化超高层建筑，项目与另一座建筑（大连国际金融中心 B 座）共同组成气势恢宏的双子塔大厦。

大连期货大厦项目包括 53 层甲级办公楼及附属 4～5层裙房和3层地下室，位于中心轴线上对称布局，与双子座另一大厦及其东西两侧的配套建筑围合而产生了一个长方形广场，面向原有的会展中心，使总体功能分区清晰明确，并在大厦前方营造了延伸到会展路的巨大的广场空间。

地上 53 层塔楼内设期货、银行、证券等行业的近百家金融机构，顶部设置高级会所及观光等公用场所；裙楼地上 4 个自然层，设有交易大厅和会议等多种设施，特别是集数据交换和信息系统切换功能的大型计算机中心；塔楼与裙房及广场地下三层设有设备机房、物业办公室、停车库以及员工餐厅等后勤服务功能。

大连期货大厦外立面的设计充分体现建筑的力学结构，由玻璃和铝合金构成的外立面基于 4.05m 的网格尺寸，通过大厦下部和中部外立面柱的密集化而产生一种形象地表现重力自上而下增加的建筑特征。同时通过自下而上逐渐减少立面柱的数量而达到了一种建筑向上冲击的挺拔态势，如同欧洲的大型哥特式教堂所表现的效果一样，强化了垂直效果，使大厦更显挺拔。顶部各楼层部分向后缩进，只有外立面的网格向上延伸，构成大厦的冠顶，既简洁大气又不失端庄经典。

整座大厦的外立面以上下两层为单元，具有模数化的脉络和逻辑，使制作和安装高效而便捷。

2010上海世博会城市最佳实践区北部模拟街区阿尔萨斯案例

设计单位：同济大学建筑设计研究院（集团）有限公司
合作设计单位：ALSACE ARCHITECTURAL DESIGN INSTITUTE.

主要设计人员：赵颖、蒋竞、罗志远、毛华、陈旭辉、徐钟骏、秦卓欢

本项目建设了一个创新的结合计算机辅助的太阳能搜集和水幕循环系统，包括：

（1）一个密闭的太阳能幕墙系统；

（2）一个充分回收利用水的"水幕"系统，供夏季给建筑降温；

（3）一个供冬季使用的热空气流转系统；

（4）一个自灌溉的绿色植被建筑表皮系统。

建筑的平面每层均被设计为开敞大空间，可灵活分隔布展，在东西两侧设置楼梯间供上下交通。屋顶设一个露台供游人小憩。

本项目较为特别的太阳能系统，位于建筑的南立面，是建筑的精华所在。南立面设计与运行原则分为冬季和夏季两种模式。

水幕系统从外到内有三个层面，外层为太阳能电板和第一层玻璃形成太阳能密闭舱，中间层为密闭舱的空气腔，最后面一层为水幕和承载水幕的玻璃。此系统两种运行模式分别为：

（1）冬天运行：密闭舱关闭

照射到立面的太阳光提供能量给建筑。能量在光电板上转换成电能。电能通过最前面一层太阳能搜集板供应给建筑内部，而光线则直接照射位于第二层后面的房间。

太阳光将滞留在密闭舱内部的空气预热，形成温室，阳光辐射加上光电板后面发射的热量被预热，这部分空气由于升腾作用流进传输管道并被加入到新风中给室内供暖。

（2）夏天运行：密闭舱打开

开启的角度取决于太阳的高度，太阳角度越高，温度越热，近乎透明光电板开启角越大，产生的阴影越大。光电板同时搜集电能供应给水幕循环系统，此时的水幕流动发挥散热作用，密闭舱的空气和沿着水幕流淌的水相连，由于舱体是打开的，空气的流动带走了水幕散发的热量，起到降温的作用。

2010 上海世博会芬兰国家馆

设计单位：上海工程勘察设计有限公司
合作设计单位：芬兰 JKMM 建筑事务所

主要设计人员：张惠良、严华忠、庞立、王阳利、刘坤、郭桃峰、赵素英

2010年举世瞩目的世博会在上海举行，主题是“城市让生活更美好”。芬兰共和国国家馆完美地呼应了这一主题，面积虽然不大，但非常具有代表性，体现了城市生活中建筑崇尚自然、低碳、可持续发展的趋势，带给人们耳目一新的感觉，将美好生活的六大要素——自由、创新、社区精神、健康与自然都完美地融合在建筑、空间和功能设计中。2010 年 10 月 30 日国际展览局在上海颁发了最佳展馆奖项。芬兰馆荣获 B 类展馆的展馆设计金奖。

芬兰馆的外形像一个冰壶，非常奇特，是一个非对称的建筑，表面为白色。展馆的设计灵感来自冰川时期，芬兰还被埋在冰层之下，由于冰川的融化和流动，芬兰地壳岩石上就形成一个洞穴，在这个浑然天成的洞穴深处留下了一块光滑的圆石，被后人称作“瓯

穴”，也就是现在芬兰馆“冰壶”的设计灵感。不对称圆弧形设计令芬兰馆在外形上立刻彰显出它的与众不同。

由于芬兰是一个以渔业为主的国家，设计从中汲取灵感，将外立面做鱼鳞状设计，采用了“鱼鳞外墙”。以标签纸和塑料的边角料为主要原料的纸塑复合材料，表面耐磨，水分含量低，自重轻，不退色。新材料通过了消防的层层检验，充分体现了环保节能的先进理念。

节能、环保、低碳是设计的主题。在不久的将来，城市建筑面临的一大挑战将是如何找到保护资源的可持续建筑方式。这个展馆就是一个可持续建筑的实验室，展示了芬兰对未来城市建筑的解决方案。我们的目标是在建筑方式和维护特点方面开发出节能、低排放和环保的解决方案。

“冰壶”顶部的碗状开口设计，可促进自然通风，且能铺设太阳能电池板，为展馆制冷等设备提供电力。中庭的厚实墙壁构成了一个天然通道，内部便是从入口开始的螺旋状斜坡。墙壁和顶部的开口促进了自然通风，而设施的合理方位、轻质表面的使用以及窗户结构则减少了日照引发的热强度。雨水可从屋顶收集，并导入庭院中的一个水槽。建筑材料都经过严格筛选，以确保将温室气体排放降至最低。

2010 上海世博会上汽 - 通用企业馆

设计单位：上海现代建筑设计（集团）有限公司

主要设计人员：戎武杰、刘缨、方舟、于军锋、李海军、郑兵、王宇

总体布局：

上汽－通用企业馆为一栋四层建筑，南临黄浦江边滨江大道，西北侧相邻园区高架步道，另两边分别相邻企业馆。建筑的东南侧基底位置不超过建筑控制线。西南侧建筑物的结构不越过 10m 地铁控制线，其余建筑则均在建筑红线范围之内。

建筑立面造型：

设计从自然界及汽车工业设计中汲取灵感。曲线、螺旋是汽车工业中重要的造型元素。圆形剧场呈螺旋形，形成了一个富有视觉冲击力的临江景观。

上汽－通用企业馆外围的表皮界面采用高科技金属表皮，质感对比强烈。此外，通过对投影、LED、变色玻璃等高科技手段的应用，使表皮界面产生丰富的肌理变化，让穿行其中的参观者印象深刻。

幕墙的应用：

汽车馆的铝板幕墙有 10000 多平方米，一共有 6000 多块铝板，且每块铝板尺寸相互不一，需要精确的空间定位技术才能把它们最终严丝合缝地确定在一个下小上大的环状螺旋面上。这样的设计效果首先来自空间建模技术，通过相关的 BIM 软件得以实现；其次来自于现场的激光空间扫描定位技术，使得施工的精确度能够控制。

声学处理：

尽管汽车馆是一个临时的场馆，但是业主仍然要求能够给予观众一个完美的视觉、听觉的体验。因此，团队采用集隔声、吸声、保温功能于一体的声学屋面系统及重型墙体或者轻重型相接结合的墙体，将声学处理措施与室内设计进行有效结合。另外，声学根据现场实际提出管线穿墙封堵的声学做法，并控制门窗这些隔声薄弱部位的声学特性，以使汽车馆达到满意的声环境设计要求。

2010 上海世博会丹麦国家馆

设计单位：同济大学建筑设计研究院（集团）有限公司
合作设计单位：丹麦 BIG 事务所

主要设计人员：任力之、汪启颖、章容妍、郑毅敏、刘永璨、张峻毅、杨玲

本项目位于世博园 C 片区 C10 地块，用地面积 $3000m^2$。

丹麦国家馆的主题是梦想城市，安徒生的故乡将为大家带来新的故事。故事里有现代丹麦的今天和未来，有丹麦和丹麦企业为了城市发展和生活水平的全面和谐、可持续性进步，所取得的富有人文主义精神的创新成果。丹麦馆就像一本打开的活生生的童话书。这本童话书结合了艺术、图像、电影、文字和声音，邀请参观者走进童话故事里。您不仅能通过阅读了解到休闲自行车，还能亲自骑一下。

小美人鱼被布置在港湾水池的中央。为馆内唯一的进口展品，参观者不仅能够在入口处和室外，还能够在室内的全景窗中欣赏到她的优美身姿。小美人鱼自从 1913 年以来一直坐落在哥本哈根的 Langelinie 河畔。她在世博期间从丹麦移至上海，作为中丹两国文化对话的象征。同时作为交换，中国艺术家艾未未的作品将被陈列在小美人鱼的原址上。

从平面看，展馆的几何外形是一条经过修正的对数螺旋线，其典型断面为一个宽约 10m、高 4.5m 的矩形钢框架。

展馆被设计成一个巨大的管道，除了二层的办公室以外，内部没有任何分隔墙和门。

在这个空间里布置有：展厅、酒吧、贵宾休息和商店。立面是 150mm 厚的承重穿孔钢板。立面的洞口赋予展厅以自然光线和空气。

进入入口之后，参观者可以通过窗子完整地看到内院小美人鱼的全貌。然后是酒吧的区域。展览从酒吧区域之后开始，一直延续到办公区域。紧邻办公区域设置一部电梯，可供残疾人使用。在经过电梯之后，参观者到达商店。随后，参观者可以选择由出口楼梯至地面或者继续前往屋面。如果参观者到达屋面，可以环绕屋顶游览，然后通过出口楼梯到达地面。

自行车是展览的一部分。自行车道与步行道分离，位于外围。自行车道与步行道不交叉，步行道与自行车道之间设置隔断。

2010 上海世博会中国船舶馆

设计单位：中船第九设计研究院工程有限公司
合作设计单位：SDG（株）构造设计集团、荷兰 NITA 设计集团

主要设计人员：陈云琪、黄建民、黄瓯海、刘和、倪建公、朱江、孙文彤

中国船舶馆位于2010年上海世博会浦西展区的重要位置，西紧邻世博主轴，北正对世博主入口，南临黄浦江，与演艺中心、中国国家馆等建筑隔江相望。世博会期间中国船舶馆主题为“船舶让生活更美好，江南让上海更绚丽”，世博会后中国船舶馆将改建为江南造船博览馆永久保留。

中国船舶馆建于被誉为“中国民族工业摇篮”的江南造船厂原址内。场馆利用原东区装焊车间改造完成。立足于深厚的历史文化资源，设计以“延续江南精神，传承江南历史”为目标，以节能、环保、可持续发展为设计原则。

设计按规划要求，除拆除了影响规划道路和活动场地的最北侧一跨和最南侧两跨柱网外，最大限度地保留了原厂房主体结构，充分利用工业建筑巨大的结构潜在价值。厂房内增设的观景斜廊，利用造型独特的悬索结构支撑在原结构体系上；外立面装饰构件——脊、VIP连廊等也承载于原吊车梁上；膜结构屋面改造充分利用轻质结构替换原来较轻的彩钢板和空间桁架结构。

在厂房南侧设置架空的观景斜廊，从斜廊南望，波光粼粼的江水、气势恢弘的中国国家馆、轻盈简约的海之贝演艺中心尽收眼底，成为世博浦西的“景之最”。斜廊采用悬索结构，造型轻巧新颖，与原结构形成刚柔对比。悬索结构构件小巧，避免了底部的支撑结构，既最大限度地减少了结构构件对观景视线的干扰，又最大限度地保证了底层沿滨江绿地的通透性。

2010 上海世博会日本产业馆及企业联合馆

设计单位：同济大学建筑设计研究院（集团）有限公司
合作设计单位：日本邮政株式会社一级建筑师事务所

主要设计人员：彭璞、史岚岚、张瑞、孟良、刘永璨、杨玲、钱必华、张峻毅

2010 上海世博会日本产业馆及中国企业联合馆项目位于世博园区浦西 D－10 地块，由原江南造船厂船体联合车间改建而成。整个船体联合车间被分为东西两部分。项目总建筑面积 12229m²，其中包括日本产业馆 4443m²，中国企业联合馆 7786m²。

中国企业联合馆秉承“城市让生活更美好”的理念，在原有厂房建筑的基础上进行改造，使旧厂房建筑展现出新的光辉。加建建筑和厂房建筑的地上部分旧有结构基本脱离，体现了清晰的构造逻辑，也减低了改造的技术难度和施工难度。在原有厂房的柱网轮廓中，北侧两跨作为企业展馆，南侧后退 25m 左右作为公共通道。

中国企业联合馆的设计原则为：厂房主体结构完全保留且与新建展馆结构脱开，拆除吊车及外墙材料，修补损坏或缺失的柱间支撑及钢屋架下弦水平支撑。本次厂区内新建展馆对原有主厂房结构的影响很小。新建展馆共两层，为钢结构框架体系，楼面采用楼承钢板上浇细石混凝土，屋面采用轻钢结构体系。

日本产业馆充分贯彻“再利用”的理念，将脚手架钢管作为使用阶段的抗侧力构件，世博会结束后亦

可作为拆除主体结构时的操作平台，实现了节省建筑材料、缩短施工工期、支持环境保护的有效结合。每根脚手架钢管的应力都远小于其承载力设计值，脚手架钢管抗侧力的发挥主要受连接节点强度控制，设计时提出了一系列的性能要求：外部脚手架构件的设计满足相关国家规范，扣件的抗滑移强度值大于杆件的轴力，保证连接扣件的使用性能；纵向杆件及与内部框架连接的杆件在不同荷载组合下受到拉压应力，要求将连接扣件节点采用焊接加强。

2010 上海世博会城市最佳实践区北部模拟街区罗阿案例

设计单位：同济大学建筑设计研究院（集团）有限公司
合作设计单位：丹尼斯德叙建筑师事务所

主要设计人员：赵颖、林琳、罗志远、刘冰、秦卓欢、陈旭辉、罗武

罗阿案例位于城市最佳实践区北部区块办公建筑组团的西端。总建筑面积 3311m^2，其中地下建筑面积 612m^2，地上建筑面积 2699m^2；地上 4 层（局部 5 层），地下 1 层。建筑高度 19.98m。

建筑功能分区一至二层主要为展示和商务区，三层为办公区，四层是餐厅和烹调学校厨房。罗阿案例外墙四周一层以上用竹子围绕，从远处望去，整个建筑像一个由竹子环绕的巨大漂浮物，安置在一层玻璃体之上。建筑不再是一个方盒子，而是一座随着光线不停变化的雕塑。

罗阿案例旨在展示建设节能高效、完美掌握舒适性参数（温度、湿度、照明、声学、空气质量等）、使用环保材料的建筑的可能性。这座建筑既是工作场所，也是舒适的宜居场所。本项目通过使用适合上海特点的技术和工艺，展示罗纳－阿尔卑斯大区企业的设计能力和建设能力。

建筑南面层层出挑的室外平台是本建筑的一大特色。平台采用木结构，由钢架支撑，位于各层通道的出口处，挑空高度 18m，顶部设置膜结构卷帘。平台的设置不但使建筑室内空间得到延续，而且使建筑与非建筑、室内与室外之间进行对话。

木平台不仅是一个宜人舒适的室外交流休息空间，而且它的构造非常独特。平台宽 7.4m，外围是一圈钢框架，中间还有一根钢梁，一根根木梁横跨在钢梁之间，上下交错铺设，用长钢钉固定，每根木梁截面 60mm×240mm，长 3.6m，上面再铺设防腐木面层。

2010 上海世博会新加坡国家馆

设计单位：上海兴田建筑工程设计事务所
合作设计单位：陈家毅建筑师事务所

主要设计人员：王兴田、魏景、史佰通、李佳荔、凌佳、姚合美、陈伟

新加坡馆地上三层，一层为半室外展览空间，夹层为办公及设备用房，二层为展览空间，并设置屋顶花园。

“城市交响曲”是新加坡馆的主题，表达了岛国多元文化的融洽与和谐。建筑物如“音乐盒”造型，表达了参展世博的主题：不同的元素如交响乐团里的每一个节拍——广场上跳跃的喷泉、立面上错落的窗户、每层楼面投射播放的光与影。“流水”与“花园”是两个主要的设计元素，是新加坡成功处理环境的现实，也是新加坡一步步趋向永继生态的理想。四根支撑主体的柱子隐喻了新加坡同在同住、同甘共苦、同乐共活的四大民族。

全程观展的经验令访客身处交响乐旋律中而心感愉悦欢欣。一楼的空间开敞，来访者从远处就能感受到展馆内浮光掠影的投射与各类表演。访客从缓坡慢步而上，旁侧陈列有关新加坡的展品与图片。

新加坡馆外层遮阳围幕降低了馆内的气温。馆内流动的空气、遮阳围幕的窗洞、环绕场地的水池，将一楼大厅调节至舒适的温度。钢结构、铝板等多数建材都可在展后拆除回收。

新加坡馆结构主体为混凝土筒体和双向钢桁架结构，基础为钢管桩。竖向传力构件为 4 个直径 4 ~ 6m、壁厚 400mm 的混凝土圆筒，圆筒直径上大下小，升至二楼楼面，配合建筑需要切除部分圆筒侧面。其余结构均为钢结构。夹层平面的钢梁、二层平面的钢梁、两层之间的腹杆组成空间桁架，固定于混凝土圆筒的侧壁。

2010 上海世博会信息通信馆

设计单位：华东建筑设计研究院有限公司

主要设计人员：杨明、范一飞、万树怡、李合生、黄永强、吴国华、方飞翔

2010年世博会信息通信馆位于中国2010年上海世博会园区浦西片区E片区，地块编号E05-04。用地南侧为苗江路临黄浦江，西侧为世博通用汽车馆，东侧为配套服务设施，北侧为公共广场。世博会信息通信馆作为信息通信行业的领先企业——中国移动和中国电信的展示窗口，体现“信息通信，尽情城市梦想”的主题，立足世界信息通信技术发展历史，探索并展现未来10年乃至更长时间的信息城市生活前景蓝图，展示希望传达的社会责任和精神价值。

世博会信息通信馆用地面积5000m^2，总建筑面积6100m^2，为地上3层建筑。世博会信息通信馆主体为迎宾大厅、前展大厅、主观演大厅、后展大厅等一系列展览区，配套部分商业用房。设置贵宾用房区，可满足不同类型观众要求。

建筑表现为流畅动感的形体。建筑在高度上没有特别大的反差，在较远的距离上展示以完整的外在形态特征。建筑在形体上取消了所有的垂直转角，给人以强烈的流动的感觉。在建筑底部设计的宽阔的出挑，打破一般建筑的均衡感，表达了建筑强烈的动态性格。建筑立面采用单元式的全覆盖的立面。其单元为燃烧等级B1级的聚碳酸酯饰面材料的LED发光体单元。单元板块为600mm×600mm的正六边形。该单元完全覆盖了出入口以外的建筑墙体，表达了展馆建筑全覆盖、无差别的行业发展特征。这种独特的表皮形式，将赋予建筑强烈的个性和“媒体性格”，即通过对发光单元的控制，建筑的表皮可以有无穷的表现力，在夜晚，建筑表皮以“流光溢彩”的效果，成为本区域个性鲜明的建筑。

上海新建路隧道工程

设计单位：上海市政工程设计研究总院（集团）有限公司

主要设计人员：刘艺、杜一鸣、冯励凡、谢明、蒋力俭、薛勇、王晟

新建路越江隧道工程是井字形通道的重要组成部分，服务北外滩及小陆家嘴区域。隧道在浦西北起海拉尔路，沿新建路、海伦路过周家嘴路、东余杭路、唐山路、东长治路穿越黄浦江，浦东进口接银城东路，出口右拐接银城中路，浦西在唐山路布置右转出口匝道，东余杭路布置平行进口匝道，全长 2.4km，其中盾构段 1024m。越江段采用 2 条直径 11.36m 的盾构施工。隧道为城市干道，设计车速 40km/h，双向 4 车道规模。设计的主要特点如下：

（1）首次在国内城市中心区的隧道中采用地面低风井分散排放形式替代传统高风塔，减少对陆家嘴环境景观影响。

（2）首次在国内越江隧道中采用暗埋段顶部半敞开布置，引入自然光，改善隧道通行环境，减少废气集中排放影响。

（3）首次在国内越江隧道中采用峒口设置隔声罩形式，减少对周边住宅的噪声和废气影响。

（4）首次在国内连续成功穿越深槽码头、木桩群、建筑群桩和周边民房，隧道距离桩基群最小间距仅 1m。

（5）首次在国内采用多点进出形式布置越江隧道，并成功实现隧道内部大纵坡分合流，完善了交通功能，节约了工程造价。

（6）首次在上海采用多条隧道管理用房合建的集约化布置，将新建路隧道、人民路隧道和延安路隧道及小陆家嘴接线工程的隧道管理中心四房合一。

（7）首次在上海的越江隧道岸边段采用了单箱双室的断面形式替代传统设计中的单向三室断面，节约了断面宽度，降低了基坑对周边建筑的影响。

（8）完成了多项科研成果，包括《地下交通规划与综合管沟研究》、《城市越江隧道低风井通风关键技术研究》等上海市重大课题，形成了多项专利成果。

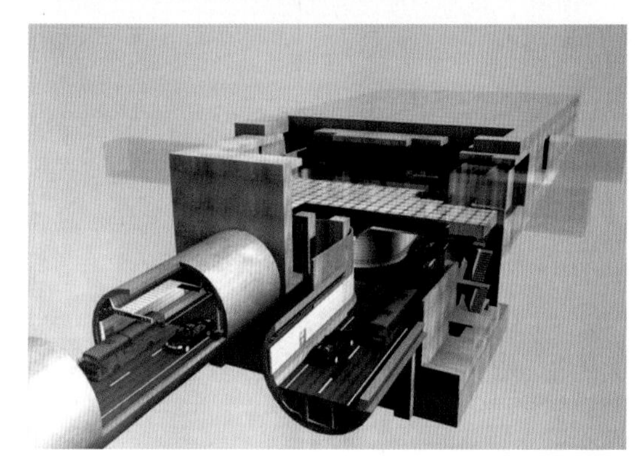

上海市新建路越江隧道工程

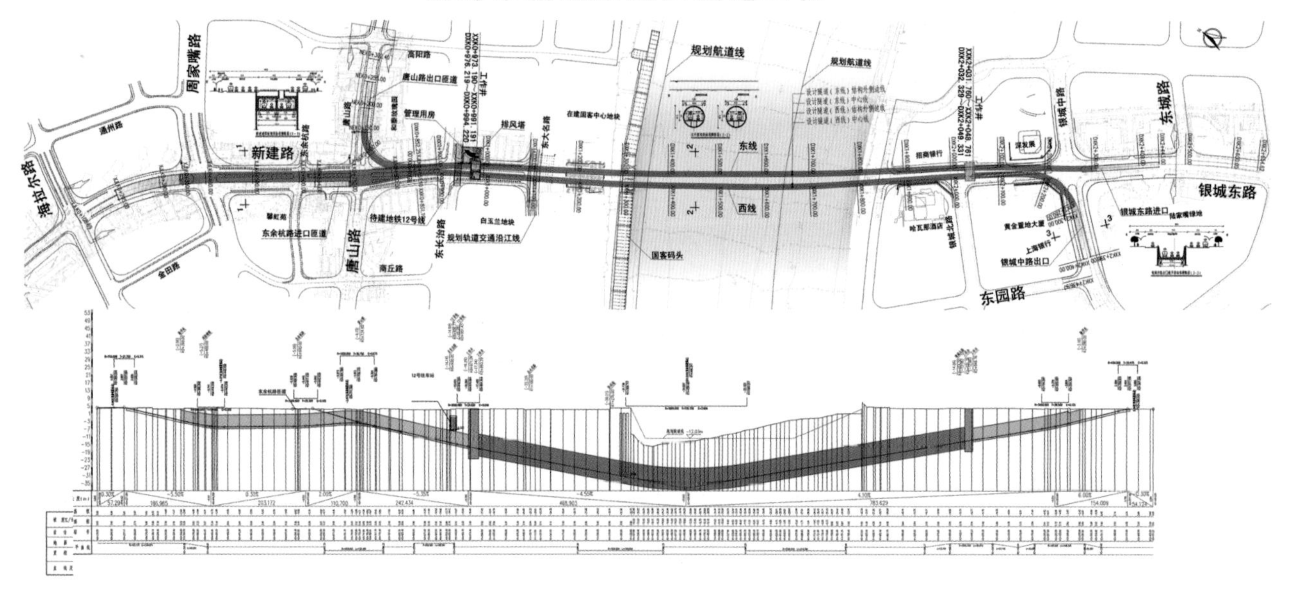

沈阳市五爱隧道工程

设计单位：上海市隧道工程轨道交通设计研究院

主要设计人员：张毅、顾闻、邵可、倪艇、黄仁勇、赵旸、张秉佶

沈阳市五爱隧道是一条明挖法隧道，穿越地点从浑北五爱街穿越浑河至浑南天坛街，工程规模为双向六车道。工程总长1760m，封闭段长度1350m。工程暗埋段采用现浇钢筋混凝土两孔一管廊矩形箱涵结构形式。管廊上层为电缆通道，中部为纵向逃生通道，下层为水管敷设层。单孔三车道结构内净宽12.2m、净高5.30m。顶板最大厚度1400mm，结构最大埋深21m。结构基础形式为天然地基，工程区域主要土层为中粗砂、砾砂、圆砾。工程防水主要采用PVC卷材外包防水。工程通风方式采用射流风机型纵向通风，浑北风塔高15m，浑南风塔高20m。本工程主要设计特点如下：

（1）纵断面设计遵循“节能、安全”的原则，路面结构采用阻燃、防滑的沥青混合料。

（2）充分利用浑河短暂的枯水期，通过在上下游设置土围堰挡水的方式，一次完成河中段结构。

（3）冬季浇筑混凝土时采用特殊的保温设备、保温措施和防冻混凝土，保证混凝土强度满足设计要求。

（4）针对东北寒冷地区，隧道消火栓系统提出了干式、湿式相结合的方式。

（5）隧道监控系统设备采用防冻设备，满足冬季室外工作要求，并提高了隧道管理能力和水平。

（6）隧道照明采用高光效、长寿命的高压钠灯隧道灯具，不仅取得良好的照明效果，相比荧光灯方案还达到了节能的目的，同时还可减少投资、节约运营成本。

（7）供电系统设计安全可靠，接线简单、灵活，变电站设备布置合理、紧凑。

（8）采取的环保措施有：采用合理的线形设计技术标准及指标，隧道两端设高风塔；采用的节能措施有：采用节能的射流风机诱导型纵向通风方式；在隧道暗埋段洞口设置自然光过渡，减少加强照明；大量减少汽车运输距离，从而相应地减少因运输距离增加而造成的能源消耗等。

上海浦东国际机场北通道（申江路—主进场路）新建工程 1 标

设计单位：上海市政工程设计研究总院（集团）有限公司

主要设计人员：孔庆伟、朱世峰、王士林、臧瑜、戴伟、李洞明、谭显英

浦东国际机场北通道（申江路—主进场路）新建工程 1 标又名华夏高架路。工程始于中环线（浦东段）东南转角的申江路立交，终点接入主进场路，路线全长 15.628km。主线高架道路按城市快速路标准，设计车速 80km/h，双向 8 车道。地面道路按城市主干路标准，设计车速 50km/h，双向 6 车道。

从交通需求、环境保护、线形标准、征地拆迁、施工工期、沿线地块的交通沟通、匝道设置、高架景观等方面综合比较，确定原位高架方案。

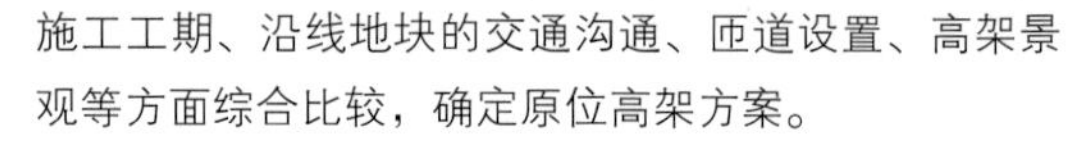

立交节点与平行匝道设计经多方案比较，设置 S20、G1501、主进场路三座枢纽型互通式立交，并满足了主线分合流车道数平衡和基本车道连续的技术要求。

引进最新地基处理技术，根据地质、路堤高度、工程经济多方案比选，对填土高度 ≤ 2.5m、2.5 ~ 3.5m、≥ 3.5m 桥头因地制宜地分别采用二灰轻质填料、双向水泥搅拌桩、PHC 管桩地基处理措施。

通过加深承台埋深，承台基坑采用黄沙回填等综合措施，提高了地面道路行车舒适性。

全线高架采用 OGFC 面层（为本市高架道路首次采用），可提高路面抗滑性能，减少雨天水膜，有效降低噪声，保障行车安全。

高架桥梁采用大挑臂“蝶形”箱梁（为本市高架桥梁首次采用），配以开花式立柱。采用空间有限元程序分析计算，设计方法先进、严谨。平行匝道桥采用落地梁结构形式，以结构代填土，解决桥头跳车问题。

在高架小方井旁增设落底井，便于垃圾清掏，并将出水管的管径放大，与两侧干管检查井沟通，大大增加了排水的安全性。根据对 G1501 周边环境及规划深入研究，将 2 座泵站合二为一，节约用地，减少定员，降低工程投资。

上海 A8 公路拓宽改造工程

设计单位：上海市政工程设计研究总院（集团）有限公司

主要设计人员：顾旻、王士林、陈亮、卢永成、秦健、张瑾、殷志文

A8 公路（G60 沪昆高速公路上海段）拓宽改造工程，位于上海市松江、闵行两区，西起松江区松江立交东侧，东至莘庄立交西侧，全长 18.07km。新建主线收费站设置 26 条收费车道（包含进出各 3 条 ETC 车道）。收费站以西路基向两侧拓宽至双向 8 车道，路基宽度 41.5m，红线宽度 60m。收费站以东主线为双向 6 车道高架桥梁，结构宽度 27m，全长 6.15km；地面辅路为双向 4 车道，路基宽度 28.5m，红线宽度 45m。本工程主要设计特点如下：

（1）设计理念创新，充分体现“人、环境、交通、发展”的总体思想和“以人为本”的设计理念。主线通行能力显著提升，解决了改造前长期拥堵的状况；通过 G15 公路立交、远期嘉闵高架立交逐级分流，减少主线交通流量对莘庄立交和沪闵高架路的冲击；通过增设出入口使地面辅路与地方道路有效衔接，完善了地方路网，缓解了地方道路的交通压力。

（2）精心设计，优化重要节点交通组织。通过增设 2 条连接 A8 公路辅路与沪闵高架路的地道匝道，优化各交通流向之间的交通分隔设施，细化标志标线设计等技术措施。

（3）科学合理确定路基拼宽方案和路面结构加罩补强方案。采用“预应力管桩地基加固 + 石灰土路基填筑填筑”的路基拼宽方案，有效控制路基的不均匀沉降。根据弯沉和路面破损状况检测数据，采用不同的加罩补强方案。路面拼接处采用聚酯玻纤布，以防止反射裂缝产生。

（4）主线高架桥梁上部结构选用多种形式的预制安装结构，以达到保证工程质量、加快施工进度和保护环境的目标。标准段采用 30 ~ 40m 预制小箱梁，跨越铁路节点采用 50m 预制 T 梁，跨越莘砖公路及西郊高架节点均采用 50 ~ 60m 钢与混凝土组合梁结构。

（5）老桥拼宽采用“上连下不连”的方式，即新旧桥盖梁和承台不连接，旧桥边板改换中板后再与新建桥板梁进行铰接，且桥面铺装连续。拼接桥上、下部结构形式原则上与原结构统一，遵循原设计风格，取得了良好的景观效果。

上海外滩交通枢纽工程

设计单位：上海市政工程设计研究总院（集团）有限公司

主要设计人员：俞明健、罗建晖、范益群、徐方晨、周鸣、黄新刚、柳健

外滩交通枢纽工程由地面绿地、地下公交枢纽、地下旅游车集散服务和停车场组成地下3层建筑，总建筑面积约37599m²，建筑高度-12.8m。本工程主要设计特点如下：

（1）空间和功能集约化设计。本工程是国内第一个城市绿地、地下公交枢纽和旅游车集散中心三位一体的综合交通枢纽，体现了城市核心区高强度开发与区域环境友好的新趋势。

（2）地下空间网络化设计。下沉式广场与西侧古城公园地下空间、北侧204地块地下空间相连，旅游车站厅与东侧中山东二路地下空间相连，进而联系黄浦江边水上旅游中心、南侧8号－1地块地下空间，形成区域地下空间网络。

（3）与环境融合的景观设计。地面采取自然园林式设计，花园之下布置公交枢纽、旅游车站厅停车库，功能和景观相结合。枢纽地面景观与周边黄浦江滨水区、外滩、古城公园等相协调，与黄浦江沿岸规划天际线、陆家嘴—城隍庙视线走廊有序融合，成为外滩黄浦江沿线的新景观。

（4）人车分离设计。公交枢纽和旅游车站厅的人行和车行空间之间，都以屏蔽门隔离，塑造安全舒适的人行空间。

（5）不同车行流线分离。公交车北进北出，旅游车南进南出，交通组织有序，避免内部流线干扰以及对地方交通的影响。

（6）采用先进的锯齿形泊位，减小候车区长度，节约空间资源。柱网布置与大型车辆行驶特征流线相结合，并采用autotrack车行流线仿真模拟验算，确保结构和行车安全。

（7）地下空间地面化设计。采用了下沉式空间、采光顶棚、共享中庭等多种设计手法，为旅客提供一个安全、舒适的地下空间环境，同时节约了照明能源。

（8）地下枢纽环境地面化。地下一层公交枢纽侧面全部开敞，节约照明费用，提高地下公交枢纽的安全性。

南昌市洪都大桥工程（南主桥）

设计单位：上海市政工程设计研究总院（集团）有限公司
合作设计单位：南昌市城市规划设计研究总院

主要设计人员：卢永成、陈亮、岳贵平、张洪金、常付平、孙海涛、宋凯

洪都大桥工程位于南昌市路网骨架中的“一环”上，是跨越赣江的特大桥工程。双向8车道，城市快速路兼有公路性质。南主桥跨越赣江南支，由通航孔桥和非通航孔桥组成，全长645m。

1. 桥型方案创新

通航孔桥为85+195+85m双塔三跨单索面钢加劲梁自锚式悬索桥，其跨径为国内同类型桥梁之最。首创独柱三缆的设计造型，突破了悬索桥双柱双缆的传统形象，给人以耳目一新的视觉冲击。独柱塔使得桥梁空间通透，行车顺畅，视野非常开阔。主塔向上采用直线向圆曲线的过渡，塔顶做成弯月状，渐变展开的顺桥向立面，如迎风的渔帆。轻盈挺拔的主塔和纤弯的缆索互相映衬，线条刚柔相济，勾勒出一幅江上远帆的船影。

2. 钢－混凝土组合结构的应用

通航孔桥加劲梁主缆锚固区及塔梁交接处采用了钢－混凝土组合结构，通过焊钉和开孔板连接件来保证钢与混凝土之间作用力的传递，充分发挥了混凝土抗压能力强的特点。

3. 缆吊系统创新设计

通航孔桥采用竖直方向首创三根大缆布置，主缆、下层装饰缆、上层装饰缆之间的间距均约为2.5m。装饰缆为139根直径7.0mm的高强钢丝拉索，在装饰缆外套直径380mm、壁厚3mm的钢管，与主缆直径相同。在受力分配上，主缆承受90%的竖向荷载，上下两层装饰缆各承受5%的竖向荷载。该装饰缆设计成套技术方案与3根承重缆方案相比，结构受力更为可靠；装饰缆在满足景观需求前提下，可辅助主缆受力；装饰缆适当张紧后，通过抖振试验研究，辅助缆力能有效约束辅助缆的风致振动。

4. 设计与施工紧密结合

本工程结合施工期通航要求，加劲梁采用顶推法施工，主跨设置两个临时墩，顶推最大跨度65m。两顶推滑道横桥向间距小，梁体宽。

5. 工程造价控制

对通航孔桥边墩及非通航孔桥墩船撞速度加以区分；加劲梁主缆锚固区及塔梁交接处采用钢－混凝土组合结构；梁底检修车采用了先进的转轨过墩技术；钢桥面下层采用3.5cm厚GA10，上层采用3.5cm厚SMA10铺装结构及Eliminator高性能防水体系等，使工程造价得到了有效控制。

上海沿浦路跨川杨河桥新建工程

设计单位：上海市政工程设计研究总院（集团）有限公司

主要设计人员：臧瑜、张剑英、齐新、李永君、吴东升、周浩、方亚飞

主桥为提篮式下承系杆拱桥，跨径152m，宽度40.5m，包括6个机动车道和两侧非机动车道和人行道。全钢结构主梁，钢箱截面拱肋，桥梁造型轻盈、优美。引桥为预应力混凝土连续梁桥，北引桥2×28m，南引桥4×30m。引桥标准段宽度29.5m，布置6个机动车道和两侧非机动车道。在川杨河两岸的桥两侧，各布置一对行人上下桥的梯道和坡道桥。

因该桥所处位置特殊，桥梁景观受到特别重视。桥梁的建筑景观设计选用恰当的拱肋矢高比和内倾角，拱肋高度上低下高，风撑采用带椭圆孔板的形式，整座桥造型新颖别致，线形流畅圆顺。

该桥主桥采用低高度主梁的桥型方案，缩短了引桥和坡道长度，实现了桥两边与相交道路的顺利衔接，有利于两侧土地的使用。同时也降低了工程总造价。

设计始终注意与施工密切结合，在EPC模式下探索设计工作的新思路。在安全、经济、美观、方便施工等设计原则中找到较佳结合点。

主梁标准段主体结构钢材指标为413kg/m²，主拱主体结构（含风撑）钢材指标为160kg/m²，均比同类桥梁指标先进。

桥梁钢结构的设计考虑到制造、运输和起吊条件和能力，为顺利施工创造了条件，真正发挥了“设计是工程的灵魂”的作用。

主桥采用“先拱后梁”的施工方案。拱肋顺桥向分三个大节段在工厂预制，在现场水中支架上拼装。中间拱肋大节段的水平投影长度78.6m，重量约650t，为复杂的空间结构，重量和长度在国内比较罕见。采用安装临时钢横梁和安装有顺桥向的上层临时拉杆等调整措施，实现了拱肋高精度、高质量合拢。

主梁端横梁是全桥结构的关键部位之一，也是构造和受力最复杂的部位。这里是主梁和拱肋结合的部位，也是主梁系杆锚固的位置，还承受巨大的支座反力。经过精心布置，既保证传力合理、安全，又避免构造上的矛盾，方便施工。端横梁构建了板单元有限元模型分析，确保受力安全可靠。对于这类技术难度高的问题，经过精心设计、妥善处理，取得良好效果。

上海轨道交通 M8 号线南延伸段工程高架区间

设计单位：上海市城市建设设计研究院

主要设计人员：陆元春、王云龙、王凤元 周振兴、闫兴非、马军伟、钱伟强

轨道交通8号线南延伸段工程高架区间长6.3km，上部结构全线采用U形梁，单线小U形断面。施工方法采用整梁预制架设，全线约430根整梁。

全线上部结构除航天公园站后折返线外，均采用U梁结构。全线上部标准梁外形统一，标准梁跨径为30m，非标准跨通过钢束型号和数量调整。对于跨径大于30m的桥梁，采用拓展盖梁解决。基础采用钻孔灌注桩或PHC管桩，为减少沉降，对钻孔灌注桩采用了后压浆工艺。U形梁为国际上最先进的轨道交通桥梁结构之一，其特点为下承式桥梁结构：由道床板和两侧腹板组成，车辆通行在道床板上，两侧腹板兼作栏板及管线挂架。其建筑高度低，为国外多条轨道交通采用。本工程为国内首次大范围应用U形梁结构。在设计过程中，通过对U形梁的结构特点分析，采用国外先进技术并根据中国规范进行适应性计算分析，结合国内施工技术特点和材料特性，对整个结构进行全面的整理研究，得出适应工程应用的设计文件；通过实梁试制，总结出施工关键技术并形成指导文件；通过1：1实梁破坏试验，检验设计、施工成果的安全性并积累应用数据。在上述研究的基础上，进行设计技术、施工技术的深入研究，形成科学的设计方法和适应规模施工的企业工法。

本工程具有显著的社会效益：①加快了工程建设速度，施工周期较常规轨道交通工程减少了6个月左右，降低了对交通影响；②结构造型美观，改变原有高架系统形式单一的弱点；③降低了运营能耗，体现了可持续发展主题；④提高了国内设计、施工水平，与国际先进水平对接；⑤积累了实验数据，为编制专项规范创造了条件。

上海虹桥综合交通枢纽市政道路及配套工程仙霞西路道路新建工程

设计单位：上海市城市建设设计研究院

主要设计人员：姜弘、童毅、徐正良、赵斌、黄蓓、黄丽君、李晶玮

仙霞西路道路新建工程，总长 3338.282m，其中包括：地面道路长 1088.282m；下穿机场隧道北线长约 1730m、南线长约 1718m（含联络通道一座），下穿机场隧道采用盾构法，圆形隧道内径为 10.36m，采用预制钢筋混凝土单层衬砌结构；下穿高铁地道长 610m；另包含管理中心和许渔河桥。

本工程是国内首次采用大直径泥水平衡盾构下穿机场，隧道最大覆土厚度约 12.8m，隧道穿越机场内的滑行道、地下管线等重要设施，环境保护要求极高。设计中根据机场的安全保护要求，对盾构施工的环境影响和控制措施进行了专题研究，提出了针对性的设计方案、施工措施，通过在施工中的严格落实，盾构成功穿越虹桥机场的一系列重要设施，各项控制指标均完全达到机场安全的要求。结构设计中考虑机场地面飞行荷载作用的特点，包括飞机起飞、制动的荷载效应和传递规律，对隧道结构的影响进行了详细计算分析。飞行荷载按照目前日益成为民航主力机型的波音 B747 系列、空客的 A380 系列飞机选取，确保工程建成后能长期安全运营。

场西明挖段 CX6 完工后将有地铁 2 号线区间隧道在其下方穿越。设计中通过调整变形缝的位置，使 2 号线隧道下穿的区域位于同一个结构节段内，减少差异沉降对本工程隧道的影响；同时基坑开挖前在该节段坑底进行适当的地基加固，减小盾构穿越期及运营期对该段结构的影响。

本工程通风采用射流风机诱导纵向通风方式，排烟系统采用射流风机诱导纵向排烟方式。根据环境影响报告对本工程污染物峒口排放的计算分析，对敏感目标处污染物排放浓度与现状污染物浓度叠加后，仍可达到规范要求。本工程不设高风塔，采用峒口排放的方式。

本工程隧道电源设计结合施工临时用电情况，在隧道场西工作井引入 2 路 10kV 进线，高压侧环至场东工作井及控制中心，负担全隧道用电，该 2 路电源还可供施工用电。该方案不仅节约了供电成本，同时缩短了施工工期。

河南洛阳市瀛洲大桥及接线工程

设计单位：同济大学建筑设计研究院（集团）有限公司

主要设计人员：唐嘉琳、徐利平、宗良慧、冯向宇、陈少珍、李春凯、唐虎翔

工程总长1543m，其中桥梁总长1160m，标准段桥宽31m，全桥分为引桥和主桥两部分。主桥为组合式拱桥，由中跨的中承式系杆异型钢管拱桥和边跨的上承式钢筋混凝土拱桥组成，跨径布置为35+3×50+60+120+60+3×50+35m，主桥长为610m。两侧引桥为半互通立交桥。主要设计特点如下：

1. 独创的桥梁造型

考虑地域文化，结合工程环境，创新地采用了九拱相连的组合式拱桥造型。主桥中跨以“月亮”为主题构思。

2. 结合工程实际，进行科学试验

针对本桥的关键部位之拱座处进行了拱脚模型试验研究，通过采用1：5的实体模型试验和理论计算分析，正确把握了拱座处拱肋、主梁、墩固结段的应力分布、传力特性，确定了钢管空间拱肋与混凝土拱座之间的共同作用特性、剪力钉锚固性能、结构承载能力和开裂安全度。

3. 精心设计，降低投资

为使工程投资合理，主要在如下三个方面进行了精心设计：

①采用了恒载无推力的拱桥结构体系，有效地减小了拱桥结构的恒载水平推力，降低了基础规模，从而节约了下部结构的投资。

②中跨主拱肋采用了钢管内充填混凝土组合结构，拱脚处的拱座采用了埋入式钢－混凝土组合结构，主梁采用了钢－混凝土叠合梁，不仅使钢、混凝土的不同材料特性得以充分发挥，同时也节约了上部结构的投资。

③在连拱边孔处采用了主拱圈与桥面纵梁刚性固结的构造措施，形成刚度较大的三角形承重结构，通过设置简支挂孔梁，合理地解决了中承式拱桥与上承式连拱在边孔处的连续过渡问题，使结构受力明确，造型流畅、美观。

4. 景观照明设计

以“金桥银月”为景观照明设计主题，采用传统投光灯与LED灯相结合的照明手法，同时考虑环保、节能，大桥照明采用了智能控制系统。

石家庄市二环快速路提升工程

设计单位：上海市政工程设计研究总院（集团）有限公司

主要设计人员：李进、金哲虎、陆宏伟、石昆磊、陈军、邹德义、赵岳翔

石家庄市二环快速路提升工程全长41.4km，道路规划红线宽60m，道路断面按快速路+主干路形式布置——主线双向6车道，按城市快速路标准建设，设计车速80km/h；辅道双向4车道，按城市主干路标准建设，设计车速50km/h。其中，新建桥梁12.87km，道路24.43km，人行天桥6座，改造地道桥2处。设计特点如下：

1. 道路专业

（1）合理组合道路、桥梁方案，充分考虑近远期结合

考虑二环路沿线开发程度及工程投资规模，总体设计中遵循开发成熟、开发潜力大路段采用连续高架，一般路段以道路为主的原则。同时根据业主要求，对主要节点方案近远期结合进行了一并考虑。

（2）合理布置沿线出入口

出入口布置首先满足主线快速功能的，同时结合区块开发程度，特别重视沿线的交通出行需求，适当加密出入口，体现了“以人为本”的观念。

（3）充分利用旧路材料，体现环保、节能理念

引入了基层冷再生技术，减少外运旧路基层材料近11万m^3；大大减少了新建工程所需石子、水泥等材料的用量。

2. 桥梁专业

（1）根据跨径不同，有针对性地选择桥梁结构形式

标准段采用跨径30m、梁高1.6m的低高度预应力混凝土简支T梁；45～55m的路口处采用叠合小箱梁，用钢量仅385kg/m^2；60m以上的路口处采用可与下部结构同时施工的变高度钢结构连续梁。

（2）考虑整个环路的美观

采用大挑臂倒T盖梁，外挑长度达9.0m，通过盖梁截面的优化，达到了节省混凝土用量、提升景观效果的目的。桩基选用直径1.2m的钻孔灌注桩，节约了投资。

上海市轨道交通 10 号线（M1 线）一期工程吴中路停车场

设计单位：上海市隧道工程轨道交通设计研究院

主要设计人员：朱蓓玲、陈昌祺、宋贤林、李尧、王怡文、居炜、金崎

吴中路停车场位于吴中路以南、虹泉路以北、外环线以东、虹莘路以东的地块，占地 23.34hm²。

吴中路停车场，是国内首座应用全自动驾驶技术的轨道交通停车场，可将正线对列车的运营控制权由接轨站延伸至停车场的全自动运行区域，实现列车的自动“唤醒”、“休眠”和自动清洗，有效提高列车运转效率。

项目建设采用了停车场 + 综合开发的一体化规划、设计、建造理念，利用车场上盖进行综合开发。地面层为轨道交通停车场。在距地面约 8.3m 处设置钢筋混凝土大平台，提供后期上盖开发的条件，部分库房下方建设地下商业空间，并连接其北侧毗邻的 10 号线紫藤路车站。

总平面依地形条件采用尽端式顺向、逆向组合布置方式，紧凑合理，占地 23.34hm²，其中整合出落地开发用地约 7.34 hm²。停车场容车能力 44 列 /264 辆，折合占地指标为 606m²，低于建设标准规定的 900m²/ 车，土地利用率高。

停车场采用现浇钢筋混凝土框架结构，在 8.3m 高处设置一层结构板（总面积约 13.2hm²）。结合混凝土伸缩缝的设置要求，在整个大平台区域内设置有多条伸缩缝和沉降缝，满足混凝土规范的相关要求，并避免因上盖开发荷载的不同造成结构的不均匀沉降。

结构柱网设计时，在满足停车场使用要求的前提下，将柱网的纵、横向柱距控制在 12m 左右，并满足物业开发柱网与平台柱网上下对齐的要求。使得结构跨度合理，避免设置结构转换层，结构体系简单明了。

基础采用钻孔灌注桩基础，以减少桩基挤土效应的影响。根据不同的上部结构荷载，采用不同桩径和桩长的灌注桩，满足桩基承载力及沉降要求。

在地面部分设两条车行匝道连通大平台，作为基础设施预留给未来的上盖物业开发。车辆可从吴中路和虹莘路两个方向上下大平台。

上海嘉闵高架路及地面道路新改建工程（徐泾中路—北翟路）

设计单位：上海市城市建设设计研究院

主要设计人员：刘伟杰、王伟兰、吴刚、徐一峰、王晓明、朱波、王堃

嘉闵高架路为虹桥综合交通枢纽外围快速路系统的“一纵三横”中的“一纵”。分高架道路和地面道路二个独立的系统，高架道路为城市快速路，地面道路为城市主干路。高架道路为双向8车道的规模，长约3.75km；地面道路为双向6快2慢的断面，长约5.5km。工程范围内包括崧泽立交和北翟路立交。设计特点如下：

1. 道路专业

（1）研究深入，考虑周全

结合市整体路网和区域规划，分析区域交通需求，注重与快速路网的衔接，满足虹桥枢纽交通的快速疏解，兼顾解决区域间出行要求。

（2）全寿命设计，可持续发展

充分考虑区域规划因素，为远期的交通发展预留空间。采用“全寿命”的设计方法，尽可能延长道路和结构的使用年限。

（3）意识创新，技术领先

采用新技术，进行钢结构上浇注式沥青混凝土、高架雨水利用等研究应用和设想。

（4）资源节约，环境友好

为了达到工程的质量目标，同时控制和减少工程施工对周边环境的影响，选出可靠、可操作的设计及施工方案，以减少建设期间的噪声、废气等污染。

2. 桥梁专业

（1）工程复杂

沿线需要跨越的障碍物包括河道、地铁、铁路、横向道路及数量、种类繁多的地下管线。设计人员因地制宜地采用不同的桥梁结构形式。

（2）以人为本

本着以人为本的原则，主线高架桥梁选择带弧形大挑臂、轮廓线条分明的宽箱梁结构，该断面形式景观性较好，与周围环境完美融合。

（3）技术创新

针对以往工程中存在的一些问题及缺陷，结合本工程实际情况，设计人员进行了技术创新，在工程应用中取得了良好的效果，技术成果已申请了专利。

世界银行贷款贵阳交通项目油榨街—小碧城市道路工程

设计单位：上海市政工程设计研究总院（集团）有限公司

主要设计人员：赵建新、陈雍春、戴建国、王士林、薛勇、林洋、沈艳峰

本工程是贵阳市“三环十六射”骨架路网中的一条放射向道路，是城区与龙洞堡国际机场交通联系的门户通道，集交通、景观、环境功能为一体。道路路线全长7.08km，包括地面道路、高架桥、隧道、大桥以及立交五种道路敷设形式，主要工程包括：1.39km油榨街高架桥、1.8km图云关隧道、443m鱼梁河大桥以及宝山南路互通立交、兴业西路菱形立交和小碧互通立交。主要设计特点如下：

（1）采用先进设计理念指导工程的总体及各专业设计。从城市道路系统层面研究确定油小线的功能定位和建设规模，立交选型符合快速路路网规划和山区道路特点，性价比最优；能充分体现规划建设超前意识，使工程方案具有前瞻性，满足交通发展需求；注重市政设施与交通管理、沿线枢纽规划的结合，提倡集约化理念，全面提升道路功能。

（2）把握城市总体规划发展方向、交通策略和规划指标，高架段采用“上四下六”规模，隧道段和龙洞堡地面段采用“双六”规模，保证了油小线的功能要求和可实施性。

（3）结合油小线沿线各段的现状建设条件和规划用地，提出了多种道路布置形式，包括高架桥、隧道、地面道路，工程总体设计在满足功能的前提下，具备了实施性强和投资省的两大优点，推进了工程实施进度。

（4）针对山区道路高填深挖的特点，边坡防护工程设计强调动态设计和多方案比选，在确保边坡稳定的同时，注重道路沿线生态景观要求。

（5）油榨街高架主线采用独特的弧形连续箱梁以及双柱花瓶形立柱结构的形式，达到国内、国际先进水平；鱼梁河大桥考虑标准化、模数化、规模化要求，主跨采用悬臂浇筑连续刚构，引桥采用简支变连续T梁结构，加快了施工周期，有效保护了水源环境。

（6）图运关隧道是目前国内最长的、采用矿山法施工的城市道路隧道之一。开创了大跨度、小净距隧道大胆采用经济、美观的前后出洞洞门设计理念，采用最新的分区防水＋可修复的注浆堵水设计，有效地处理了施工时遇到溶洞、煤层等复杂多变的工程地质情况。

上海市崧泽高架路新建工程

设计单位：同济大学建筑设计研究院（集团）有限公司

主要设计人员：海德俊、钟陟鑫、乔静宇、魏华、许慧峰、施新欣、袁胜峰

崧泽高架路采用双向六车道规模建设，连续箱梁结构形式，长约2.7km。G15立交为西侧工程起点，该立交为T形互通，设桥梁空中收费广场一座，广场桥梁总面积23377m^2。匝道均按双车道设计。地面崧泽大道路线全长约2.7km，车道规模为双向6快2慢。地面设置中小桥4座。新建雨污水管道2263m。主要设计特点如下：

（1）高架断面布置中，根据进出虹桥枢纽车辆类型，设置两条小型车道、一条大型车道，在满足交通功能的同时减少了工程造价。

（2）崧泽高架路与G15高速公路节点处设置了全互通立交，合理设置了集散车道及辅助车道。

（3）G15立交为收费立交，收费广场设置在立交东侧崧泽高架主线桥梁上。为减少占地，在高速公路出口采用分批收费设计。同时考虑快速系统客车专用的属性，在满足使用功能的前提下，适当缩小收费岛及收费亭尺寸。

（4）注重细节设计。在桥梁承台与路基结合处采取特殊设计，减少不均匀沉降。高架机动车道采用SMA降噪材料，可降低噪声。

（5）结合路网规划，高架路桥墩布置对规划横向道路交叉口给予了预留，避免了远期横向道路实施时净空、视距等技术标准不满足要求。

（6）地面道路结合公交规划在适宜路段设置公交停靠站，体现了公交优先及以人为本的设计理念。

上海 S32(A15) 公路（浦东段）工程

设计单位：上海市城市建设设计研究院

主要设计人员：陆显华、刘晓苹、侯冠文、吴刚、徐宏跃、黄慰忠、朱波

本工程全长 32.2km（浦东新区 28km，闵行 4.2km），路基宽度 42m，双向 8 车道，全线桥梁长度约 18km，互通立交 5 座，收费广场 1 处。

本工程以全新的理念确定路线方案和规模，在原规划的基础上根据路网分析、发展的需要、交通量的预测结果对建设规模进行了充分的论证，最终推荐双向 8 车道高速公路（120km/h）。

S32 公路（浦东段）全线的桥梁结构比例高（50% 以上），对项目的投资影响大，根据这一特点，全线采用了工程物探，对重点路段和桥梁等特殊工点进行现场摄像、钻探等手段，为技术方案建立了可视、可信、可靠的审核依据。

桥头路基采用路堤桩及单轴双向水泥土搅拌桩。单轴双向水泥土搅拌桩在上海首次采用，需要解决施工工艺、技术标准、验收办法等问题。本工法的采用有效地解决了处理深度问题，节约了投资。

ETC 收费的推广，相应减少了 9 条车道。

路基填料大量采用了长江口细砂，对细砂材料进行了取样和专项的分析报告，进行了专项设计和专家评审，有效地减少了土方，客观上节约了土地资源。

新型榫头形板梁相对传统空心板梁，解决了端部渗水、支座脱空、伸缩装置质量难以保证等问题，提高了结构的横向刚度及耐久性，适应了新的桥梁规范对支座的要求。

针对浦东运河大桥同类桥型裂缝问题，进行了专题调查分析，优化结构抗裂设计，通过改变纵向预应力布置形式改变了预应力盲区，增大了腹板抗剪能力，实际效果很好。

上海市崇明县北横引河工程（一至三期）

设计单位：上海市水利工程设计研究院

主要设计人员：张根宝、程松明、李国林、卢永金、徐福军、张敬国、张尧

工程内容主要包括新开和疏拓北横引河主河道84km，新开外延支河7.5km，新建净宽14m出海闸2座，新建跨河桥梁35座，支河桥梁10多座，防汛道路近20km。主要设计特点如下：

1. 理念先进，"安全、经济、生态"相统一

本工程设计充分体现了"安全、经济、生态"三位一体的指导思想，在满足防汛安全的前提下，选用经济可行的设计方案，融入水环境保护理论，充分利用水资源，体现崇明生态岛特色，注重"返璞归真"的自然生态理念，使河道与田园风光融为一体，并将生态效益和经济效益结合，为实现崇明生态岛的可持续发展创造了良好条件。

2. 因地制宜，科学安排施工工序、工艺和通水运行，有效实现无护砌河道稳定安全

在河道断面设计中，边坡不设任何硬性结构，完全为自然生态结构河道，采用1：4的缓坡，其上植芦苇等原状水生植物，并在4.2m防汛平台上布置沿河绿带。此种设计既体现自然优先的设计理念，追求自然，营造崇明岛自然生态的原貌，体现生态岛特色，又解决了砂性土边坡滑动、坍塌及流土等易发问题，保证河道顺利开挖成形，正常运行。

施工组织设计充分考虑崇明地区砂性土的特点，开挖工艺上采取了分段开挖、分层分部采用不同方法开挖、挖完即放水养护边坡等措施，较好地解决了地基河道边坡易坍塌难以成形等问题。泥库布置在河道安全距离之外，结合泥库围堰取土在四周开挖排水沟，拦截表面渗水，防止河道坡面的渗透破坏。

3. 桥梁布局合理，结构简单，经济实用

本工程沿线新建跨河桥梁32座，跨度为85～94m，新建延伸支河桥梁3座，跨度为55m，桥面净宽5m到10m不等，主航道梁底高程均为7.5m。在桥梁选址时，结合现有桥梁和交通规划，将拟建桥梁优化精简，使其东西方向均匀分布；在桥位总体布置时，多方案比选，布置合理、合情；在桥型设计时，选用较为常见易施工的简支桥梁，外形简单，经济实用；在结构设计时，力求简洁美观，经久耐用。

苏州工业园区污泥干化处置项目一期工程

设计单位：上海市政工程设计研究总院（集团）有限公司

主要设计人员：张辰、卢义程、张欣、李滨、高武、甘晓莉、杨奋

苏州工业园区污泥干化处置项目一期工程按20%含固率脱水污泥计设计规模为300t/d。项目总占地约1.33hm^2，总建筑面积6990m^2，服务污水处理规模35万m^3/d。主要设计特点如下：

1. 干化采用二段法工艺

采用干化＋热电厂混烧的技术路线，是一项国内第一、国际先进的技术路线。工艺设备选择二段法，300t/d总规模设计三条生产线，单条生产线100t/d规模世界最大。该项目是吸收引进国外技术并自主设计的二段法污泥项目。

2. 干化后污泥综合利用达到循环经济目标

设计中集中考虑了能量的重复利用。项目选址位于东吴热电有限公司内，污泥干化热源利用热电厂的余热蒸汽，蒸汽对污泥加热后的热水回到热电厂锅炉系统实现热能的回收，干化的产品作为燃煤锅炉的补充能源发电，焚烧烟气治理充分利用电厂环保设施，循环冷却水利用二污厂再生水；污泥干化第一段产生的干化废热作为第二段的干化补充热源，利用尾气余热对第二段的循环空气进行加热。有效实现了循环经济的技术路线创新——能量的相互利用及系统内部的节能。

3. 尾气处理安全，执行国际标准

污泥干化产品参照美国EPA503条款的A级产品要求，系统的安全设计参照了欧盟ATEX-95安全标准。干化产品送热电厂与燃煤混烧，尾气处理利用电厂锅炉的二噁英系列控制手段。

上海苏州河环境综合整治三期工程——苏州河水系截污治污工程

设计单位：上海市城市建设设计研究院

主要设计人员：朱霞雁、励建全、沈建群、陈书玉、陈建明、周传庭、周国明

工程分排水系统的新建和完善，排涝泵站内河污水收集，分流制雨水泵站旱流污水的截流等，共实施雨污水管道 51km，新建 3 座排水泵站和 3 座旱流污水截流设施，合计规模为 5.2 万 m^3/d。

工程中绝大部分管道敷设在中心城的市政道路上，且部分路段的地质条件相当恶劣。排水管道施工面临着巨大的施工难度和交通压力，施工周期非常紧迫。为了尽可能压缩施工周期，减少对周边交通的影响，同时保证管道和检查井的施工质量，在本工程中的部分路段采用新型塑料井，以充分发挥新型塑料井的重量轻、强度高、抗渗漏、安装方便、耐腐的特点，有利于管道工程的顺利推进。

本工程的实施，为区域内沿线共 13 万 m^3/d 的规划设计污水量提供了最终出路，新增了防汛排涝能力共 33m^3/s，每年减少污染源排江量（BOD_5）15000t/a。进一步削减了排入苏州河及其支流水体的污染物，对稳定苏州河水质起到了积极作用；同时也改善了苏州河一级、二级支流地区的河道景观，给当地居民和旅游者带来好处。

浦东机场外侧滩涂促淤圈围工程——促淤工程2标

设计单位：上海市水利工程设计研究院

主要设计人员：张丽芬、俞相成、刘新成、王月华、舒叶华、吴继伟、欧阳礼捷

工程北起江镇河泵闸以南的机场码头，南至薛家泓泵闸出口，其范围为浦东机场第五跑道的建设用地。主要设计特点如下：

应用平面二维水动力数学模型，对促淤区内流场、流态进行动态模拟计算，利用潮汐规律使库内外水体充分交换，合理确定促淤坝顶高程、纳潮口选址、宽度和堰口高程，一方面使含沙量较高的下层水体在涨潮时能进入库区，另一方面控制落潮流速，延长落潮时间，增加泥沙落淤机会。通过分析类似工程经验、运用泥沙数学模型等多种手段对淤积效果进行预报，选取费用效益最优方案。

提出促淤堤与大堤结合方案，保证了今后圈围的面积，兼顾了圈围大堤必需的消浪、缓流与保滩设施，有效降低了后期圈围费用和实施难度。首次将混凝土连锁块软体排推广应用于纳潮口护底，适应地形变化能力强，且可节省费用。创新地提出施工顺序规划设计，通过多组方案模拟分析，提出护底先行，前期没冒沙外侧顺堤浅部筑堤，中期优先侧堤与隔堤、“T”头保护且南侧堤始终优于隔堤，后期顺堤全面抬升，最后以台阶状构筑堤身逐步形成纳潮口的主要施工步骤，完善了复杂流场下堤坝施工作业准则。

促淤工程自开工至保修期结束约2年时间，库区淤积土方平均厚度达到1.6m，促淤土方约3780万 m^3，实现了短期内最佳的促淤效果。2011年本工程区的圈围大堤已提前建设，促淤堤坝作为圈围大堤的堤脚被完全利用。促淤工程发挥了实施期间的河势过渡，以时间换空间的作用，工程固定了长江口南槽河道的部分南边界，束窄了南槽，有利于南槽向成形河槽转化，同时也为浦东机场以南 -2m 线南汇东滩促淤圈围工程在河势导向上奠定了基础。

苏州工业园区清源华衍水务有限公司第二污水处理厂工程

设计单位：上海市政工程设计研究总院（集团）有限公司

主要设计人员：徐建初、卢义程、张毅、李滨、王敏、王宇尧、高武

一期工程设计规模15万m^3/d，污水处理采用A/A/O生物除磷脱氮活性污泥法工艺。污水处理厂总体设计在技术路线方面将污水一级A达标、污泥干化处置、东吴热电厂冷却水补充水源等问题统筹考虑，实现了循环经济的技术路线。工艺总体设计特点如下：

1. 工艺智能控制实现多模式AAO工艺的节能运行

采用基于ASM2D数学模型的工艺优化智能控制系统对污水处理厂的运行控制参数进行实时在线调控。采用多模式AAO二级处理工艺，使生物反应池可分别按照正置AAO、倒置AAO、除磷AO、脱氮AO等方式切换。为达到一级A的脱氮，设计中采用短时初沉池，保证碳源的有效利用。

智能控制系统与设计灵活的工艺相结合，达到一级A污水处理能耗指标，节能效果在10%以上。

2. 厂平布局环境和谐

设计中将进水泵房、沉砂池、污泥浓缩池、污泥脱水机房等恶臭污染源强度较高的设施集中布置，减少臭气的扩散，对脱水机房重点考虑封闭除臭。

设计中重点优化布置了所有建构筑物的参观通道，保证相邻两个通道入口相距在50～100m。

3. 上开式渠道闸门和集水槽抗浮器等专利技术的首次应用

设计中首次应用了上开式渠道闸门和集水槽抗浮器等专利设备，有效解决了渠道闸门的密封性难题，降低了集水槽结构抗浮要求，有效减少了集水槽壁厚，节省了投资。

上海新延安东排水系统工程

设计单位：上海市政工程设计研究总院（集团）有限公司

主要设计人员：张辰、张欣、肖艳、王瑾、陆晓桢、贺伟萍、邱智泉

本工程沿人民路布置总管，沿四川南路布置连通管，合流泵站总规模 13.25m³/s。工程地点位于外滩中心地带，对功能、景观、环境、安全、交通等各方面要求极高；周边涉及外滩通道等数十项重大市政工程，协调工作繁重；顶管沿线障碍物和管线情况极为复杂；泵站用地极为紧张，平面尺寸受到严格限制，水力流态布置难度大，开放型地下式泵站设计要求高；深基坑围护紧贴外滩防汛墙桩基，需综合考虑安全性、稳定性和经济性；工程实施进度紧迫，受外部条件制约，临时防汛压力重。本工程设计特点如下：

1."三泵合一"：节约中心城区土地资源，减员增效，节能减排

三座老泵站合并为一座新泵站后，自动化程度高，管理人员缩减 60% 以上；泵站用地极为紧张，除现状空厢外，泵站仅占地 $1500m^2$，比同类工程节约用地

30% 以上；系统污水截流倍数由原 1.5 提高至 4，减少了污染物排放，保护了黄浦江水质。

2. 顶管：沿线地下障碍物情况极为复杂，采取特殊的安全保护措施

设计采用直线顶管与曲线顶管结合的线路。选用非标准管节，以减少管节之间空隙过大的不利因素。顶管在穿越人民路隧道时，采取压密注浆的方式使土体密度增大，弥补由于顶管穿越造成的土体损失。采取隔离桩（树根桩或板桩）对老建筑木桩进行保护。

3. 泵站：上海首座开放型全地下式泵站

泵房的布置形式以确保泵站运营安全的前提下满足黄浦江沿岸的景观要求为原则，将变配电间和泵房布置成全地下式，雨水格栅间布置成半地下式，格栅间顶与外滩观光平台连成一体。从泵房的总体水力流态布置，紧贴外滩防汛墙的基坑围护选型，全地下配电间防水防腐特殊设计，大小围堰方案的经济安全性比选，针对敏感环境的除臭特殊工艺选择，全地下泵站设备选型的安全和人性化等各方面，各专业均进行了创新设计。

泵站外观与周边环境有效融合，成为外滩滨水区雅致一景。工程建成至今 1 年多来，抵挡了多次暴雨（包括 70 年一遇特大暴雨）的袭击，为外滩地区的防汛安全发挥了积极显著的作用，达到预期设计目标。

虹桥机场扩建——市政配套工程场区配电工程

设计单位：上海市政工程设计研究总院（集团）有限公司

主要设计人员：刘澄波、罗韶平、陆继诚、王建、王海英、朱冰、吴宝荣

上海虹桥国际机场扩建供电工程是机场的重要能源设施建设工程，内容包括新建两座35kV变电站以及电力排管等配套设施。由于虹桥机场在虹桥综合交通枢纽中的重要性，本工程设置了两座变电站，以保证机场电站不同时受到损坏。为此，采用35kV电压等级，符合机场特有用电设施对容量、供电范围和距离的要求。两座35kV变电站共由3路35kV电源进线，每路外线电源分别采用环入环出的接线为两座变电站内的各一台主变压器供电，35kV电源间不设联络，互不影响，且3路电源分别由上级青虹220kV站和新通220kV站提供，电源站分属两个不同供电分区，供电安全性高。

两座35kV变电站均采用3台主变压器的方案，在满足事故时供电保证率的前提下，提高了变压器的负荷率，有利于节能。3台主变压器对应的10kV侧为3组单母线联络，六分段的主接线。六分段对称分布，管理便捷，操作简单，当一路电源或一台主变压器发生故障时，对应的负荷由另外二台变压器承担全部负荷，满足“N-1”安全可靠的供电原则。10kV采用小电阻接地系统的方式，发生接地故障时保护灵敏，确保设备运行更安全。

35kV开关柜采用GIS设备，接地电阻选用不锈钢接地电阻器，安全性高，免维护，并可解决用地紧张的矛盾。电力排管选用耐高温、易散热、阻燃、耐腐蚀、非导磁性且满足环保要求的复合材料导管。变配电设备自动装置设置了完备的继电保护功能、电源自切功能、调压与闭锁功能等。变电站的监控系统与虹桥机场东部已投运的自动化系统联网，形成一个完整的能源调度系统。

上海临江水厂扩建工程

设计单位：上海市政工程设计研究总院（集团）有限公司
合作设计单位：OTV 工程（深圳）有限公司上海分公司

主要设计人员：陈艳丽、王如华、欧阳剑、刘勇、唐旭东、李秀华、王海英

临江水厂位于上海市浦东新区的南端黄浦江畔三林塘的出口处，比邻徐浦大桥。于1997年8月建成投产，设计规模40万 m^3/d，原水取自黄浦江上游，采用常规净水处理工艺。扩建常规处理规模20万 m^3/d，新建深度处理、污泥处理规模60万 m^3/d。主要设计特点如下：

（1）首次引进国外先进的微砂循环高效沉淀技术。在沉淀池中混凝剂、循环细砂、高分子助凝剂的混合絮凝以及斜管沉淀进行同池节约组合布置，具有处理效率高、出水效果好（出水浊度 < 1NTU，色度 < 5度，藻类去除率达99%）和节省占地面积的突出优点。

（2）首次在黄浦江上游原水受水水厂中采用锰砂和石英砂双层滤料过滤技术，使水厂出水锰控制在0.02mg/L以内。

（3）60万 m^3/d 规模的深度处理采用臭氧活性炭工艺，具有适应性和针对性。

（4）在水处理工艺流程中，采用臭氧接触、氯氨消毒、加碱调质等技术，尤其是采用紫外线（UV）强化消毒技术，进一步保证出厂水质的安全性，同时采用应急粉末活性炭投加措施。

（5）在扩建工程设计中，引进和吸收国际先进的技术和设备，采用多屏障的水质保证措施，使临江水厂在常规处理、深度处理和排泥水处理方面达到现代化水厂的水平。

（6）在平面布置中，充分改造利用现有设施，并用最优化的构筑物形式和布置。

（7）沉降控制要求严格。经过精心计算和设计，应用Mindlin应力公式计算，采用直径500mm和600mm的PHC桩，运行一年多后沉降量一般为25～30mm，平面上沉降均匀，沉降速率明显减缓且趋于稳定。

（8）基坑围护种类多样。采用了水泥土重力挡土墙、钻孔灌注桩围护墙加水泥土搅拌桩帷幕和SMW工法等多种形式。

上海长兴岛电厂圩东侧滩涂圈围工程

设计单位：上海勘测设计研究院

主要设计人员：吴彩娥、王芳、刘汉中、孙永林、陈茹、黄国玲、郑卫华

长兴岛电厂圩东侧滩涂圈围工程位于长兴岛东北侧（已建的电厂圩、永丰圩之间），西、东侧堤轴线基本平行于长江大桥，端部与已建长兴岛海塘顺接。堤线总长3041m，圈围面积为134万m^2。主要建筑物由主堤、龙口、临时排水口、围内吹填、越浪观测口门及排水涵闸等组成。工程为允许越浪的试验性堤防工程，围堤结构及与永丰圩连通的箱涵建筑物级别为3级，排水涵闸级别为2级，其余建筑物级别为4级。

本工程围堤是上海地区首次采用允许越浪（越浪量控制）理念进行堤防设计，围堤的结构形式、观测设计等均较以往的圈围工程有较大突破。通过理论计算、物理模型验证，堤顶高程大大低于工程周边按不允许越浪设计的已建围堤，显著降低了工程造价。

围堤堤线基本按1m等深线布置，根据堤线滩面高程的不同，同时根据按允许越浪堤防设计的要求，分单坡和复坡断面两种形式。排水涵闸布置在本工程围区的东侧已建永丰圩围区内，用于本次圈围区及已建圈围区的雨水、本圈围区越浪水量的排放。涵闸规模为二孔2.0m×2.0m，涵闸底坎高程0.5m。为沟通两个圈围区的排水，在已建围区的西侧堤下埋设钢筋混凝土箱涵，尺寸为二孔2.0m×2.0m，并在箱涵与排水涵闸之间的围堤青坎内侧布置一条随塘河，将围区积水连通并顺利排放。

本工程共布置三个越浪观测断面，以进行允许越浪的观测试验。其中两个观测断面沿堤轴线方向各开设一个6m宽的口门（口门处取消防浪墙），口门顶高程分别为6.00m及6.40m，第三个观测断面沿堤轴线方向宽度也是6m，防浪墙顶高程7.00m。在越浪观测口门处设置了原型观测设施，对波要素、波压力、水位观测、气象（风速风向、气温）、雨量、堤身垂直位移、溅浪形态、越浪流量和防浪墙应力应变及变位进行观测，数据均接入设置在越浪观测房内的终端控制微机上，数据可自动采集和保存。整套系统突破了传统的观测方式，应用了当今水利水电观测方面的先进技术，采用以计算机为基础的数字化设备，建立了比较完善的信息采集和管理系统。

无锡市中桥水厂深度处理工程

设计单位：上海市政工程设计研究总院（集团）有限公司

主要设计人员：郑国兴、许嘉炯、王纵、曹玉萍、黄雄志、郭建华、吴绍珍

无锡市中桥水厂深度处理工程选址于中桥水厂原厂区内拆除部分构筑物后的空地处，臭氧活性炭系统土建及设备安装规模均为60万m^3/d，超滤膜系统土建规模30万m^3/d，设备安装15万m^3/d，前者包括提升泵房、臭氧接触池、活性炭滤池、臭氧发生器间、鼓风机房、综合加药间等，后者包括超滤膜车间、废水收集池、中和水池、调节池等。主要特点如下：

（1）无锡市中桥水厂深度处理工程是国内首座建成并通水的臭氧活性炭+超滤膜组合工艺的大型城市供水水厂，大幅度提高了城市供水安全性。

（2）本工程15万m^3/d规模超滤膜为目前国内最大规模，行业引领和示范作用显著。

（3）60万m^3/d规模臭氧活性炭为华东地区首例，同时也是国内近三年来最大规模，其与超滤膜工艺的联用，将太湖原水处理成优质饮用水，有机物和浊度分别稳定在2mg/L和0.1NTU以下，藻类去除率100%，细菌、病毒、“两虫”去除率分别在4log，3.5log、6log以下，制水系统整体安全性和稳定性达到国际先进水平，成为新工艺、新技术和微污染水处理的示范工程。

（4）超滤膜采用气水同冲形式进行膜擦洗，回收率提升至97%。

（5）膜组件采用上下同时进水，同时产水措施，完善了膜组件内部配水的均匀性；采用标准化及模块化的组件设计，在大大缩短安装周期的同时，进一步确保了系统配水的均匀性。

（6）大量采用组合构筑物形式，如膜处理车间、进水泵房、加药间、展示厅、配电间及控制室、会议室及休息室等功能区组合，提升泵房、臭氧接触池、活性炭滤池组合，臭氧发生器间、鼓风机房间以及综合加药间组合，节省用地约20%以上。

（7）根据地质特点，在不采取地基处理的前提下，合理确定各单体平面布置、埋深及上部结构形式，节约施工工期2个月以上，有效确保了工程进度。

（8）基于节能和投资控制，根据不同工况条件选择设备。

（9）将老系统清水池改造为超滤膜系统进水调节池，在提升系统运行稳定性的同时，节约了工程投资。

苏州城市防洪澹台湖枢纽工程

设计单位：上海勘测设计研究院

主要设计人员：王凌宇、季荣、范永威、黄毅、许尤雷、胡德义、符新峰

整个工程由一座 60m³/s 的泵站和一座净宽 3×10m 的节制闸以及一座 16×120m（总长）的船闸组成，其主要功能是防洪、排涝和通航，节制闸在平水时可通航。

本工程总体设计中，采用泵闸并列布置，将节制闸与泵站、船闸并列布置在澹台湖河道上。为使行洪时水流通畅，水流流态良好，将节制闸布置在中间；西岸河道顺直，东岸河道比较弯曲，为使船舶进出方便、安全，将船闸布置在西岸即节制闸的西侧；考虑行船安全，泵站不与船闸相邻布置，且河道东岸可利用的场地较大，可以布置管理区及副厂房，方便管理，故将泵站布置在东岸即节制闸的东侧。泵房靠岸侧设安装场方便安装、检修，副厂房紧靠安装场布置。

泵站选用 3 台单泵流量 20m³/s、叶轮直径 2.5m 的大型卧式竖井贯流泵组，水泵流道平顺，装置效率高，在同类型的泵站上水泵模型装置试验测得最高装置效率达 75.9%。竖井贯流泵组结构简单，开敞的竖井内设备吊运、运行巡视都非常方便。水泵卧式布置大大降低了泵房高度，占地面积小，与周围景观协调。

船闸闸室采用整体式、底板跨中设铰的结构形式。该形式有效减少了底板的内力，可不进行防渗处理，提高了施工效率，缩短了工期。

船闸闸首启闭机房大梁采用型钢混凝土组合梁，大大降低了主梁断面，能较好地符合建筑设计要求，同时满足结构受力要求。

泵站主电机第一次采用高压、大容量的双层壳体空——水冷却结构，较常规带水冷却器的电机相比，体积明显减小，更适应竖井的布置。

水泵快速闸门采用特殊设计，使闸门在关闭的同时，利用闸门自重，压紧闸门的橡胶水封，不必派潜水员进行水下作业，减小了工作强度，提高了工作效率。

泵站 10kV 主电动机无功补偿采用集中补偿的方式，为适应不同运行工况的要求，电容器分组采用不等容的方案。电容器组进线柜设功率因数控制器，根据功率因数自动投切。

监控软件选用了网际组态软件 WEB ACCESS，通过使用标准的 IE 浏览器，用户可以通过因特网在任何地方用软件的客户端对枢纽中的设备进行监视和控制，并且还能在 IE 浏览器中完成整个工程的建立与运行。

上海封周 110kV 变电站（节能型数字化变电站试点工程）

设计单位：上海电力设计院有限公司

主要设计人员：汪亚伦、吕伟强、曹林放、朱涛、汪筝、钱佳琳、龚春景

110kV 封周变电站是上海市电网内的 110/10kV 降压变电站，变电站最终规模为 3×40MVA 主变容量。站本体为一幢地上二层、半地下室一层的建筑物。主变压器本体与散热器为水平分体布置。主变压器室采用通风百叶窗，主变压器室内的设备采用户外标准，其余电气设备均采用户内标准，变电站采用综合自动化。

作为节能型数字化变电站的试点工程，设计中进行了新的尝试：

在建筑方面，平面布置中充分考虑运用自然通风，并在构造处理上采取节能措施。如空调房间的外墙面采用保温设计，空调房间和需要散热的设备房之间的隔墙采用隔热措施；屋面采用倒置式结构，保温层采用挤塑板，达到轻质保温的效果；门窗方面，在需要保温的设备房间，采用双层保温彩钢板门，中间填设玻璃棉板或矿棉板（毡），窗采用断热铝合金窗框、中空玻璃，达到保温效果。另外在建筑外立面上结合外立面的设计以及建筑朝向，在东侧窗外侧做铝合金遮阳卷帘。

空调系统采用了地源热泵空调技术。

在风机选择上，在季节性负荷变化较大的主变压器室及发热量大的动态无功补偿装置室采用变频风机，保证电气设备间室温的相对稳定，同时又达到节省风机电耗的目的。

室内采用 LED 光源代替传统照明光源。

屋面安装了并网型小型分散太阳能光伏发电系统，所产生的电力作为站内用电电源。

在数字化方面，实现了站内智能装置按照 IEC61850 建模并通信，形成了数字化变电站三层结构；过程层功能下放，形成了数字化开关电气设备的雏形；在国内首次将光纤电子式电流互感器应用于 GIS 设备；应用 GOOSE 报文传送跳合闸命令；用网络通信代替了二次控制电缆。

日立电梯（上海）有限公司建设项目一期工程

设计单位：中国海诚工程科技股份有限公司

主要设计人员：张文联、陈世瑾、孙旻、李燕、张艳艳、郭勇、夏军、李振翔、郑仕群

生产车间由联合厂房一和联合厂房二及电气车间组成，联合厂房一为电梯生产车间，主要有钣金、焊接、喷漆线组成。联合厂房二为扶梯生产线，经主驱动元件及梯级部件两大部件生产线装配完成扶梯生产。电气车间主要生产电梯控制柜。工厂工艺由业主自行完成。

区域现状地形平坦，场地竖向设计为平坡式。竖向设计综合考虑了外围道路的标高，河流水系的水位资料、物流运输、交通、场地排水、雨水组织、建筑景观效果、土方工程量、厂区内外的联系等多方面因素。

全厂设四个入口，南面大门为主要人流交通出入口，东西围墙均设置物流口，北墙开设一个垃圾出口。

厂区建筑风格现代、简洁，大面积采用金属、玻璃等装饰材料，展现了日立电梯专注科技、领先行业的企业特质。办公楼采用中庭来组织内部空间。

厂区注重绿化，为文明生产创造良好的环境，体现现代化企业的精神风貌。

联合厂房一、二为门式刚架，采用经济的柱距和跨距，合理选用钢材标号和规格，每平方米用钢量只有21kg（不含吊车梁）。

办公楼和电气楼为五层和四层钢筋混凝土框架结构。

展示厅为门式刚架轻型钢结构，建筑物的围护结构采用玻璃幕墙。

以上各建筑均采用柱下独立桩基承台。

电源为一路10kV专线电源。整个工厂设置了一套电能管理系统，电能管理实行网络化和智能化。采用高效节能荧光灯，可节能30%。采用节能型变压器，路灯采用光感应控制开关。

江苏太仓金仓湖郊野公园（一期）

设计单位：上海市园林设计院有限公司

主要设计人员：朱祥明、任梦非、许曼、祁佳莹、谭子荣、厉国明、潘鸣婷

本工程位于江苏省太仓市，距离上海市外环线50km，总占地约20hm²。基地原为农用地，地势平坦。紧靠基地原址一侧的是一个大深坑，该坑是被高速公路建设取土方后留下的，深度4.8～6.5m，面积约1000亩(66.7hm²)。

距离上海市外环线50km的江苏太仓金仓湖郊野公园（一期）工程，总占地约20hm²，基地原为农用地，地势平坦。紧靠基地原址一侧的是一个大深坑，该坑是被高速公路建设取土方后留下的，深度达4.8～6.5m，面积约1000亩（66.7hm²）。设计因地制宜，将取土坑改建成生态湖面，沿湖岸设置功能各异、具太仓当地特色的景观空间，并融入了当地市民喜爱的户外体验活动项目。主要设计特点如下：

（1）总体规划设计围绕金仓湖西南岸线展开，由北向南分别规划了疏朗草坪区、百花喷泉区、赤足游园区。

（2）综合分析太仓植物资源特色，发挥其潜在的价值，结合自然野趣的景观要求，通过人工干预和自然淘汰的协同作用，营造独特的郊野公园植物景观。

（3）该项目最主要的设计技术之一是雨水资源的收集和综合利用。

（4）该项目最重要的设计创意点是“水滴涟漪”的设计理念与复合型观赏草的自然融合，为游客营造出“春繁花、夏浓绿”的特色观赏草景观。

上海彭浦公园改造工程

设计单位：上海市园林工程有限公司

主要设计人员：吕志华、万林旺、洪绿娇、潘怡宁、尹豪俊、何翔宇、张丽伟

彭浦公园位于上海市闸北区共和新路场中路，西、南、北三侧均为居民小区，是彭浦新村绿化配套工程。公园主要游客群体为老年人。彭浦公园各项服务功能因年久老化，给广大游客休憩带来诸多不便。

彭浦公园改造工程从完善规划布局、改造基础设施、提升文化内涵、营造景观特色等方面入手，保护现有乔、灌木，调整公园布局，重建道路、供电、排水系统，改造水体，增加活动场地，对各类管理服务建筑进行修缮和改建，优化植物配置，完善便民措施和无障碍设施，使公园更加符合周边居民休闲娱乐需求。改造后的公园以观龙亭为中心，将中式园林水景与现代风格的景观大道融为一体，成为公园的主要特色。保留修缮原有十二生肖雕塑，点缀于公园广场绿地内，通过寻找十二生肖的过程来增加游客与景观的互动性。整理原有绿化，丰富植物品种，使乔、灌、草搭配疏密有致，在营造丰富视觉层次的同时使观景视野更开阔。为解决公园原有整体水循环不畅的问题，将地下管道重新铺设，使雨水、污水分流处理；将原有的混凝土、广场砖、广场地坪铲除，使用透水材料；针对原有富养化严重的景观水体进行清淤处理的同时，在水体内栽植具有自净能力的水生植物，营造水环境的自我循环。在改造厕所的同时，安装空气过滤设备，确保厕所及周边的空气流畅。

江苏昆山花桥国际商务城生态公园

设计单位：上海市园林设计院有限公司

主要设计人员：庄伟、钱成裕、黄慈一、许曼、陆健、周乐燕、李雯

本项目生态恢复与重建的主题是：生态、生活、生机。创新要点如下：

（1）通过合理水系规划，将不同高差的取土坑联系在一起，形成不同大小、深度、用途的水体。

（2）为防止场地内原遗留垃圾的污染，对水体内的污染物利用水生维管束植物来大量吸收、转化水中有毒有害物和重金属物质。

（3）通过去除恶性杂草种群，引导和控制当地野花植物的生长发育，营造独具特色的乡土性野花草甸。

（4）栽植各类蜜源植物和鸟嗜植物，形成候鸟栖息、迁飞景观。

（5）将昆山当地所修建的具有历史价值的桥作为设计原型，将它们等比例重建于生态公园内，增加公园的历史气息。

（6）应用太阳能、风能发电的新技术为路灯及部分建筑提供清洁环保的能源。

具体措施如下：

（1）保留与调整并重，合理改变废弃地的现状。

（2）自然与人工相结合，有效改善污染水质。

（3）筑山与理水相协调，营造生态驳岸和自然地形。

（4）自然与野趣并重，形成生态稳定的地域性植物群落景观。

（5）合理利用清洁能源，创造生态低碳的活动空间。

2010 上海世博会城市最佳实践区南部全球城市广场

设计单位：上海市园林设计院有限公司
合作设计单位：同济大学建筑设计研究院（集团）有限公司

主要设计人员：费宗利、章明、谭子荣、田森、陆健、潘其昌、张毅

全球城市广场设计以“城市”为主题，以“伞”作为基本的设计元素对主题进行演绎。

“城市之光”主题广场位于全球城市广场的中心位置，通过铺地材质和颜色的组合拼贴形成一幅抽象的世界地图，并以地面暗藏的地灯点亮各主要城市位置，从而用光的形式表现出国际化、全球化背景下的城市生活图景，充分体现世博会的“城市，让生活更美好”这一主题。

城市之鸽主题休闲区位于Y形主轴东西两侧，主要作为游客休憩使用，配置休息座椅及厕所、售卖等配套服务设施，Y形主轴与三角形环路东西两底角所围合的区域分别布置城市最佳实践区展览序厅、售卖部、功能援助点和厕所，休息座椅自Y形主轴向四周逐级升高，自然形成两组配套服务设施的屋顶。连绵起伏的遮阳膜通过若干个正反放置的圆形“漏斗”连接起来，横跨在座椅上方，形成这一区域的遮阳体系，东西两片遮阳膜相互呼应，如同白鸽的双翼，载着“和谐，发展”的世博理念飞向天际。

世博华盖主题观演区由舞台和观演区两个部分组成，舞台位于由Y形主轴和三角形环路顶角围合成的水域中，舞台两侧波浪状高低起伏的地面构成层次丰富的广场空间供游人休憩，同时将车库出入口、烟囱、进排风井等地面构筑物与地景完美融合。散落在舞台两侧的数十只“伞”构成了这一区域的遮阳体系。高低错落的伞阵宛若簇拥在广场四周的巨大“华盖”，构成了丰富的天际线，同时形成两组趣味性的休闲空间，伞面上印制的参展城市主题词进一步强化了空间的主题。

上海浦东南路景观综合改造工程

设计单位：上海浦东建筑设计研究院有限公司

主要设计人员：李雪松、韩璐芸、赵国华、龚杰、吴英姿、陈红、金博

浦东南路浦东大道至济阳路段，全长9.4km，是世博会10km^{2}管控区的边界，是承载2010年上海世博会交通的最主要的城市干道之一。浦东南路区域基础较差，尤其是张杨路以南，与陆家嘴和世博园区整体环境反差较大。主要表现在：道路拥堵、建筑陈旧、绿化空间小、夜景灯光不足等方面。因此对浦东南路在建筑、景观绿化、公共设施、夜景照明这四个方面进行了全面改造。围绕“和谐对话——现代都市风景线”的理念，通过系统化的城市设计，以人为本，环境为源，体现“城市，让生活更美好”的世博理念，展示具有海派文化精神的城市意向。改造后在世博期间为游客提供一个能够体现浦东发展水平和地域特色的“便利、舒适、美观、简约”的街道景观环境。

整体改造方案突出以下创新特色：

（1）城市元素统一整合：提出了城市道路功能与形态系统化、景观化的新理念。对建筑、景观绿化、公共设施和灯光夜景四大要素进行整合，使浦东南路展现出和谐、包容的海派文化新风貌，成为现代都市的一道新风景。

（2）空间格局层次清晰：通过点、线、面的格局梳理，对建筑等大尺度体块的外形和灯光进行包装和更新，使之成为统领道路景观的标识物。通过立体绿化、双排行道树、风格各异的主题景点、绿带中的花链、路旁休闲小空间为浦东南路上行人提供了一个氛围热烈、穿行停留舒适的宜人场所。

（3）绿化景观个性鲜明：以“绿廊、彩链、花岛”为主题打造缤纷花道特色景观。行道树和绿化隔离带是构成浦东南路绿化景观的最主要元素，香樟和悬铃木双排行道树构筑起绿色长廊，有效弥补了绿地缺乏、绿量不足的现状局限。采用立体绿化使植物景观向周边空间延伸。植物品种选用世博期间表现良好的观赏品种及市绿化局推荐的新优品种。为世博的游客展示出上海新的绿化建设水平。主题植物立体花坛突出亮点。在路口及视线交汇的节点绿地布置了四个以植物造型为主的立体花坛绿地。土壤改良促进了良好的植物景观效果。

（4）环保技术体现低碳：设计上通过使用节能型LED光源、透水型树穴盖板、透水铺装等多种方式，同时对道路原有植物进行保留和回迁利用，充分表达了低碳环保的理念。

上海松浦三桥新建工程勘察

设计单位：上海市城市建设设计研究院

主要设计人员：蒋益平、项培林、汪孝炯、徐敏生、赵玉花、陈伟宏、李平

松浦三桥新建工程为松卫公路工程（北起北松公路，南至320国道，南北走向，全长12.75km）跨黄浦江特大桥节点，上游有同三国道横泾桥，下游有嘉金高速公路黄浦江大桥。

拟建主桥跨径组合为80+140+140+80m，采用预应力混凝土连续梁结构，黄浦江中设置1个主墩；南岸和北岸的跨径组合分别为6×20m+5×22m和5×22m+7×20m；桥梁总长度为920m，宽度为26.5m，属特大型桥梁；道路全长为1650m。

1. 主桥勘察方案

拟建主桥为特大桥，水域主墩1个(23.4m×13.2m)、陆域主墩2个(25.3m×12.1m)，综合设计和规范要求，借鉴类似经验，确定主桥勘察方案：水域主墩布置3个勘探孔（考虑斜桩影响范围），陆域主墩每墩布置2个勘探孔。

2. 静力触探采用专利技术

静力触探孔最大深度为80m。为提高静力触探贯入能力，减少深孔偏斜量，除采用常规勘察手段外，施工时还采用了两项专利技术：静力触探泥浆灌入式扩孔器，鼠笼式热交换器。

3. 主桥桩基工程建议

在收集上下游黄浦江特大桥桩基经验的基础上，提供以下推荐意见：

（1）桩型选择

区域为黄浦江水源地保护区，场地内⑦2层厚度大，沉桩阻力很大，建议江中选择贯入能力较强的ϕ900钢管桩；陆域主墩邻近黄浦江驳岸，建议选择无挤土效应、性价比高的大直径钻孔灌注桩。

（2）桩基持力层选择

江中主墩可采用⑦2层作为桩基持力层。岸上主墩可选择⑦2或⑨层作为桩基持力层。主桥边墩荷载相对较小，推荐边墩选择⑦2层作为桩基持力层。

2010 上海世博会专用越江通道——西藏南路越江隧道工程勘察

设计单位：上海市城市建设设计研究院

主要设计人员：蒋益平、项培林、汪孝炯、徐敏生、储岳虎、蒋燕、赵玉花

拟建隧道为两条平行隧道，盾构外直径 11.36m；设置 2 处旁通道（江中和浦东旁通道底标高分别为 -30.0m 和 -31.4m）、1 处江中泵房（位于圆管片内）、2 座风塔（高约 30m）和 1 座 3 层管理用房。隧道江中段隧道底标高为 -26.5 ~ -36.0m，两岸隧道底埋深为 19.5 ~ 40.4m；浦东和浦西工作井埋深为 24.0m，矩形段埋深最大埋深约为 17.0m。

1. 勘察方案

根据不同拟建物勘探孔采用合理的方案，如盾构段、主线的暗埋段和敞开段结构边线总宽度较大，采用网格状布置；匝道结构边线总宽度较小，采用“之”字形布置。

2. 专利技术

采用了 5 项专利技术：隐形轴阀式厚壁取土器、外肩内锥对开式塑料土样筒、塑料土样筒开筒扳手、静力触探泥浆灌入式扩孔器和鼠笼式热交换器。

3. 码头静力触探孔施工

利用黄浦江两岸的码头作为静力触探孔的反力载体，布置 3 个静力触探孔。

4. 岩土工程分析与评价

拟建隧道与 8 号线的最近距离为 2.5m，建议采取以下措施：穿越前对 8 号线线隧道本身进行预注浆加固处理；控制好盾构工作面的泥水压力；控制推进速度和出土量，减少土层损失量；严格控制盾构的姿态，保持均衡施工，在最短的时间内穿越 8 号线隧道。

黄浦江新近沉积土②0 层厚度较大，渗透系数大，应确保围护结构的隔水效果；应重视拟建场地地下水水位受黄浦江潮汐的影响；②0 层稳定性差，地下连续墙施工时应采取适当的技术措施，如加大泥浆比重、搅拌桩加固。

上海南浦大桥主引桥顶升工程监测

设计单位：上海岩土工程勘察设计研究院有限公司

主要设计人：谢永健、付和宽、侯敬宗、郭春生、张晓沪、王艳玲、赵震宇

南浦大桥主引桥顶升工程是上海市内环线浦东段改建工程4标的关键部分。主引桥9跨进行整体反坡顶升，桥面宽度达25.1m，其中一跨为38.5m，重量约为2000t，其余八跨均为20m，每跨重量约为1000t，顶升总重量约为10000t，顶升面积为4982.35m^2，号称“亚洲之最”，最大顶升高度5.782m，为国内罕见。

南浦大桥东侧主引桥部分顶升规模巨大，同时投入的支撑、泵站、油缸、油管、控制设备众多，盖梁顶升高度从数十厘米到5.782m不等，差异较大，现场条件复杂，临时垫块和顶升循环多，及时、准确、动态的监测成为保障安全施工的重要措施。本工程监测的主要技术创新点如下：

（1）为确保桥梁顶升过程中大面积多点的高度同步性（小于2mm），开创性地采用静力水准仪建立实时自动监测系统，对顶升过程中的桥面标高进行实时动态监测，实现对海量数据实时分析，形成了快速、高效、准确的信息反馈系统，及时准确地指导桥梁顶升的信息化施工。

（2）为尽可能减小顶升过程中荷载偏心及水平推力，首次在复杂的桥梁顶升施工环境中建立包括160个应变传感器在内的应力应变自动监测系统，在顶升过程中对桥梁盖梁及支撑应力进行动态实时监测，及时地分析桥梁结构附加应力变化规律，确保顶升过程中支撑的安全有效。

（3）为确保工程的万无一失，除自动监测系统外，还采用全站仪、电子水准仪，建立盖梁顶面顶升量、水平位移及桥梁承台沉降的几何监测网络，对桥面标高、三维坐标、基础沉降进行定期人工监测，将常规的变形监测和先进的实时监测系统相结合，通过对位移、应力多种指标信息的综合分析，指导信息化施工。

（4）本工程全方位的自动实时监测系统为今后桥梁顶升施工的自动化监测积累了丰富的工程经验。

上海中建大厦岩土工程勘察、基坑设计、桩基咨询、监测

设计单位：上海岩土工程勘察设计研究院有限公司
合作设计单位：上海申元岩土工程有限公司

主要设计人：陈卫东、徐文华、李晓勇、林卫星、王艳玲、陈国民、杨石飞

上海中建大厦位于浦东新区陆家嘴金融贸易区竹园商贸区 2-11-5 地块，临近世纪大道和浦电路，是一幢超高层甲级办公楼。主楼 33 层，采用框筒结构，裙房 2 层，采用框架结构，主裙楼地下均为 4 层，建筑总高度 166m，总建筑面积 90975m^2。基坑面积约 5600m^2，开挖深度 17.2m（裙房）~ 18.3m（主楼），局部深坑达 22.6m。

岩土工程勘察与桩基设计咨询一体化主要技术创新如下：

（1）结合场地地层特点，有针对性地布置了多种原位测试项目，如十字板试验、注水试验、波速试验、旁压试验等，通过分析判断，为设计提供合理、准确和可靠的桩基设计和基坑围护设计参数。

（2）收集了大量地质条件类似的桩基成功与失败的工程案例，经过分析总结后，推荐采用钻孔灌注桩加桩端后注浆工艺，被设计采纳。与常规钻孔灌注桩相比，桩基进入粉砂持力层的深度缩短 8m，不仅保证了施工质量，而且节省了桩基工程造价。经承载力测试，预测值与实测值相当吻合。

（3）由于主楼与裙楼荷载差异大，且邻近地铁，对总沉降、不均匀沉降要求极为严格。本工程勘察报告通过合理确定沉降经验系数，较为准确地预估了最终沉降值，确保了地铁安全。本工程主楼结构封顶时实测平均沉降为 15.5mm，两者相当吻合。

基坑围护设计和监测主要技术创新与特色如下：

（1）本工程基坑开挖深度深，地基土性软；周围环境复杂，对变形控制要求严；施工场地狭小，难度大，工期紧。本工程以控制变形为中心，兼顾投资和工期要求，从方案设计到施工工序管理各个方面，与施工紧密结合，并通过与总包联合开展科研，形成了一套施工可行、设计安全、投资可期、工期可控，具有创造性的设计与施工技术。

（2）在准确把握本工程基坑工程特点的基础上，合理确定了采用地下连续墙围护、两墙合一、四道支撑、顺作法施工的总体设计框架，特别是地下连续墙入土深度 31.3 ~ 32.6m，进入第⑦层 1 ~ 2m，有效降低了工程造价，大大提高了施工效率。

（3）对北侧近地铁一侧，有针对地采用旋喷桩全断面加固，其他三侧采用旋喷桩墩式加固。最终的实测变形证明，全断面加固的效果明显。

（4）设计了挖土平台结合西侧单边栈桥布置形式，不但使东西两侧均有 13m 以上宽度的道路，巧妙地解决了施工道路问题，而且两侧出土减短坑内土方驳运距离，大大提高了施工效率和工程安全性。

（5）合理的支撑布置形式，满足了分段开挖、分段浇注、分段支撑的需要，优化了施工流程，节省了支撑养护时间。特别是创造性地提出了后拆撑的施工流程，大大缩短了工期。

（6）监测内容不仅包括常规监测项目，而且包括地墙钢筋应力、坑内土体回弹、土压力、土体分层沉降及深层位移等非常规监测项目。本工程及时、准确、全面的监测资料，不仅为本工程的顺利实施保驾护航，而且为类似工程积累了宝贵经验数据。

中国石油华南物流中心珠海高栏岛成品油储备库地基处理项目

设计单位：上海申元岩土工程有限公司

主要设计人：何立军、水伟厚、成小程、詹金林、梁永辉、刘坤、宋美娜

中国石油华南（珠海）物流中心工程珠海高栏岛成品油储备库项目是中石油在华南地区投资最大的成品油储备库，规划总库容为 $100\times10^4m^3$。首期建设 $52\times10^4m^3$。库区由储罐区、汽车装车区、污水处理区、辅助设施及行政管理区组成。

本工程地质条件复杂，分有海域、陆域两部分。陆域为多年前回填的老地基，以超大粒径的开山石为主；海域为新近炸山填海地基，回填土厚度不一，回填厚度达到 7 ~ 19m，回填土下存在液化砂层和深厚淤泥质土层。上部结构承载力要求高，沉降极其敏感。5 万 m^3 成品油罐，其承载力特征值要求大于 300kPa，压缩模量不小于 30MPa，处理难度非常大。在积累前期试夯和试桩经验的基础上，通过分析地层和上部结构特点，提出采用高能级强夯法和局部打设冲孔灌注桩作为本工程的主要地基基础方案。大面积施工中强夯能级达到 18000kN·m，为国内首次最高能级强夯施工，满足了上部结构承载力和变形要求，节省了造价，缩短了工期。局部采用了大直径超长灌注桩，冲孔灌注桩直径 1.2m，最长桩长达 80m 以上。同时研究了大直径超长灌注桩在竖向抗压各级荷载作用下摩阻力、端阻力的变化机理，科学系统的分析得出了各级荷载作用下桩侧和桩端阻力的发挥情况，为国内外类似深厚新填土地基超长桩设计提供了实践依据。

本项目紧靠南海，多有渔民在附近海域养殖。注浆、旋喷桩等化学加固方法可能会对附近海水与养殖物产生污染，一旦发生污染事故，影响将非常恶劣。强夯法是一种以土治土、节能、节地、节水、节材的地基处理方法，符合我国工程建设“资源节约型、节能环保型”发展方向。

新建铁路合肥至蚌埠铁路客运专线精密控制测量

设计单位：中铁上海设计院集团有限公司

主要设计人员：徐幸福、王文庆、李东宇、帅明明、陈军、徐增堂、吴小敏

新建铁路合肥至蚌埠客运专线（简称合蚌客专）南起合肥市，途经长丰、淮南，北至蚌埠，全线地处安徽省中部地区，南接合宁、合武客运专线，是京福（台）高速铁路的重要区段，同时也是京沪高速铁路与沪汉蓉快速客运通道之间的快速连通线，全长130.622km，设计行车速度目标值为300km/h，远期设计预留350km/h。

合蚌客专精测网全线选埋控制点CP0点3个，CPI点42个，CPII点145个，普通二等水准点73个，深埋基岩钢管标二等水准点7个。全线施测CP0网6点，施测CPI网5点，施测CPII网206点，施测二等水准线路184km，完成二等跨河水准1处（窑河，宽度2.0km）。

本项目的技术先进性主要体现在以下几个方面：

（1）建立“三网合一”控制网。建设高标准技术要求的高速铁路，精密工程测量控制是关键。本项目重要特点是建立了统一的高程控制基准网，即勘测设计、工程施工、运营维护网的“三网合一”的控制基准网。

（2）GPS网形合理，对同步观测中的连接图形及仪器台数均进行了优化设计。连接图形采用边网混连式，8台仪器观测可以起到最佳的工作效率。同时在观测中增加了观测期数（时段数），增加了独立观测数，提高了全网可靠性。

（3）CP0网基线解算采用适合于长基线解算的瑞士Bernese4.2软件，并将BJFS、SHAO两IGS台站已知坐标约束到基准网平差中。

（4）精密三角高程跨河二等水准。该方法的主要特点是使用改装制作后的高精度全站仪进行往返对向观测，仪器在测段的起、末水准点上（仪器到水准点的距离为10m左右）立高度不变的同一棱镜杆，这样可避免量取仪器高和觇标高。

（5）控制点埋设标准高。全线CP0桩及深埋基岩二等水准点，根据沿线地层情况，均埋设至基岩层，埋设平均深度21.3m，嵌入基岩0.5m。作业时采用GC300型工程钻机、ϕ130三翼钻头钻进至要求层位深度，测定孔深误差< 1/1000，孔斜< 1°，埋设钢管直径为108mm，钢管连接牢固，外层涂防锈漆。钢管打入后，钢管内用细石混凝土填实。

2011年度上海优秀勘察设计

三等奖

中国银联项目（二期工程）银联数据办公楼

设计单位：同济大学建筑设计研究院（集团）有限公司

主要设计人员：文小琴、王忠平、孟庆玲、朱伟昌、甘招辉

中国银联园区位于上海市浦东新区唐镇银行卡产业园的西南部，项目的设计理念是：充分考虑建筑与基地的关系，保留总体建筑造型，与园区规划协调；强调延续的整体环境观；创造流动、通透的建筑空间，体现建筑人文精神。建筑西南侧为建筑门厅，入口门厅为南北通透的空间，南侧局部挑空为二层空间，使门厅更加通透、气派。门厅一侧设开敞式展厅及接待厅，东北侧设置多功能厅、对外办公用房，尽端大空间为开发机房，相对独立和安全。设计中普遍采用玻璃幕墙，实体材料则选择红色石材墙、银灰色瓦楞金属板等，利用材质、肌理的变化，增加视觉冲击力。

山东省淄博市体育中心体育场

设计单位：上海建筑设计研究院有限公司
合作设计单位：法国何斐德建筑设计公司

主要设计人员：陈钢、陆余年、王连青、徐雪芳、蒋明

体育场呈椭圆形，位于淄博市人民西路与西十路西，采用非对称布局方案，柱网多圆心、多半径，柱截面、高度渐变。西看台为主看台，使大量观众及主席台能享受观看 100m 跑道的赛事的最佳视线。东侧与南北两侧看台形成一个整体，非对称的设计，使体育场能满足多种用途。建筑立面造型由一系列不同的弧形形成一道七色彩虹，弧形由跨距 180m 的钢结构形成。钢结构框架与混凝土看台形成了强烈的虚实对比。两侧看台上方皆设有钢结构大悬挑屋盖，体育场西棚架上方设有拱形桁架。

上海警备区 9156 工程（一期）

设计单位：上海建筑设计研究院有限公司

主要设计人员：陈华宁、孙伟、杨必峰、边志美、谢惠忠

上海警备区 9156 工程全方位提供上海警备区部队的指挥保障。总体平面采用中国传统的中轴线的设计概念，划为指挥、通信、文化广场、生活服务四个区域。主楼立面造型采用对称布局，形体端庄，以竖向构图来强调其挺拔、高耸、庄严的建筑形象。立面从上到下、从左到右三段式构成。立面材料大量采用石材，加上部分玻璃幕墙，以明显的墙面凹凸与垂直线条来体现建筑物的厚实庄重感。21 层的框架－剪力墙结构，基础底板采用独立承台＋筏板的形式。本工程还运用预应力技术，满足了顶层大空间的需求。

申能能源中心

设计单位：华东建筑设计研究院有限公司

主要设计人员：张弘、赵新宇、张雁、吴国华、韩丹

申能能源中心位于虹井路，是上海市燃气调度中心、电力生产管理信息中心及申能集团系统应急指挥中心。建筑主楼为 9 层，裙房 3 层，地下 2 层。通过简洁的建筑体量和大气的立面处理体现传统建筑的稳重、永恒和现代建筑的简洁、典雅、精致。东立面是本建筑的主要立面，以“门”的设计理念，代表着本建筑的第一形象。西立面以玻璃幕墙为主，配合垂直玻璃遮阳百叶，既考虑建筑的通透感，又考虑对西晒的合理处理。裙楼部分以石材幕墙为主，配合一楼餐厅部分玻璃幕墙，形成虚实对比、动感现代的视觉效果。

上海金桥埃蒙顿假日广场（现名：金桥国际商业广场）

设计单位：上海建筑设计研究院有限公司
合作设计单位：巴马丹拿建筑设计咨询（上海）有限公司、柏诚中国有限公司、巴马丹拿国际公司

主要设计人员：施从伟、关秉渲、叶庆霖、李牧、张樱

本项目位于浦东新区黄山新城，由10栋低、多层商业建筑及1栋高层办公楼组成。考虑到基地形状特殊，将建筑群体分为2个组团。西侧沿张扬路以宜人尺度布置独立商业，形成独立店形式之商业；东侧以中心绿化广场为核心，形成有效的商业氛围，以使外来购物人员聚而不散。地下一层设置大型购物中心，与上部商业建筑紧密联结。中心广场采用装饰石雕、钟塔构成“画龙点睛”的效果。考虑夜间商业气氛，布置了大量效果灯具，以形成鲜明的商业灯光效果。

云南师范大学呈贡校区一期工程西区1号教学楼

设计单位：同济大学建筑设计研究院（集团）有限公司

主要设计人员：王文胜、曾凡、陆秀丽、冯玮、王坚

作为进入云南师大西校区的背景建筑，将立面设计为内凹的弧形界面，并架空两层利于穿越，形成包涵内敛的空间形态。对古典线脚加以归纳和简化，用现代建筑语言阐述云南地域特征、建筑文化和云南师大的人文历史。建筑形体四横三纵相交错，建筑群中将中庭空间与单廊线性空间相结合，附以宽大的连廊和错动的平台，形成多样的交流休闲空间，改变教学楼建筑以往的单调平淡，提升空间质量。单体之间引入绿化庭院，既形成了室内外空间的穿插、渗透，又解决了自然采光和通风的问题，适应当地气候特点。

上海通用汽车有限公司新行政楼

设计单位：上海市机电设计研究院有限公司

主要设计人员：瞿红萍、寿立冰、汪锋、顾霄凜、李坚化

新行政楼建于上海申江路总部主入口北侧，地上9层，地下1层。主体为框架－核心筒结构形式，总建筑面积27106㎡。新行政楼为通用公司中国总部大楼，承担办公、会议、展示、宣传等功能。主入口大堂设计了一个挑空8m高的共享大厅，突出了作为大楼主要入口的气势。平面设计非常注重布局的灵活性和可持续发展。楼层平面按照8.5m×11.05m标准柱网布置，8.5m的柱距最有利于地下层停车位的布置，而11.05m的跨度又为办公层的平面布局创造了最大的灵活性。立面设计采用现代建筑简约时尚的设计手法。大楼采用了断热铝合金Low-e玻璃幕墙系统，采用浅色烧毛花岗石饰面，不同的体块与质感形成强烈的虚实对比。

上海新发展亚太万豪酒店

设计单位：中船第九设计研究院工程有限公司
合作设计单位：巴马丹拿建筑设计咨询（上海）有限公司

主要设计人员：李明宝、吴文、曾志坚、金智洋、朱伟华

本项目位于上海长风生态园区的东南角，南北朝向，建筑地上28层，地下4层，高度106m。塔楼采用“工”字形，塔楼西侧凹口布置大空间，完美解决了酒店功能问题。总体的建筑布局形成了东西轴向的景观空间系统，形成从入口水景、大挑檐雨篷、大开间大堂、大堂吧的系列空间变化，并延伸至西侧的园区中心绿地，景观序列与主楼形态互相呼应、相辅相成。采用大开间的结构布置，宽敞舒适的客房设计，高贵典雅的行政酒廊，面积达770㎡的无柱宴会厅，简洁时尚的立面设计突显出五星级酒店的品质。

江苏海门龙信大厦一期工程

设计单位：上海华东房产设计院

主要设计人员：顾佳凌、刘思力、杨爱民、刘慧雯、苏天伟

本项目位于海门南部新城区，为龙信建设集团总部办公楼和研发中心。办公楼建筑形体具有雕塑感，长边平行于南侧，保证了办公室良好的采光，又丰富了景观视线。裙房同样采用主楼的元素进行设计，彰显建筑群体的一致性。立面装饰上，主楼主要采用冷灰色石材，体现出建筑的稳重、内敛、现代又不失人性化的气质。通透的水平玻璃与两侧上下贯通的实墙面形成一种内在的梦幻与稳重并存的独特气质。自远处观之，标志性的形体和精致的细部刻画，产生一种强烈的视觉冲击力，令人印象深刻。

百联浙江海宁奥特莱斯品牌直销广场

设计单位：上海建筑设计研究院有限公司

主要设计人员：孟清芳、赵晨、苑志勇、唐强、汤志明

本项目位于浙江海宁农业对外综合开发区内，主要功能为商场和餐饮。总体设计充分考虑商铺的均好性与可达性，形成两个环通的三角形，两环之间布置一条景观道。建筑设置多部联系一层和二层的室外楼梯，兼顾了二层商铺的均好性。在两个环形的分区中，在适当的部位设置连廊，便于消费者到达，并结合柱廊形成一个个共享中庭。借鉴江南园林的空间设计手法，注意每个庭院的空间尺度对比，主要元素及门头形式各异，建筑与景观相融合，形成对景、框景，再加上外廊，丰富了商业建筑空间。

上海崇明陈家镇生态办公楼

设计单位：上海现代建筑设计（集团）有限公司

主要设计人员：戎武杰、刘智伟、顾菲、郑兵、王宇

本项目是上海崇明生态节能示范工程之一，位于崇明陈家镇东滩。设计从“建筑本体设计”和“绿色节能集成技术”两方面展开，充分利用崇明岛生态自然资源，强调建筑自然通风设计和 BIPV 设计。建筑设计采用太阳能光伏发电、风力发电、热水循环、雨水再生利用、废弃物减排，并采用导风墙、导风井、双层墙体、通风塔、立面遮阳、立体绿化、降温水系等技术措施，综合能耗节约达 75% ~ 80%。

江苏南通国际贸易中心

设计单位：同济大学建筑设计研究院（集团）有限公司

主要设计人员：江立敏、谭劲松、丁洁民、金炜、陈旭辉

本案是南通市首席 5A 级商务楼宇，本地区标志性建筑、城市新名片。建筑设计在技术上着力解决了两个难点：其一，玻璃幕墙的设计与施工配合。石材幕墙、点支玻璃幕墙、框架式玻璃幕墙以及高空曲面连接的幕墙之间的精巧衔接，体现了设计师对节点与细部的关注。竖向金属构件的形式与尺度均经过精心细致的推敲，自下而上，达到一气贯通、丝丝入扣的效果。其二，对配套用房和辅助空间及设备用房的安排充分利用了尽端、卫生间上空等剩余空间，有针对性地进行设备选型，实现了建筑与设备专业的完美结合，最大限度地提高了空间利用率。

上海静安小莘庄 2 号地块

设计单位：上海建筑设计研究院有限公司
合作设计单位：美国凯里森建筑事务所

主要设计人员：孟清芳、李健、陈绩明、乐照林、包佐

本项目包括 4 层的商业裙房以及 1 栋 29 层的超高层办公建筑。它的布局围绕着一个圆形的中心广场，布置各种白天或夜晚节目表演所需的设施，人们可以透过广场巨大的玻璃天穹享受自然光线和欣赏完美的天际，创造出人际交流的氛围和乐趣，形成商业空间与城市空间的互动。塔楼从商业裙房中拔地而起，设计风格以现代元素为主，利用虚（玻璃幕墙）实（石材幕墙）材料的对比手法，将高层建筑的挺拔、商业建筑的大气典雅表现得淋漓尽致。简洁大方的整体设计框架，造型丰富多变的玻璃及石材节点设计，无处不在的细腻墙面肌理处理使建筑显得十分精致。

上海海泰 SOHU（现名：海泰时代大厦）

设计单位：上海建筑设计研究院有限公司
合作设计单位：日本 MAO 一级建筑士事务所

主要设计人员：潘思浩、咸珣、贾水钟、唐小辉、雷洁

本项目位于四川北路武进路，因基地狭小，基地内设置了单向环形交通流线。建筑平面呈 Z 字形，布局简洁实用。立面以竖向线条为主，简洁明快。针对平面严重不规则、高宽比较大的情况，采用钢框架－支撑双重抗侧力结构体系，在建筑物端部布置柱间支撑以控制建筑物的整体侧移及扭转。主要抗侧力构件支撑形式除两端为中心支撑外，其余为偏心支撑。端部设置人字形斜撑，具有强烈的向上感和韵律感。玻璃、铝板、百叶、钢结构构件的结构外露，使建筑充分展现了时尚、现代、工业化等时代气息。

上海东方饭店改建工程

设计单位：上海建筑设计研究院有限公司
合作设计单位：大原建筑设计（上海）有限公司、吴宗岳室内装修有限公司

主要设计人员：张皆正、许谦、刘斌、戚锋妹、林建

东方饭店为 1982 年竣工的 16 层综合建筑，原有招待所、办公、客运售票、培训等功能。改建除外形整改使其和外滩风貌区建筑保持一致外，根据原有面向外滩的景观优势，调整为 23 层精品商务酒店。原设计为非抗震设防，经对原结构设计验算，其整体、构件、节点均需加固改造。为避免对基础的加固，加层采用钢结构，内隔墙采用轻钢龙骨隔墙或轻质加气块；增设钢支撑，改善结构刚度；强调节点构造措施，将节点的加固方式与梁、柱的加固方式及钢支撑的构造安装协调统一，达到了预期效果。

沪杭铁路客运专线金山北站

设计单位：上海联创建筑设计有限公司

主要设计人员：周松、刘翊、龚凯、潘晓光、丁胜浩

本项目坐落在上海唯一的中国历史文化名镇枫泾镇。金山北站充分提炼当地的文化要素——古朴、端庄、凝重、典雅之神韵，建筑从平展的屋檐和流畅的立面为特征，设计中安排别致的细节，窗、柱、墙等各个要素中融入传统建筑的构造神韵，整体营造出简洁有致的现代江南建筑风格。金山北站为线侧下式站房，采用下进下出的流线组织方式。站房一层中间为通高的集散厅与候车大厅，两侧安排其他功能用房；公交车停车场布置在广场的西侧，靠近站房，方便旅客出行；社会车辆和出租车可以直接驶入落客平台。站房两侧以白色石墙为主，中央布置玻璃幕墙，以使进站空间明亮，并使得其重要位置得以强调。

上海松江妇幼保健院迁建工程

设计单位：华东建筑设计研究院有限公司

主要设计人员：邱茂新、秦彦波、汪凯、何宏涛、严晨

本项目建筑形象与松江区整体城市环境风貌相协调。尊重已形成的城市肌理，外界面呼应已有或在建建筑，形成良好完整的城市景观；内界面主楼采用南向柔和的曲线形式，既使病房楼取得良好的朝向，又塑造了丰富的内部空间。项目将建筑风格定位于古典与现代主义的结合，单体建筑用弧形、横向线条作为形象的基本语言，以高耸的楼塔、简洁的穹顶作为归纳，风格统一，错落有致，结合道路、绿化、广场的布置，营造出尺度宜人、文化气息浓厚的院区氛围。

三亚海居度假酒店

设计单位：上海建筑设计研究院有限公司
合作设计单位：B+H 建筑师事务所

主要设计人员：费宏鸣、孙大鹏、路岗、张隽、张洮

三亚海居度假酒店客房层在争取最大的海景展开面的同时，利用场地高程安排了多种不同高程的室外空间环境。通过建筑功能布局，创造了一系列富有空间层次变化的内部庭院空间，为宴会厅、中餐厅、SPA 中心设计了不同大小、风格、用途、标高的景观花园。将大堂标高抬高，在室内、室外大堂吧可以共享海景。南区场地园林景观及室外游泳池也适当抬高，形成错落有致的度假氛围。充分利用三亚地区丰沛的太阳能资源，采用太阳能热水。

上海市群众艺术馆改扩建工程

设计单位：上海建筑设计研究院有限公司

主要设计人员：唐玉恩、潘思浩、郭莹、施从伟、陆雍健

本项目位于中山西路。新旧建筑围合出中心八字形广场，形成主广场和群众活动舞台；东南角结合剧场休息厅设下沉式多功能休闲空间；西北角新楼北翼，椭圆锥体与方形体量之间形成安静小庭院。主入口中庭敞亮通透，中庭顶为混凝土透空梁架，中庭北面是穿插而上的砖红色椭圆锥体。立面虚实对比强烈，体量丰富。建筑毗邻高架面以微微收分的实墙面为主，敦实厚重；沿主广场面以通透轻盈的弧形玻璃幕墙为主，舒展大气；砖红色椭圆锥体造型独特，色彩亮丽。

盐城市盐阜宾馆迁建工程

设计单位：同济大学建筑设计研究院（集团）有限公司

设计人员：李麟学、宫少飞、周凯锋、李欢瓛、李学平

南迁后的盐阜宾馆以现代感为基调，插入传统元素。整体建筑形象大气典雅，形式舒展，灵活错落。建筑布局分为四个区域，大堂餐饮部坐落于南端，直面主入口，适应外部使用的功能要求。客房部设于最南端，在水环绕之间取得开阔疏朗的视野，整个建筑与景观、环境彼此交融，相得益彰。会议休闲部位于北部，位置优越，具有相当好的服务便利性。贵宾部位于整个地块的西部腹地，独立设置于临湖的小岛上，以水系隔离外界的喧哗，同时满足安全保卫的需要。针对客房及大堂餐饮中部设有庭院或楼板开洞，平面不规则，设计加强结构外边框架梁及洞口边梁板，提高结构平面刚度和抗扭转能力。

太平人寿全国后援中心（一期）

设计单位：同济大学建筑设计研究院（集团）有限公司

主要设计人员：马慧超、鲁欣华、李凡、孙道阑、王忠平

建筑布局上从城市脉络、功能分区、交通组织等方面考虑，严谨的水平和垂直相交网络和轴线对称的布局方式表达了后援中心的理性、稳重、严谨的行业特征。平面上将呼叫中心、运营中心、培训中心和数据中心，从北向南有序展开，形成多重的内院空间。门厅内椭圆形中庭，会议中心屋顶花园和斜向步道、连廊、下沉广场，增加了空间的复合性，反映了然与科技的融合。北侧主立面采用对称形式，石材墙面开大窗洞形成明确的体积感和稳重感。朝向内院的立面相对活泼，有锯齿形外墙、阳台、玻璃连廊以及木百叶遮阳板，富有人性化气息。

上海松江九亭镇 65 号（A、B）、66 号地块（一期）配套商业

设计单位：上海天华建筑设计有限公司
合作设计单位：WY 国际设计顾问公司

主要设计人员：马晖、王春雷、覃旭升、辛月琪、顾春峰

本项目构思源自西班牙古典建筑风格，融合质朴的建筑形式，形成独特的地中海风格。以质朴的材质与柔和的色彩构筑悠闲典雅的商业街景，以精雕细刻的细部设计体现建筑的精美感，再通过通透的外廊阳台及大玻璃窗体现内外环境的交融。有平缓的西班牙瓦屋顶，高低错落、造型各异的塔楼，弧形的大玻璃窗，通透的外廊，凹凸丰富的立面，还有各种细部装饰。建筑物构件上部精巧，下部浑厚，以体现力度感，结合西班牙风格设计的曲线水景、拱桥、喷泉使建筑物与园林景观融为一体。

云南师范大学呈贡校区一期图文信息中心

设计单位：同济大学建筑设计研究院（集团）有限公司

主要设计人员：王文胜、周峻、陆秀丽、冯玮、王坚

建筑形体两横三纵相交错，居中对称，北侧高层主楼居中，裙房两条阅览单元东西伸展，主楼强调竖向线条、挺拔向上，倒影湖面，是校园标志性建筑；裙房强调横向线条、水平伸展，尺度宜人。墙面材料采用蓝灰色面砖，辅以白色涂料。首层以毛面花岗岩为基座，既丰富了建筑的肌理表现，又增强了建筑的沉稳性与力度感。立面结合遮阳处理，木色金属格栅富有韵律的布置，表现出独特的雅致，增加建筑的亲和力。深入建筑内部的绿化庭院，适合呈贡当地气候特点。

上海宝山寺移地改扩建工程

设计单位：上海原构设计咨询有限公司

主要设计人员：唐朔英、王为宏、刘春华、李庆旭、范硕奕

本项目为移地改扩建工程，位于上海宝山罗店镇。原寺位于现址西南侧，建于明正德六年，原名玉皇宫，后正式命名为宝山净寺。设计采用唐代晚期的建筑风格，并按照隋唐传统寺院型制布置成三进院落，改扩建包括大雄宝殿、天王殿、钟鼓楼、藏经阁、观音殿、药师殿、佛堂、僧寮等单体建筑，其中除僧寮为地上 3 层、地下 1 层混凝土建筑外，其他子项均为一两层纯木结构建筑。各单体建筑的用材之制，大、小木作设计均参考了宋朝李诫修编的《营造法式》，并严格按该规制设计。

安徽大学新校区二期——学术交流与培训中心

设计单位：同济大学建筑设计研究院（集团）有限公司

主要设计人员：江立敏、刘薇、杨海涛、顾一波、徐桓

本项目作为新校区标志性建筑，主体建筑均沿街布置，以形成完整的界面。根据使用和管理上的要求，按功能设计为主楼、辅楼的形式，方便校内人员进出使用。立面造型上主楼、辅楼采用统一的开窗方式，以保持建筑语言的一致性。整体效果突出韵律感，注重细部处理，使简单的建筑形态形成丰富的层次关系。主楼为南北朝向，建筑外窗的开启面积不小于30%，以满足自然通风。建筑结构为框架结构，填充墙材料为小型混凝土空心砌块。屋面材料采用高强防水树脂珍珠岩，满足所处气候区域的节能要求。

上海市万源居住小区 D 街坊公建中心及配套商业

设计单位：上海中房建筑设计有限公司

主要设计人员：孙蓉、张广成、吴桐斌、黄玮、陈娴

本项目位于闵行古美万源城，是集商业、餐饮于一体的综合体。公建中心结合三角形地形布置，沿街为L形平面，设计3层，临住宅地块呈一字形平面，设计4层。两个体形在二、三层由连廊相接使各个区域互相串联，在底层三边围合成一个内向的商业广场，用于人流集散与户外商业活动。为方便居民，无障碍设计覆盖了整个公共空间。立面采用简洁的现代设计手法，外饰面用铝板和石材相结合，塑造简洁明快的立面效果，注重沿街侧立面的设计，色彩采用黑白灰对比，素雅大气。

上海绿地东海岸国际广场

设计单位：上海城乡建筑设计院有限公司
合作设计单位：马达思班建筑设计事务所

主要设计人员：姚敏、曹伟煌、孔祥红、霍毅明、陈小荣

本工程位于浦东川沙镇，是包括9栋建筑的商业、办公、酒店为一体的大型综合项目。建筑分布合理，格局上既相对独立而又相互连通，空间结构明确。商业区采用分散集中式的布置形式，错落有致地被整合成一个有机的商业群体，形成几个既相互关联而又充满生机的商业内广场。无论办公、酒店还是商业，其形体均以现代简洁大气为主要特点。节能环保方面，在满足外立面装饰效果的前提下，尽量提高外围护结构的物理性能，注重外墙体和窗结构的隔热和保温，降低建筑的总体能耗。

同济大学浙江学院公共教学楼

设计单位：同济大学建筑设计研究院（集团）有限公司

主要设计人员：王文胜、吴丹、陈峰、耿耀明、王坚

公共教学楼位于校园中心区西部，承担全校师生主要课程的教学活动。设计上打破传统，采用独栋的形式，并以一条教学休闲街串联各个教学办公组团，形成既具功能特性又具教学共性的建筑群。布局合理，动静分离，疏密有致。从单体形态组合关系来看，建筑与自然环境和周边道路形态紧密结合，形成了自在变化的、优美的组群建筑形态。教学楼各体块之间以连廊相连，使各栋联系方便紧密，创造了便利的交通系统。连廊与教学楼主体之间围合成半开敞的庭院和课间休闲街，形成师生课间交流放松的适宜场所。

虹桥国际机场公务机基地（公务机楼）

设计单位：华东建筑设计研究院有限公司

主要设计人员：郭建祥、郭炜、张宏波、谢曦、周伟

公务机楼为2层建筑，主要功能为公务机运营基地及商务办公设施。整个公务机楼外观方正平直，造型简洁明快。外观与平面功能相对应，采用了中轴对称的基本格局，中间为陆侧主门厅，稍稍后退的玻璃幕墙与两侧实墙形成虚实对比，突出中轴与入口关系。公务机楼简洁理性的建筑形象，需要以明朗的材料和精美的工艺来体现，高通透低反射玻璃与清水混凝土、铝板墙面的精心组合，以及构件由前向后推进形成的光影关系，使整个建筑在简洁的几何形体下展现出丰富多样的视觉效果。

宁波中信泰富广场

设计单位：上海建筑设计研究院有限公司

主要设计人员：潘利、贾水钟、赵俊、叶谋杰、何婧

本项目位于宁波江东区惊驾路，包括办公楼、商业裙房、大型购物中心等。高层塔楼部分由一组竖向直线条加顶部通透体构成建筑形体，同时通过建筑细部尺度设计打破建筑的大体量，减少与周边环境和建筑的对立，融入周边城市环境。办公楼在有限层高内通过对各管道空间的精心设计，满足室内净高要求。立面幕墙采用中空玻璃，同时也考虑有效自然通风，减轻春秋两季空调能耗。结构方面，采取钻孔灌注桩后注浆工艺，控制沉渣影响；屋面结构另做添加钢纤维的混凝土面层；管道井设置在受力墙体之外，有效地解决了墙体开大洞问题。

江苏大学图书馆

设计单位：同济大学建筑设计研究院（集团）有限公司

主要设计人员：王文胜、丛凤庆、陆秀丽、杨杰、冯玮

本项目是江苏大学新校区的标志性建筑，建筑主体位于主题广场和人工湖一侧。建筑轮廓方正，形体明快简洁，主入口的退进与巨型入口空间和标志性的圆柱玻璃体，形成了图书馆的建筑特色；主入口内4层通高的共享大厅作为图书馆内部的枢纽，图书馆的阅览空间主要集中在建筑二至六层。建筑东西两端设置不同高度上的室内、室外中庭，并将绿化引进室内。

上海嘉杰国际广场办公楼

设计单位：上海联创建筑设计有限公司

主要设计人员：孙敏捷、许红、姚忠红、田景文、李淑霞

本项目位于上海市四川北路东宝兴路口，总建筑面积5万m^2。基地现状两面高楼林立，本建筑占地仅4163m^2，需利用合理的总图设计打造高效的建筑空间，合理地组织各种功能的出入口及布局，在有限的空间内创造出最大的商业效益。体型上选择方正的形式，总体25层，顶部逐渐收进的处理手法给街区的天际线带来了变化，也使建筑产生大而不拙、务实而不陈旧的富有现代感的外形感受。立面采用典雅细致的设计风格，深褐色花岗岩，配灰色Low-e双层中空玻璃窗，裙房、墙身及顶部采用线条勾勒。下沉式硬地广场、观光电梯、通高玻璃顶中庭、屋顶花园等，为建筑融入了浪漫情调。地基基础设计采用桩筏基础，主楼筏板厚度1900mm，裙楼筏板厚度800mm；桩基为钻孔灌注桩，基础整体性好。

常州交银大厦

设计单位：中建国际（深圳）设计顾问有限公司

主要设计人员：洪斌、李蓉、杨泓、朱玉梅、窦玉

本项目由一栋22层塔式办公楼和L形3～5层裙房组成。主楼为办公空间，裙房为商业、办公和多功能会议中心，地下设有金库、保险箱库等特殊库房。建筑造型力求表现出纯净简洁，摒弃矫揉造作的多余装饰。立面构成元素均是其内在功能的真实表达，大型的透明玻璃幕墙处理，丰富多样化的裙房立面肌理处理，处处体现出内在的现代建筑特色。主楼采用灯槽结合透明玻璃幕墙，得到一种轻巧的质感和富有变化的效果。幕墙设计充分考虑了夜间灯光的效果，并使泛光照明设计与建筑造型形成了统一。通过顶部高起玻璃幕墙的视觉引导，将人的视线自然引入入口，入口处高大的拱形钢构架雨篷，独具标志特色。

达业（上海）电脑科技有限公司招待所

设计单位：上海名亭建筑设计有限公司

主要设计人员：姚卫华、吴钧、徐春华、费水云、高巍

本项目位于松江出口加工区内，由酒店、餐饮、商店等组成综合建筑群。设计充分利用基地现有的自然景观资源，使每个房间均有良好的绿化视线，整个建筑处于一个绿荫环抱的环境之中。建筑外观是一个倒锥体，上口大，下口小。所以在结构设计中，不仅要求结构体系具有足够的承载力，而且必须使结构具有足够的抵抗侧拉向力和刚度，同时，尽量使结构构件的截面合理。非结构构件的围护墙体采用轻质材料，以减轻结构自重，从而减小竖向荷载作用下构件的内力，使构件截面变小，减小结构刚度和地震效应，从而节省材料，降低造价，并增加使用空间。

上海凉城地区中心（公寓式办公楼）

设计单位：上海天华建筑设计有限公司

主要设计人员：荆哲璐、刘军、程敬、陈鹏、辛月琪

本项目位于虹口凉城地区，为集商业、宾馆、公寓式办公等众多功能为一体的综合建筑群。主楼立面处理简洁纯净，挺拔有力，造型给人以生态、轻盈之感，其垂直向的体量穿插组合与水平线条呈现代风格，基地内所有建筑均统一在现代主义特征之下，共同形成该区域崭新的现代城市风貌。平面设计功能分区合理，公寓式办公主入口及大堂分设于裙房底层两侧；商场主入口靠近主要道路。图书馆主入口在裙房东侧，西侧设有其他出入口，可直接到达二至四楼；主楼办公部分叠放在裙房南北两侧，可由办公大堂电梯直接到达，交通流线清晰，以避免各部分人流的交叉。

上海新外滩花苑A型楼

设计单位：上海现代华盖建筑设计有限公司

主要设计人员：钟瑜、佘佳琤、贾辉、王志芳、鲍华

A型楼建筑面积为3.4万m^2，地上17层，地下2层，位于上海北外滩滨江地块，是充满活力的外滩历史街区的延伸。总平面规划设计充分利用了地段特有的区位优势，布置各个功能场所。本项目中的酒店、服务式公寓、办公楼和商业裙房彼此烘托，并与其所在独特地段紧密结合，在黄浦江边形成一个自成一体的标志性城市综合体。建筑外立面由少量竖向构件及大面积玻璃幕墙组成，大面积玻璃幕墙设置了部分可开启的窗，达到了良好的通风采光效果。立面造型简洁现代高档，统一在端庄、高尚和简洁的风格之下，墙面选用高级石材和玻璃，色调凝重。充分考虑了“建筑观江景和江面观建筑”的景观互动。

无锡市民中心

设计单位：上海联创建筑设计有限公司
合作设计单位：德国 GMP 建筑设计责任有限公司

主要设计人员：顾志鹏、乔锋、宫伟刚、葛琳、姜允平

本项目是无锡市新行政中心。作为太湖新城景观轴线的尽端，建筑设计充分考虑了周边各区域特点，兼顾了各个方向的美观。东、西主楼分别是市委、市政府办公楼，由板式弧线形建筑体量构成，并相互错开，形成极具雕塑感的建筑外形和鲜明的地标效应。建筑外部柱廊是不断重复的近乎唯一的造型元素。外立面的连续柱廊在太湖边阳光的照射下，拉伸出令人难忘的光影；实墙立面为开缝干挂的浅色自然石材，令这一建筑群理性、内敛、朴实却又魅力十足。

无锡程及美术馆

设计单位：上海现代建筑设计（集团）有限公司

主要设计人员：邢同和、金鹏、肖凡、陈东胜、张骥

本项目位于无锡蠡湖公园内，展示程及先生的 83 幅画作，反映程及先生"天人合一"、"中西合璧"的艺术观，同时也是美术交流活动场地。主要展览空间布置在公园草坡之下，设计通过地下一层施工挖出土方进行地形整理，使得建筑和地形融为一体，减小了建筑体量，与公园环境融合。设置了三块大型半透明体量，以叶落归根为设计出发点，象征着程及艺术生涯的三个不同阶段。根据现场实际情况，结合钢架设计，将树状的钢结构和建筑有机结合，形成了建筑的独特形象。平面布置以多边形为主，轻松自然，同时考虑节能与自然通风，设置室外下沉庭院。建筑材料以江南青灰砖、混凝土和玻璃为主，形式简洁、朴素。

中船长兴造船基地一期工程——办公总部

设计单位：中船第九设计研究院工程有限公司

主要设计人员：黄敏、杨毅萌、段晓星、何玲、张晓明

本项目位于上海长兴岛东南侧，江南长兴造船基地厂前区内。办公总部代表企业形象。设计将巨龙的形象融入办公总部的设计中，象征企业蒸蒸日上的未来。主楼地上 22 层，外形椭圆，增加塔楼，寓意高瞻远瞩。设计了空间连廊，串联各部门形成整体，使联系高效便捷。建筑表现手法通过白墙、长窗、出挑深远的屋檐、廊、亭、柱、庭院等，体现江南风格。

上海市职工科技中心职工技能培训用房改扩建工程 2 号楼

设计单位：上海中房建筑设计有限公司

主要设计人员：盛铭、邵建平、吴洁、张静、焦满勇

本改扩建工程位于上海曲阳商务中心附近，2 号楼为新建部分。设计切入点来自于对道路噪声的规避以及对室内外办公空间的营造。建筑后退南侧基地 3m 沿道路横向布置，预留出的场地与市政绿化整合为一体。三层以上办公区通过中庭分割为若干部分，室内空间围绕中庭成半围合布置。有效地减少了外部噪声的影响，中庭的树木与城市绿化相互渗透，形成内外呼应的立体景观。立面材料采用石材、玻璃和铝板相结合，通过大虚大实的对比，突出了简洁明快的建筑形象。本工程采用了 BIM（建筑信息模型）对设计质量和施工放样进行控制与支持。

上海宝山区绿地真陈路项目二期 25、27、28 号楼（商业组团）

设计单位：上海联创建筑设计有限公司
合作设计单位：布莱利建筑城市设计技术咨询有限公司

主要设计人员：王玉、施庆松、陈浩、陆颖、黄德坤

本项目位于上海宝山真陈路，规划分为 2 个居住区、2 个办公区以及 1 个办公与商业混合区。5 个区域从规划建筑、景观形态上各成体系，之间由公共的共享绿网以及道路系统连接。25 号、27 号、28 号楼属于二期商业组团。商业组团立面造型别具匠心，倾斜的墙面和玻璃幕墙给人以棱角分明、个性鲜明的印象。外墙材质多样，主要以米黄色石材和红色劈开砖饰面，加上大面积的玻璃幕墙，在材质对比中凸显建筑形式的现代感。交通组织上，商业组团内部设置了平均宽度 13m 的步行通道，兼作消防用的环形车道。

浙江嵊州越剧艺术学校（院）一期

设计单位：上海林同炎李国豪土建工程咨询有限公司

主要设计人员：丁平乐、周勤、蔡英、奚华、胡斌

设计上保留原生的山、水、溪、沟和植被，结合东南部松林和茶园，将水池扩大，构筑一个优美的江南园林，设置访戴亭、兰舟、追鱼池等亭台水榭，形成进入教学区前的第一空间序列，来宾通过一座石桥从荷花丛中进入迎旭院，展开视觉的画卷，层层院落游不尽，处处笙歌绕花榭。建筑单体秉承民国时期的新中式风格，粉墙黛瓦，江南园林围合式布局，外形清新雅致。南北与东西两条轴线，将十个院落串联组合起来，院落间以连廊相连，雨天也可方便地开展教学活动。整个校区为两三层的群楼组合，错落有致，强调与山体轮廓线和背景松树林的呼应。

上海大华综合型购物中心 B1-2 地块

设计单位：中国建筑上海设计研究院有限公司
合作设计单位：北京蔡德勒建筑咨询有限公司上海分公司

主要设计人员：张吉山、马坤、关壮、李浩方、周英俊

本项目毗邻大华万里生活社区，地处市区比较繁华的地段。在建筑形态上，采用现代的设计语言，创造简洁明快的建筑体形，用标致性的手法突出商业入口，整个商业裙房由两条曲线的主购物廊串联起来，购物廊两侧设小商铺，端头设主力店。中央设置竖向贯穿地下一层到三层的共享庭院，布置了比较时尚的下沉式绿化庭院，中间是休闲绿地。在美化环境的同时，最大限度地利用了有限的土地。在商业的局部上，采用了金属穿孔板装饰，它起到三个作用，一是减少幕墙产生的光污染，二是起到了良好的遮阳作用，三是丰富了立面效果。

上海奥克斯科技园创研智造基地生产研发中心

设计单位：上海创盟国际建筑设计有限公司

主要设计人员：袁烽、张庆云、范颖杰、李俊民、李涛

本项目位于康桥工业园区内，秀浦路主入口西侧的 12 层奥克斯大厦和主入口东侧其他 3 ~ 5 层研发用房之间采用巨型桁架跨越不同高度的建筑，在两者之间形成的大门具有震撼人心的视觉效果。整个建筑采用现代风格，以小青砖、玻璃、型钢为主要建筑材料，反映现代工业企业的新颖造型。中心绿地中的建筑为两三层混凝土框架结构建筑，和中央景观相结合，采用现代主义简洁的风格，建筑形态自由。其余各组团延伸主入口两侧的建筑元素，在材料和色彩运用上更加自由。无论是小青砖、钛锌板、回收的可乐罐、仿清水混凝土、铝板、穿孔铝板、仿氧化铁板、玻璃的使用，还是建筑外立面七原色的涂抹，都体现出了设计者的匠心和独到之处。

江苏靖江市人民医院迁址新建工程——门急诊医技楼

设计单位：上海市卫生建筑设计研究院有限公司

主要设计人员：林安、黄勤勇、王正雷、严建敏、虞礼立

本项目位于靖江市滨江新城区中州东路，总体布局上将医院划分为门急诊医技区、住院区、行政办公区、后勤保障区、预留发展区五个功能区，最大限度地增加绿化用地。门急诊医技楼建筑面积 3.3 万 m^2，按 6 度进行抗震计算，抗震措施符合 7 度抗震设防的要求。建筑结构的安全等级为二级，上部采用框架结构，由于结构超长，设有两道伸缩缝，采用在其中部设置后浇带等技术措施，控制混凝土收缩应力。基础采用 ϕ400 预应力管桩。设置 10kV 分变电站，二路 10kV 高压供电，各接两台变压器单独运行，设低压母联开关互为备用。排水系统：室内污废合流，室外雨污分流。院区污水集中排至新建二级生化消毒污水处理站。

上海新浦江镇 120-L 号地块（商业楼）

设计单位：上海中建建筑设计院有限公司
合作设计单位：上海米丈建筑设计有限公司

主要设计人员：王德华、刘萦棣、金阳、王照淞、陈涛

本项目通过连续的体量将各功能部分有机联系，形成完整的建筑形象，塑造了一个城市中的“微型城市”。建筑沿路布置下沉式景观停车场，街角布置城市商业广场，通过连接南北广场的庭院形成宽窄有序的商业内街。结构设计有两个主要特点：一是结构超长，地下室长达 245m 未设缝，设置三道后浇带；二是南入口处的大悬挑空间结构，入口处三层 787.3m^2 的空间仅中部设有两根柱子，最大悬挑距离达 9m。设计将此两根柱子以及与其相连的两根柱子做成型钢混凝土柱，大空间采用钢桁架悬吊结构。

上海卢湾区第一中心小学综合楼

设计单位：上海高等教育建筑设计研究院

主要设计人员：史文睿、朱蔚、李响、黄莉莉、武葆英

本项目位于中心城区繁华地段，总体布局充分考虑到基地面积的局限性，将建筑和运动场所、室外环境设计成一体化校园，形体整合，空间紧凑。确定 L 形的建筑总体布局，留出西侧的运动场地以便和兴业中学进行空间形态的整合，借助其建筑界面共塑一个统一的校园空间。底层出于对活动场地的空间连贯性的考虑，架空除交通和门厅以外的功能空间，为底层提供最大的活动空间。从文化建筑的角度出发采用红砖以及仿石涂料作为整个建筑的基调，塑造雅致的校园氛围。结构设计采取设加强带、保证楼板构造配筋等技术措施，未设后浇带，实际效果较好，均未出现伸缩裂缝。

2010 上海世博会欧、非、美洲联合馆建筑群

设计单位：同济大学建筑设计研究院（集团）有限公司
合作设计单位：上海建筑设计研究院有限公司、北京市建筑设计研究院

主要设计人员：陈琦、孙倩、孟良、钱必华、王昌

中南美洲联合馆原为钢厂车间。设计完整保留原结构的屋架、柱、吊车梁等展现工业建筑特征的构件。加建部分采用独立的支撑体系，与原有结构错开布置，形成独立系统，以突出原有结构的整体表达力。非洲联合馆主体建筑形态简洁大气，立面上设置有表现非洲色彩的壁画，展现非洲多彩的文化。加共体联合馆建筑立面采用具有加勒比殖民地建筑风格的外廊式设计。色彩上以具有加勒比民族特色的亮白色和浅黄色搭配为主，底部层次配以冰蓝色，寓意加勒比海纯净湛蓝的意象。欧洲联合馆立面设计通过上下的切割组合，形成丰富的形态，结合平面功能设计具有强烈韵律感的造型，丰富了立面。

2010 上海世博会宝钢大舞台

设计单位：华东建筑设计研究院有限公司

主要设计人员：杨明、刘槁、包联进、黄永强、吴昊

宝钢大舞台工程将原钢厂特钢车间加以改建，使之成为具备3500座规模的开敞景观式观演场所。设计方案尽可能地保留原厂房的结构体系，根据新的功能进行适应性改造。结构设计在满足改建建筑功能的前提下，根据观演空间视线的要求，去除原主厂房钢结构柱四根；利用原有钢平台，搭建二层平台容纳主要功能空间。设计充分尊重工业建筑的历史原貌，原有钢柱、混凝土柱、屋架、钢平台表面以除锈、清洗为主，不改变原有材质与色彩。新增构件以轻质、可重复利用为原则，并通过色彩、构造等手段与保留结构明显区分开来，体现可识别性原则，以反映历史的更新过程。

2010 上海世博会国家电网企业馆

设计单位：中建国际（深圳）设计顾问有限公司
合作设计单位：上海电力设计院

主要设计人员：陈宇、阎立新、周彦文、赵旭千、彭洲

国家电网馆在轴线上布置了建筑设计亮点——“魔盒”。这个悬浮着的“魔盒”外观被风铃片铺满。微风吹过，建筑立面将随风一起舞动，宛若平静的湖面打破成涟漪，颠覆了建筑立面传统的厚重感，带来全新变幻的外观效果。风铃片的覆盖使整个“电立方”变得轻盈，每时每刻都会随着周边环境的不同，变幻出不同神奇外观效果，而且所有这些效果都是在自然风的吹拂下实现的。晚上，风铃片后面的LED屏在夜间闪烁，传递了神秘、梦幻的视觉效果。设计师安排了建筑自遮阳、顺应主导风向的人员通道、增强型通风系统、细水雾降温系统等措施，最大限度地解决了室外等候区排队人员的舒适度问题。

2010 上海世博会庆典广场

设计单位：华东建筑设计研究院有限公司
合作设计单位：上海市园林设计院

主要设计人员：黄巍、李森、杨军、方尉元、王荣

庆典广场南北向长约120m，东西向长约130m，位于浦东园区世博轴的滨江端头处，四周有黄浦江、演艺中心、世博公园、和兴仓库、世博中心，是世博会景观空间的重要节点。和兴仓库为20世纪30年代仓储式建筑，艺术价值相对有限，因位于世博核心区，拥有得天独厚的景观和区位优势，改造翻新后作为庆典广场及世博公园的服务性建筑。对和兴仓库进行了部分拆除，保留一部分老结构及有特色的立面，保持原有混凝土框架结构，并维持其独具特色的交叉梁和八角柱，并以人字撑加固，老立面修旧如旧。在中间新加入一跨钢结构，以斜柱支撑，形成新老部分的强烈对比。

2010 上海世博会世博园区样板组团项目

设计单位：上海建筑设计研究院有限公司

主要设计人员：邢同和、徐益珍、曹国峰、谢慧忠、陆文慷

本项目为世博会工程率先启动项目，目的是明确世博会园区展馆及各项设施的功能设置与建设标准，指导后续项目。外国国家馆采取模块化标准模式，分独立馆和联合馆两类。独立馆又分外国国家自建馆和租赁馆，租赁馆采用标准化的厂房钢结构设计。联合馆整体形态呈“工”字形态，以半室内空间组织串联8个布展单元。联合展馆采用标准化的设计，钢结构为主体，利于快速建造，可回收利用。基础除高架步道外，其余结构单体均采用天然基础。给水采用市政管网直接供水。排水采用污废分流，雨污分流，不进行污水处理。空调冷冻水循环系统采用大温差供回水。预装式变电站至各用电点的电缆敷设采用电缆排管的方式。重要机房消防通道和人员密集场所等设置应急照明及诱导照明。

2010 上海世博会石油馆

设计单位：上海现代建筑设计（集团）有限公司

主要设计人员：武申申、张涛、张迅业、张林远、左振海

石油作为一种不可再生的生物能源，如何使其充分循环利用，正成为现代社会节能环保理念的一种共识。外表面运用石油衍生产品作为石油馆外饰面材料，通过 LED 光源的变幻使整个建筑白天和夜晚有不同的效果；建筑外表皮形似石油管道的编织肌理，仿佛是一个能源处理的网络体系，与水幕和水池共同表达了能源往复利用的节能系统，呼应了本届世博会的主题："城市，让生活更美好"。美好的城市生活需要强有力的高效能源作为依托，石油的未来预示着能源的未来，同时更是城市的未来。石油馆以其简洁和明朗的造型，取得了与众不同的效果。

2010 上海世博会荷兰国家馆

设计单位：同济大学建筑设计研究院（集团）有限公司
合作设计单位：HAPPY STREET BV.

主要设计人员：赵颖、肖艳文、蒋竞、罗志远、徐钟骏

荷兰馆由一个螺旋上升的步行道和 28 个独立的建筑物组成。除少量建筑物直接落地外，其余都悬挂在步行道两侧，随着步行道标高的变化而变化。设计师将荷兰馆建成了，一条快乐街，来诠释"线性城市"理念，构成丰富的城市生活。所有的建筑临街而立，代表着生活区、工作区、工业区等城市生活的各个部分。荷兰馆采用了钢结构体系，主体结构为步行道。沿着这条空间曲线中轴，布置了巨型连续箱梁和支承箱梁的单排钢管桥柱，组成了"简单"的复杂空间结构。所有管线均沿着步行道布置，经过多次管线综合，终于达到了预期要求。

上海中山东二路地下空间开发工程

设计单位：上海市政工程设计研究总院（集团）有限公司

主要设计人员：罗建晖、孙巍、谢明、黄晨、姚坚

本工程是外滩地区综合改造工程的重要组成部分，位于十六铺地区，北起新开河路，南至龙潭路以南约 120m，东西两侧与十六铺水上旅游中心、外滩交通枢纽共墙，向上与外滩通道共板。地下空间开发段长约 245m 宽约 53m，位于外滩通道。地下二层为人行空间，建筑面积 13070m^2；地下三层为停车库，建筑面积 13070m^2，能提供 314 个停车位。本设计首次结合地下道路建设开发利用地下空间，做到地下空间网络化设计，总体方案、出入口布置、建筑布置一体化、集约化，柱网布置一体化。

京沪高铁配套工程——沪青平公路改建工程

设计单位：上海市城市建设设计研究院

主要设计人员：陆显华、陆元春、傅梅、高忭、潘静

改建范围西起诸光路以东 300m，东至虹桥枢纽内部道路 SN6 路，道路全长 1.82km，采用"地道 + 跨线桥"的总体方案下穿上跨区域内 14 条铁路线。交叉口路中采用独柱布置，极大提高地面交通的通畅性、透视性。主跨采用边墩多点支承、中墩独柱、两跨连续钢箱梁的桥跨布置技术。引桥采用简支变连续组合小箱梁，无支架，不设临时支座。跨线桥采用增设纤维增强混凝土连接层技术，与钢结构可靠连接技术。跨线桥引桥两侧分别采用简支、先简支后连续小箱梁两种结构形式，地道泵站采用"无人值守、定时巡查"的管理模式。

上海市轨道交通 10 号线（M1 线）一期工程陕西南路站

设计单位：上海市隧道工程轨道交通设计研究院

主要设计人员：杨玲、周裕倩、陈文曦、闫婧、李丽

轨道交通 10 号线陕西南路站西起襄阳南路，东至陕西南路，与轨道交通 12 号线、1 号线陕西南路站换乘。主体结构外包尺寸为 250m（长）× 19.8m（宽），地下 2 层，站台宽度 11.9m。内部结构采用二层三跨现浇钢筋混凝土箱形结构形式。车站主体按一级防水设防。同时对两站的通风空调设计进行了统筹考虑，最大限度得实现资源优化合理利用。公共区与地块开发结合，建筑空间高低错落，结合不同的建筑层高采用不同的送风方式。

上海市轨道交通 10 号线（M1 线）工程江湾体育场站

设计单位：上海市隧道工程轨道交通设计研究院

主要设计人员：鲍艳玲、吴旻、曲莹、许勇、瞿立

车站为地下二层岛式带配线车站，具有存车折返及检查坑功能。车站总长 489.4m，标准段宽 18.9m，总建筑面积约 20853m^2。依托车站地下综合体与其他交通模式的便捷换乘，形成以地下综合体为核心的地下交通枢纽系统。与周边开发、地下空间开发有机结合。车站与地下空间接头采用车站设简支接头单缝的连接方式。车站结构、桥梁采用整体连接。河道处车站与地下空间接头采用变形缝接头，同时加强接缝处防水处理。设置区间结构排烟风道及迂回风道，与车站中部区间风机沟通，进行活塞风泄压。车站采用智能应急疏散照明系统，采用变频技术、马达综保、PLC 控制等智能化设备。

上海市轨道交通 7 号线芳甸路站

设计单位：上海市城市建设设计研究院

主要设计人员：徐正良、宁佐利、汤晓燕、黄丽君、王卓瑛

车站形式为地下二层站前折返岛式车站。车站长度为 354.8 m，宽 18.6 m，整个地下空间呈长条形。芳甸路站是地下中庭车站，将站厅层中部乘客极少停留和穿越区域的部分楼板取消，形成两层挑空的共享空间，优化站厅、站台公共区乘车环境。该设计进行了多工况性能化防火分析。研究以美国 NFPA130 标准中的气体温度、一氧化碳浓度、能见度、热辐射量等为技术指标，进行了火灾疏散模拟分析。研究验证了防火系统的安全可靠性。

上海北翟路（辅助快速路—外环线）改建工程

设计单位：上海市城市建设设计研究院

主要设计人员：周振兴、周廷、吴勇、王树华、闫兴非

该工程全长约 4.93km，全线除高架桥外，还包括七莘路（匝道）立交、外环立交 2 座互通立交，以及地面道路中小桥 5 座。按照总体设计、分期实施的原则，分别在七莘路和外环线节点设置互通立交，同时保留了快速路向东延伸与中环线连接的可能性。桥梁断面采用蝶形箱梁，根据桥梁的宽度选择合适的宽跨比。开发出新型的抗震支座，解决了连续梁超长跨径的问题，也为业主节约了将近 1000 万元的投资。为避让管线，优化设计下部桩基，80% 的桩基进行了变更，巧妙地解决了管线碰桩基的问题。

2010 上海世博会园区浦西部分道路及市政配套设施

设计单位：上海市城市建设设计研究院

主要设计人员：刘伟杰、徐一峰、蒋应红、张轶群、胡佳萍

道路总长约 7km，在路面面层设计上采用 SMA 结构。基层结构采用水稳碎石替代传统三渣结构。同时，考虑到世博建设的特殊性，提出了上面层采用两阶段设计的方法，人行道铺面结构采用生态环保型透水路面，石灰土路基加固改为全面采用“HEC 固结渣土”新技术。排水工程将上海老城区已建的合流制排水系统彻底改建为分流制排水系统，降雨初期污染物含量较高的雨水被收集、存储在调蓄池中。

辽宁铁岭新城桥梁新建工程——凡河四桥

设计单位：上海林同炎李国豪土建工程咨询有限公司

主要设计人员：潘龙、许瑞红、严国香、富利飞、任淑琰

凡河四桥是新城区城市次干道澜沧江路跨越凡河的重要交通节点。主桥结构为梭形独塔斜拉桥，两侧引桥结构为 30m 预应力混凝土连续箱梁。该桥桥梁总长 400m，跨径组合为 2×30 m +140 m +110 m +3×30m，双向四车道，设非机动车道和人行道。主桥全宽 32.3m，引桥横断面宽 28.3m。斜拉桥主塔为三根弧形塔柱在空间交织成梭形，塔柱间采用撑杆进行连接。索塔全高 90m，由一根中塔柱和两根边塔柱组成，为全钢箱结构，主梁采用钢 - 混凝土混合梁，主跨及边跨主梁均采用扁平式钢箱梁，桥塔处墩顶段采用预应力混凝土主梁。

宁波东外环—北外环立交工程

设计单位：上海市政工程设计研究总院（集团）有限公司

主要设计人员：陈磊、丁兴国、吴庆庆、袁建兵、冯义鹏

本工程位于规划外环快速路的东北转角处，为大型枢纽型城市互通立交，桥梁结构总面积约 5.6 万 m^2。设计方案采用三层半“迂回 + 定向”式全互通立交。在满足较高的交通功能和线形标准（最小平曲线半径 85m，匝道最大纵坡 5%）并布置了较为完善的辅道、人非通道的情况下，建筑高度和占地面积低于其他类似规模立交的经济指标。采用了换填处理、水泥搅拌桩、小直径钻孔灌注桩、预制 PC 管桩等多种地基处理方式。为了减低或控制整体立交的建筑标高，选择了合适的结构形式与跨径。

上海中环线浦东段（上中路越江隧道—申江路）新建工程 7 标

设计单位：上海市政工程设计研究总院（集团）有限公司

主要设计人员：孔庆伟、朱世峰、王士林、臧瑜、戴伟

本工程的立交等级为城市枢纽 Ⅰ 级，共 5 层（含地面道路），建筑高度约 35m。中环线红线宽度 70m，主线为双向八车道，设计车速 80km/h；机场北通道红线宽度 60m，主线为双向八车道，设计车速 80km/h；申江路（华夏路以南）红线宽度 50m，主线设计车速 80km/h；中环地面道路为双向八车道，其他均为双向六车道，设计车速 50km/h。工程设计从宏观上将立交置于城市路网的全局中分析转角立交的交通特性，在“环向连续”的设计构想下，引入了主线分合流设计理念，使立交的总体交通组织更趋合理，同时保证了各主要流向的线形标准。立交总体设计结合工程实际，提出了可行的高压走廊的搬迁方案，有效合理地节约了用地。

上海市轨道交通 13 号线卢浦大桥站

设计单位：上海市隧道工程轨道交通设计研究院

主要设计人员：万钧、叶蓉、吴佳莹、赵旭宁、金叶

卢浦大桥站位于浦西世博园区中山南路、龙华东路之间的蒙自路下方，呈现南北向设置，车站规模为 222m×17.6m。该站是地下二层岛式车站。车站方案总体呈现出功能完善、合理、经济、适用的特征。车站建设设计也预留了与东侧新世界地块地下商业开发空间衔接的接口；风井与新世界地块开发结合恰当，运营噪声低，排放对周边环境影响极小。车站装饰设计方案简洁大方，指示清晰明确，普遍运用LED照明节能环保先进技术。车站结构设计采用地下连续墙围护及混凝土框架结构形式。车站风、水、电等设备设计完善、舒适宜人。车站规模以远期客流为依据，兼顾考虑了世博期间大客流的特殊情况。

江苏宜兴市荆邑大桥重建工程

设计单位：同济大学建筑设计研究院（集团）有限公司

主要设计人员：成芸、陶海、王硕、励晓峰、宗良慧

荆邑大桥主桥为斜拉桥结构受力体系，主塔采用双拱塔建筑造型，主跨为 106m，标准段桥宽 51m。主跨主梁采用全钢箱结构，边跨主梁采用预应力混凝土结构。主、边跨荷载通过拉索传递给主副拱塔，主副拱塔之间采用钢拉杆传力。双套拱塔和斜拉索、拱间钢拉杆形成空间结构，锚固结构是拱塔和梁之间连接的重要节点。大桥在桩基设计时综合采用嵌岩桩和摩擦桩两种桩型。在设计过程中同时考虑施工方案的可行性，确定了液压提升竖转主副拱塔的方案。

2010 上海世博会浦东园区高架人行平台工程

设计单位：上海市政工程设计研究总院（集团）有限公司

主要设计人员：孙巍、张剑英、李永君、周浩、刘琤

该工程是园区内连接各展馆和室外空间的重要人流通道，将各展馆空间和室外空间有机串联，构筑园区最主要的人车分行系统，为人群提供交通集散、遮阴避雨及游憩休闲等功能。高架人行平台包括 1 条东西向主轴和 3 条南北向次轴，全长约 4080m，总面积约 11.16 万 m^2。高架人行平台在总体布局上串起了浦东园区的三大片区广场、五大出入口广场以及永久性展馆，包括世博轴、主题馆、中国馆、演艺中心，人行交通系统覆盖了整个浦东园区，其主要定位为：世博导览通道、世博活动看台、世博建筑游廊。

上海曹安公路拓宽改建工程

设计单位：上海市城市建设设计研究院

主要设计人员：徐一峰、郭卓明、王堃、王海荣、谢鑫

曹安公路拓宽改建工程起点位于曹安公路外青松公路路口以东，起点桩号为 K0+000。工程终点位于曹安公路万镇路路口，终点桩号为 K23+430.937。路线全长 23.43km，其中江苏省花桥镇范围内 1.3km，嘉定区 22.13km。曹安公路作为老路拓宽改建项目，主要有以下几点设计特点：平面线形尽量和老路吻合，纵断面设计满足规范和相关航务水务的要求；断面布置尽量考虑近远期结合，并结合施工期交通组织合理布置；对老路基进行挖台阶处理，并且在新老路基搭接部位骑缝铺设土工格栅，以对新老路基的不均匀沉降起到缓解作用；路面结构采用水稳性较好的水泥稳定碎石基层，路面采用优质 SMA 面层。

上海罗店中心镇公共交通配套工程罗南新村站

设计单位：上海市隧道工程轨道交通设计研究院

主要设计人员：陈文艳、金崎、潘翔、王安宇、吴一鸣

罗南新村站为上海轨道交通 7 号线北延伸段的高架车站之一，位于上海市重点建设的“一城九镇”之一的罗店中心镇。车站主体结构设置在沪太路路中，呈南北走向，为高架三层路中侧式车站。车站建筑布置合理，以人为本。打破了常规仅设 1m 宽的上行自动扶梯，视客流情况采用了 600mm 的小型自动扶梯，既方便了乘客，又节省了投资。车站站台屋面采用膜结构，采取两扇打开的贝壳造型，很好地解决了采光和通风的问题。站台层公共区的照明控制在原来BAS可控的基础上，增加了时间控制，实现了按需要灵活控制照明的功能。

上海桃浦路蕴藻浜大桥及引桥

设计单位：上海市城市建设设计研究总院

主要设计人员：陈玮、彭俊、曹海顺、周良、赵剑

本工程是上海轨道交通 11 号线的配套工程。设计道路等级为二级公路，规划红线宽 40m，道路全长 1.16km，桥梁总长 772m。其中主桥长 201m，宽 33.5m，为全钢结构。蕴藻浜大桥主桥的建筑造型为“嘉定之脊”，形如脊椎动物体内起承重和沟通作用的脊梁，形象而富有内涵。主桥的结构形式创新地采用了钢桁架 – 钢桁拱组合结构体系，不仅完美地演绎了建筑形象，而且结构受力合理，安全又经济。

昆明东连接线支线道路工程

设计单位：上海市政工程设计研究总院（集团）有限公司

主要设计人员：黄岩、俞明建、王萍、夏炎早、徐俊

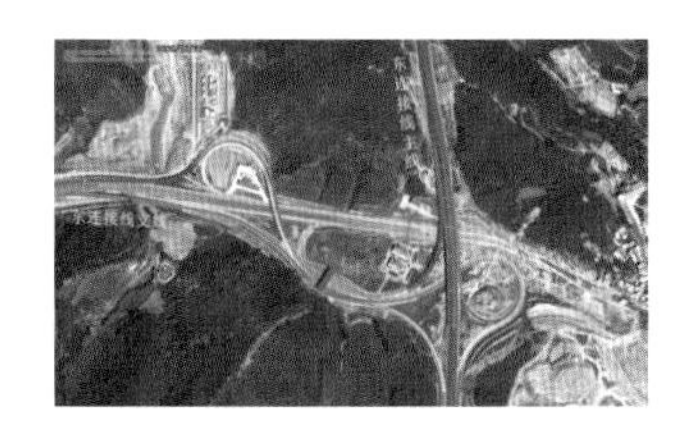

昆明东连接线支线工程位于昆明市郊，规划不确定性因素多，道路沿线地形起伏大，地质条件复杂（分布有溶洞、软土等各类不良地质），设计等级高（城市主干道Ⅰ级，并在两面寺立交终点接主线高速公路），标准多（城市道路和高速公路两套标准），设计周期短、工作量大。设计结合当地实际，在满足技术标准和使用功能的前提下，优化方案，降低工程造价，并避免对线路沿线生态环境产生过大影响。项目在道路线型组合设计、山岭重丘区立交设计、软基溶洞处理、高边坡支挡防护、桥梁结构设计、结构抗震设计等方面较有特色。

上海 A30-A15 互通式立交工程

设计单位：上海市政工程设计研究总院（集团）有限公司

主要设计人员：张瑜、朱蔚、戴海君、顾赛辉、周华宝

A30–A15 互通式立交采用三层式部分苜蓿叶 + 迂回的形式，与已建塔闵路 –A30 单喇叭立交组合成复合式立交。主线标准段桥宽 16.38m，桥梁结构主要采用 22m 的简支板梁结构、30 ~ 45m 的简支 T 梁结构，下部采用双柱墩加大悬臂倒 T 预应力盖梁的形式。本工程采用了现浇混凝土薄壁管桩复合地基技术，具有施工质量容易控制、无需长时间预压、承载力高、总沉降量小、检测方便、桥头跳车改善程度好等优点。

2010 上海世博会园区超级电容公交车供电配套设施

设计单位：上海市城市建设设计研究院

主要设计人员：唐贾言、钟建辉、孙文洁、许佳雯、钟衫

本工程包括整流站、降压变电所、沿线充电的充电亭和馈电电缆。整流站采用12脉波整流机组二路10kV高压电源供电，高压侧采用单母线分段接线方式，两路电源同时供电，母联常开。直流侧设置三套整流装置，二用一备，直流侧采用单母线加旁路母线的接线方式。馈线电缆采用低卤低烟阻燃硅烷交联电缆，具有绝缘介质稳定性好、可避免通电涡流、过负荷能力较大等特点。充电网系统采用负线不接地供电方式，还设置了电力监控系统（SCADA），通过远程的公交供电调度控制中心对整流站实行遥测、遥控。

上海天山西路（华翔路—A20公路）道路新建工程

设计单位：上海市政工程设计研究总院（集团）有限公司

主要设计人员：有华锋、朱廷、冯义鹏、卫东、朱婧颖

本工程全线按城市次干路标准设计，线路长度约4.5km，规划红线宽度40～60m，设置机动车道双向六车道，两侧另设非机动车道与人行道。全线有地面桥梁6座，下穿高铁及磁浮地道1处，地道泵站1处。道路工程采用HEC固结渣土方案，施工中对废弃建筑垃圾进行处治后用作路基材料，既节约了造价，又减少了建筑垃圾对环境的影响。道路景观协调，满足绿化指标要求。地道工程是下穿高铁的机动车通道，为U形坞式结构，中间部分为高铁用地控制区。基坑围护采用水泥搅拌桩重力式挡墙，围护桩体咬合搭接形成受力结构兼止水帷幕。

上海浦东南路（浦电路—上南路）、耀华路（上南路—长清路）改建工程

设计单位：上海浦东建筑设计研究院有限公司

主要设计人员：黄承华、马晓刚、赵巍、顾珍苗、张佩莹

浦东南路改建工程是一项综合性工程，涉及市政、管网、绿化景观、灯光、建筑立面改造等多专业、多行业的协调与整合。浦东南路沿线相交道路共有20条，中心城区限制众多，针对每一路段的实际情况拟定了相应的设计断面。在桥梁设计中，将新建桥梁分两步实施，先实施两侧辅道桥以维持现状交通，再实施中间主桥。本工程全部采用便于快速施工的新材料、新工艺，缓解了在建设中造成的道路拥堵。设计阶段充分考虑施工过程，合理利用非常规结构避让地下预留建筑物。

上海辰山植物园水体净化场工程

设计单位：上海市政工程设计研究总院（集团）有限公司

主要设计人员：卢峰、邹伟国、刘永宁、吴先志、陶凤德

上海辰山植物园水体净化场位于辰山植物园西入口附近，服务景观水体面积约30hm^2，设计循环周期30d，总循环水量为13000m^3/d。景观水补充水取自植物园南河，属松江区油墩港支流，水质为劣V类，景观水体水质目标为IV类。本工程工艺设计合理、土建结构安全、设备运行稳定、仪表自控先进、厂区环境美观，自2010年4月通水运行以来，运行情况理想，2010年10月起景观水体水质达到地表水III类标准，优于地表水IV类的设计标准。

上海金山城市沙滩工程（金山区保滩暨岸线整治工程）

设计单位：长江勘测规划设计研究院上海分院

主要设计人员：阮龙飞、徐建益、王永庆、江莱、赵力娟

上海金山城市沙滩工程在杭州湾 -3.0~-5.0m 滩面处，就地取材，采用聚丙烯编织袋充填管袋，有效地解决了在深水、动水中围堤成形，围堤穿越现有车客渡码头桩群及土坝防渗等难题，新建围堤形成总面积约 1.25km^2 的水库。水库围堤为 2 级建筑物，总长 3529.38m，其中西侧围堤 500.0m，外侧围堤 2369.55m，东侧围堤 659.83m。为确保水库水质，在围堤上建有规模 9.0m^3/s 的取水泵站和规模 2 孔 3m × 2m 的排水涵闸各一座。

苏州市中心城区污水处理厂升级改造工程——福星、娄江、城东

设计单位：上海市政工程设计研究总院（集团）有限公司

主要设计人员：卢义程、张欣、王瑾、翁伟、李滨

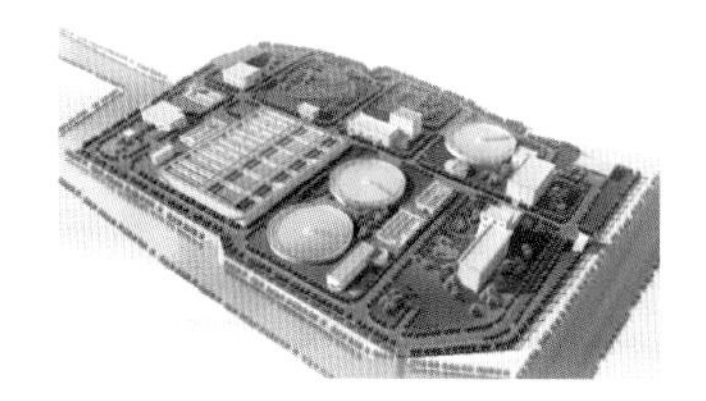

福星污水处理厂位于京杭大运河的东北面，福运路以西，福星小区西南角，升级改造工程设计规模 18 万 m^3/d；娄江污水处理厂升级改造工程设计规模 14 万 m^3/d。福星和娄江均采用改变时序强化脱氮 + 高效沉淀池 + 微絮凝过滤的二级除磷工艺。城东污水处理厂总规模为 4 万 m^3/d，升级改造工程维持原设计规模。城东厂为老厂改造，周边紧邻居住区，设计全封闭加盖的曝气池并采用土壤滤池和植物液方法联合除臭，曝气池上方布置绿化带改善环境，取得了很好的效果。

上海桃浦河泵闸工程

设计单位：上海市水利工程设计研究院

主要设计人员：张宝秀、肖志乔、李国林、周金明、章少静

本工程位于上海市宝山区境内桃浦河北端（近蕴藻浜），主要内容是新建 40m^3/s 泵站一座、12m 净孔宽的水闸一座以及泵闸工程的配套设施等。工程平面通过合理的布局，解决了施工期导流和工程运行对蕴藻浜通航的安全影响问题。对集水井结构设计创新，提出了钢壳沉井式集水井，水泵进出口处重要部位的二期混凝土采用新材料，解决了浇筑难度大、质量控制难、易引起渗水的问题。改进水导轴承的结构，并采用新型的冷却水循环散热系统，节约了用水量。

东莞市第六水厂（一期）深度处理工程

设计单位：上海市政工程设计研究总院（集团）有限公司

主要设计人员：王如华、曹伟新、沈小红、彭夏军、唐旭东

东莞市第六水厂位于东莞市东城区鳌峙塘东江南支流南岸，规划总规模为 100 万 m^3/d，其中一期工程建设规模为 50 万 m^3/d。第六水厂原水为东江，水质总体符合《生活饮用水水源水质标准》，主要污染因子为有机物污染，与东江紧邻的运河排洪期间会造成色度、氨氮、COD_{Mn}、臭味等不同程度超标。设计供水水质满足《生活饮用水卫生标准》，主要工艺流程为：东江原水——取水泵房——预臭氧接触池——配水井——网格絮凝池——平流沉淀池——V 形滤池——中间提升泵房——后臭氧接触池——活性炭滤池——接触池——清水池——二级泵房——供水管网。

厦门市石渭头污水处理厂改扩建工程

设计单位：上海市政工程设计研究总院（集团）有限公司

主要设计人员：俞士静、顾建嗣、彭弘、龚晓露、朱熊

厦门市石渭头污水处理厂远期规模为 50 万 m^3/d，本次改扩建工程规模是二期 10 万 m^3/d 的扩建和一期 10 万 m^3/d 的升级改造，总规模 20 万 m^3/d 同步达标排放。本工程工艺设计合理，土建结构安全，设备运行稳定，仪表自控先进，建筑环境美观，自 2009 年 12 月 23 日通水和试运行以来，运行情况理想，各项出水指标均低于设计排放标准。

交通路（真北路—真南路）、真南路（同济沪西校区—真北路）道路积水点改善工程

设计单位：上海市隧道工程轨道交通设计研究院

主要设计人员：黄仁勇、冯爽、马申易、殷中泓、赵旸

本工程位于普陀区的西北部，交通路两侧建筑以居民住宅为主，真南路北侧为同济大学沪西校区，南侧为居民住宅。在设计过程中，结合实际确定了合理可行的设计方案，近期可以缓解路面积水，远期与系统规划良好衔接。工程实施后，使工程范围内的排水管网完全达到规划和使用要求，因管道系统不完善而造成的雨污混接现象得以改善，防涝排水能力大大提高。

无锡新区再生水回用示范工程

设计单位：同济大学建筑设计研究院（集团）有限公司

主要设计人员：刘赫、杨殿海、刘新超、毕雅明、胡国林

为削减无锡新区的污染物排放总量，提高再生水回用利用率，达到增产不增污的目的，特建设本示范工程。本项目采用加氯脱氮工艺、V 形滤池作为过滤工艺，采用臭氧活性炭滤池作为超滤反渗透的前处理工艺。项目实施后，每年减少大量氮、磷污染物排放，年节约自来水用量 657 万 t，成为国内光伏产业回用水的示范性工程。

杭州高新区（滨江）自来水厂应急工程

设计单位：上海市政工程设计研究总院（集团）有限公司

主要设计人员：邬亦俊、许嘉炯、周建平、方以清、许大鹏

杭州市高新区（滨江）自来水厂应急工程设计规模 15 万 m^3/d，净水厂工程包括预处理、加强常规处理、深度处理、污泥处理以及避咸工程设施。采用“预臭氧氧化 + 加强常规处理 + 深度处理”以及应急措施四道净水工艺组合应用的方式，确保出水水质。各项出水指标均达到并优于国家规定的指标要求，其中出水浊度基本控制在 0.2NTU 以内。

上海崇明北沿滩涂促淤圈围（三期）北六滧至北八滧海塘达标工程

设计单位：上海市水利工程设计研究院

主要设计人员：俞相成、张赛生、李锐、李国林、康晓华

崇明北沿滩涂促淤圈围（三期）北六滧至北八滧海塘达标工程位于长江口北支出口南侧，崇明岛东北部边滩，工程总投资约 2.8 亿元，圈围面积 1.12 万亩（约 7.45km^2），主要内容包括新建围堤（总长 7.6km）、1 座引水涵闸、2 座排水涵闸、围内吹填和随塘河等。主要设计特点有：（1）提出筑堤、吹填和水系三同步的实施方案，达到进度与投资最优化。（2）因地制宜，优化设防标准。（3）研究并首次应用新型护面结构。（4）提出并采用“堤后堆载、自然固结、卸载利用”的软淤土地基处理方案，解决围堤施工期的稳定问题。

苏州市中心城区福星污水处理厂二期工程

设计单位：上海市政工程设计研究总院（集团）有限公司

主要设计人员：卢义程、徐建初、王瑾、王宇尧、李滨

苏州市中心城区福星污水处理厂位于京杭大运河的东北面，福运路以西，福星小区西南角，一期已建规模 8 万 m^3/d，二期扩建规模为 10 万 m^3/d，一、二期总规模 18 万 m^3/d。福星污水处理厂二期生物处理构筑物采用有脱氮除磷功能的改良型交替式生物反应池工艺。改良型交替式反应池有效水深设计 7.5m，供氧采用底部曝气微孔曝气管，供气采用新型高效磁悬浮离心鼓风机，风量可变频调节，实现工艺控制节能的目标。二期工程建成后，一期和二期同步达到《城镇污水处理厂污染物排放标准》的一级 B 标准。

江苏宜兴市太华龙珠水库

设计单位：上海勘测设计研究院

主要设计人员：米有明、张志强、殷杰、倪文杰、徐柏龙

龙珠水库总库容 374.74 万 m^3，主要由黏土斜墙堆石坝（挡水坝）、杨店涧主河道混凝土溢流坝、引水管道等建筑物组成。挡水坝为黏土斜墙堆石坝，分为南、北两个坝段，其中北坝段长 274m，南坝段长 183m，中间为 40m 长的溢流坝段。最大坝高 26m。泄洪建筑物为坝顶溢流式，溢流坝为开敞式（不设闸门），分三孔，每孔净宽 12m，溢洪道采用台阶式消能方案。溢流坝上下游侧采用了扶壁式挡墙。引水管道埋置在溢洪道右岸边墩及上、下游翼墙混凝土内，由进水口段、压力钢管段、工作阀室及出水池等组成。

江苏王子制纸有限公司水处理及废水处理厂

设计单位：上海市政工程设计研究总院（集团）有限公司

主要设计人员：王锡清、金彪、顾雪锋、高武、赵岳翔

江苏王子制纸有限公司分三期建设，对应于造纸生产线的实施，废水处理厂也分为三期建设，其中一期分为 MC（造纸生产线）和 KP（木浆生产线）两阶段。一期 MC 阶段，废水处理厂的处理规模为 1.74 万 m^3/d，设计出水水质达到《制浆造纸工业水污染物排放标准》。废水处理采用纯氧曝气（UNOX）系统，处理后出水部分外排，部分作为回用水，用于废水厂和造纸厂的冲洗用水。

苏州城市防洪外塘河枢纽工程

设计单位：上海勘测设计研究院

主要设计人员：王凌宇、刘宏、孙秋菊、黄毅、谢丽生

外塘河枢纽是苏州市中心城区防洪工程控制建筑物之一，工程等级为 I 等，工程静态总投资为4212.76 万元。工程位于中心城区东北面的外塘河上，距离外塘河大桥约 75m，其主要功能为防洪、排涝和改善城市水环境。工程由双孔 2×14m 的节制闸、总流量 $15m^3/s$ 的双向泵站以及管理区组成。

上海通用王港厂区工程中心综合试验楼

设计单位：上海市机电设计研究院有限公司

主要设计人员：徐是、龚允文、李莉、陈育敏、陈浩

综合试验楼由发动机试验室、汽车振动噪声试验室、办公室三部分组成，为三层（局部四层）钢筋混凝土框架结构，建筑面积 $14417m^2$。立面以简洁、明快、有节奏感的横线条，充分表现出现代化工业建筑的流畅、灵动及美感。声学试验室，尤其是整车半消声室，对周围环境的振动、声音要求较高，而该试验楼功能上又需要包含发动机试验、道路模拟试验这些试验（相当于振动源）。因此，布局上采取各个功能相对独立布置的形式，以满足工艺要求。在试验准备区域的布置上，采用了联合准备区域的形式，在保证试验准备面积的同时避免单独设置准备间的浪费。

华能阜新风电场一期（高山子）工程

设计单位：上海勘测设计研究院

主要设计人员：李健英、秦东平、沈达、郁建忠、林毅峰

本工程位于辽宁省阜新市，安装有 67 台单机容量为 1500kW 的风机，总装机容量为 100.5MW。新建 66kV 变电站 1 座。设备国产化率高达 70% 以上。采用 WAsP 软件进行风资源分析，优化微观选址，为远期发展预留空间。设计中首次在山区兆瓦级风电场采用钢筋混凝土非线性三维有限元方法对风机基础结构进行分析，优化风机基础结构设计。在接地设计中，除采用常规的降阻剂方案外，还采取了沿道路直接敷设接地联络线将 2km 范围内的风机地网相连，并在 2km 范围内土壤电阻率较低处设置外引接地网的方案来降阻。升压站综合自动化系统采用装置直联上网模式，取代以往传统的特定通信层模式，使系统网络冗余度高、通信速率快、抗干扰性强、可靠性高。

上海梅山钢铁股份有限公司新增炼钢厂新增板坯手工火焰清理机组工程

设计单位：上海梅山工业民用工程设计研究院有限公司

主要设计人员：朴承善、张小林、杜颖、石艳莉、樊步云

根据梅钢 350 万 t/a 产品方案的质量要求，在连铸车间板坯库东侧建设一座连续式板坯手工火焰清理机组，年清理产量为 100 万 t/a。手工火焰清理机组采用“U”形布置，清理后的板坯经称量后直接送往下道工序。

手工火焰清理机组由上料台架、升降辊道、固定辊道、链式输送机、翻钢机、称量辊道、输送辊道等组成。板坯在通过两台链式输送机的两个清理区时，同时对六块板坯进行清理。清理后的铁皮从清理区的网络板落入基坑内，便于生产中定期清理基坑内的铁皮。板坯通过清理区时，可以连续地对板坯进行清理，并实现板坯内、外弧面的全面清理。该工程投产后，主要生产指标和能耗指标都达到了国内先进水平。

上海雄风起重设备厂新建厂区

设计单位：上海申联建筑设计有限公司

主要设计人员：崔新红、陈伟太、黄永贵、俞洪泉、黄军飞

本项目地处上海市松江区佘山镇（佘北工业区），基地面积约为 20102m²。厂区的火灾危险性分类为丙类，地震设防烈度为 7 度。项目以建设“生态化厂区”“园林化厂区”为设计指导思想。厂区建筑采用现代风格，立面整体按三段式划分，充分考虑采光要求和在细节中求变化。精致的造型细部及造型独特的顶部组成了风格统一、形式多变的立体环境，体现了新世纪现代工业厂区独特的建筑风貌。

上海杨浦区复兴岛公园改造工程

设计单位：上海市园林工程有限公司

主要设计人员：吕志华、尹豪俊、万林旺、何翔宇、徐金花

复兴岛公园位于上海市杨浦区复兴岛内，占地 4.19hm²。本次公园改造延续原有的日式园林风格，增加植物品种，使生态群落更具多样性；调整原有栽植密度，使植物生长空间更为合理，由此营造良好的植被环境，同时增加补充松、柏、樱花等植物品种。在改造设计中整改原有排水系统，通过雨污水分流处理、原有景观水域清淤疏浚、增加循环水泵等措施，提升公园内水系统的循环自净能力，突出强调公园原有日式风格，同时修缮复兴岛收回纪念碑等标志性景点。

江苏常熟市滨江公园

设计单位：上海市园林设计院有限公司

主要设计人员：还洪叶、白燕凌、聂婵俊、尤德劭、忻婉蓉

常熟市滨江公园位于常熟市区的经济开发区中心区域，规划占地面积为 11.43hm²。公园地形围绕整个大湖面展开，整体地形最高点高达 6m，通过地势的分隔和组织，形成各个不同的景观空间。公园根据不同的使用功能分为：入口区、运动活动区、儿童活动区、养生区、中心湖景区、滨水景区。中心湖景区周边设置亲水场地，通过沿河步道使园林绿化与水景有机结合，相得益彰。植物配置形式有花境、疏林草地、河滨水生湿地植物群落。整个绿地水陆相间，风景怡人，展现出了美丽的自然风光。

上海崇明新城公园

设计单位：上海市园林设计院有限公司
合作设计单位：艾奕康环境规划设计（上海）有限公司

主要设计人员：杨军、黄荔、王文姬、韩莱平、黄智聪

崇明新城公园位于崇明岛中部，占地 17.22hm²，其中水域占 40%。公园围绕中心湖区设置了具有不同空间特色的活动区域，通过水体的变化和植物的搭配，以公园式的表现手法体现崇明的地域文化及特有的岛屿文化。北部庆典广场规整式布置，体现海岛的开敞大气，是重要的区域集会空间，同时也是公园的主要入口空间，东西均有树阵广场配合，以满足大量人流在不同季节停留所需。广场中心轴线所对为一座百米喷泉。

浙江海盐绮园市民文化广场景观工程

设计单位：中国建筑上海设计研究院有限公司

主要设计人员：刘晓戎、刘金铭、张秀芬

绮园市民文化广场位于海盐县老城区中心武原镇，西南邻接国家文物保护单位绮园，集旅游、集会、休闲、文化等功能于一体，是多功能多元化市民性的文化广场。用地面积为 43257.58m^2。文化主题由城市的源起、历史沿革到以绮园为代表的古典造园艺术，近代人文成就，再到城市新近发展风貌，一脉顺承。以绮园为核心的绿化轴线由南至北，沿用地西侧成带状布置。景观设计方案重点在中心广场体现海和盐的特点。

上海浦东梅园公园改造工程

设计单位：上海浦东建筑设计研究院有限公司

主要设计人员：靳萌、张丽、潘巍、陈莉、祖国庆

本项目属于老公园改造工程，改造设计中始终以人为本，在满足休闲游憩功能的前提下，塑造富有特色、多元的人性化空间，重点强调传承、关怀、融合的改造重塑理念。改造方案重点从功能、造景两个方面入手，调整公园功能分区，平衡各项指标；完善公园交通系统；增设公园公共设施；强化植物景观，突出梅花特色；丰富水体景观，增加亲水空间。公园改造有两大创新：（1）通过工程和生物技术手段，提高水体自净能力。（2）整合空间，实现绿地率和活动场地利用率的双赢。绿地率由原来的 36% 提升到 62%。

上海上南路建筑与环境综合整治工程

设计单位：上海浦东建筑设计研究院有限公司

主要设计人员：林选泉、刘月琴、徐卫创、陈昌禧、贾晓海

上南路因世博会而更新发展，更新了陈旧落后的道路空间与设施，传承了世博文化与浦东历史，融入了现代开放的休闲活力空间，营造出继世纪大道后又一标志性城市发展辐射轴。上南路世博轴入口广场通过“雨洪技术”，向公众展示集雨水收集、滞留、净化、渗透等功能于一体的生态处理系统，展示未来城市社区可持续发展方向。同时设立“体验单元”，展示太阳能运用、传递 LED 光源互动体验。此外积极应用新技术、新材料，如再生木、透水砖、LED 照明、超级植草地坪等，诠释了生态和可持续发展的理念。

上海市轨道交通 2 号线东延伸段工程测量

设计单位：上海岩土工程勘察设计研究院有限公司

主要设计人员：顾国荣、褚平进、郭春生、张晓沪、陆仁财

上海市轨道交通 2 号线东延伸段工程龙阳路站——浦东机场站，线路正线全长 30.843km，其中地下线长 21.180km。本工程广兰路站——唐镇站（长度接近 3km）、华夏东路——川沙站（长度约 2.8km）、川沙站——川沙东路（长度约 2.65km）三个超长区间的贯通测量，在上海轨道交通建设史中罕见。东延伸段工程建设期内的全线控制测量检测、全线沉降与管径收敛测量等工作，确保了盾构隧道的精确贯通和地铁的安全运行。

向家坝—上海 ±800kV 特高压直流输电示范工程奉贤换流站工程勘察

设计单位：华东电力设计院

主要设计人员：王庶懋、陈昌斌、陆武萍、俞萍、刘小青

向家坝－上海 ±800kV 特高压直流输电示范工程奉贤换流站位于上海市奉贤区邵厂镇横桥七组，南为彭平公路，西邻大勒港，西靠浦南运河，距上海市中心约 50km。本项目总用地面积约 17.48hm^2，直流输送功率 6400MW，直流电压 ±800kV，直流双极线路一回。每级采用两组 12 脉冲换流器串联技术，换流变压器容量（24+4）×297.1MVA（其中 4 台备用）。工程勘察结合项目特点采用多种手段进行了细致的现场勘察和室内分析工作，正确评价了各土层的工程特性，并通过综合试桩为设计提供了可靠的岩土参数和基础设计建议，沉桩过程中采取合适的监测手段，很好地控制了沉桩顺序、沉桩速率，保证了桩基质量，创造了良好的经济效益和社会效益。

上海市轨道交通 2 号线东延伸段施工期磁浮设施监护

设计单位：上海岩土工程勘察设计研究院有限公司

主要设计人员：张晓沪、褚伟洪、戴加东、付和宽、郭春生

上海市轨道交通 2 号线约有 1600 多米长度在磁浮保护区范围内，其承台钻孔灌注桩的施工、承台的开挖、立柱的浇筑、轨道箱梁的施工等众多施工工序可能影响到磁浮列车的安全运行。针对轨道交通 2 号线施工影响范围内的 75 个磁浮墩台，成功建立了磁浮轨道结构变形观测体系，通过自动化设备对磁浮结构三维变形进行 24h 连续监控，结合现场人工监护，对海量数据及施工过程进行实时分析，提出了磁浮轨道变形控制参数，形成了高效、快速、准确的信息反馈系统，实现了地铁信息化施工，保障了磁浮列车的安全运行。

上海市 A15 机场高速公路工程测量

设计单位：上海市政工程勘察设计有限公司
合作设计单位：上海市城市建设设计研究院

主要设计人员：顾汉忠、余祖锋、罗永权、丁美、林翔宇

上海市 A15 机场高速公路工程西起浙江省与上海市交界处，接申嘉湖高速公路，经金山、青浦、松江、闵行和浦东五区，东至浦东机场南进场路，全长约 83.5km。包括互通式立交 12 座。本项目测量时间跨度较长，历时两年多，主要内容为：布设四等 GPS 点 144 点，引测四等水准约 130km，实测 1：1000 数字化地形 18km^2，主线定线 85km，纵断面测量长度 85km，横断面测量长度 272km。测量过程中积极应用新技术和新设备，提升技术能力，从而保证了工程的各项测量精度满足规范及业主、设计人员的要求。

上海 A8 公路拓宽改建工程测量

设计单位：上海市政工程勘察设计有限公司

主要设计人员：周志鸿、罗永权、曹建军、张毅、邬逢时

上海 A8 公路拓宽改建工程西起松江立交东侧，经新桥立交、南新铁路地道，至莘庄立交西侧沪杭高速收费口，工程全长 18.07km，工程新建高架段 8.1km。主要工作量为：布设首级 GPS 点控制点 8 点，一级 GPS 点 105 点，引测三等水准约 28km，1 ：1000 数字化地形 380hm^2，中线拟合 18.07km，主线定线 18.07km，纵断面 36km，横断面 72km。本项目采用先进的高科技仪器，确保数据采集、传输、记录的全自动化。专门编制了中线拟合 CAD 辅助程序、桥梁拼接内业数据处理软件、纵横断面一体化软件，以实现自动计算及分析评价，极大地提高了作业效率和测量成果准确率。

天津市老城厢地区 10 号地块基础设计咨询

设计单位：上海岩土工程勘察设计研究院有限公司

主要设计人员：顾国荣、杨石飞、王恺敏、李晓勇、钟邑桅

天津市老城厢地区 10 号地块位于天津市老城厢地区，北至城厢北路，西至城厢中路，北至北城街，南至鼓楼东街，包括 54 幢 3 层别墅楼（框架结构）、10 处商业公用建筑（其中一处配套用房为 2 层，其余为 3 层，框架结构），总占地面积为 6.56 万 m^2，总建筑面积为 5 万 m^2。本项目从勘察到设计到施工的一揽子解决方案，超越了常规设计，节省了大量投资，缩短了工期，取得了良好的经济效益和社会效益。

南京至南通段铁路电气化改造精密控制测量

设计单位：中铁上海设计院集团有限公司

主要设计人员：陈军、王文庆、朱锦富、徐幸福、祝建农

本项目西起南京铁路枢纽京沪线林场站，途经六合、仪征、扬州、江都、泰州、姜堰至海安，与新长铁路相交，过海安经如皋至南通，与沪通铁路衔接，全长约 268.3km。本项目包括选埋点位 CPI 84 个，CPII 418 个，三等水准点 182 个；施测 CPI GPS C 级控制网 97 点；施测 CPII GPS D 级控制网 524 点；施测三等水准网 188 点，377.3km；精确测定既有线定位点 5500 多个。技术先进性主要体现在：（1）建立了统一的平面、高程控制基准网，即勘测设计、工程施工、运营维护"三网合一"的控制基准网。（2）对 GPS 布设网形进行优化，边网混连，工作效率最佳。（3）根据环视图进行星历预报，制定最佳观测时间。

石家庄市二环快速路提升（北二环段）工程勘察

设计单位：上海市政工程勘察设计有限公司

主要设计人员：陈亮、周黎月、杨光、刘福东、田丽霞

本项目位于石家庄现状二环路上，包括北环高架与泰华大街立交桥等四个节点的高架桥工程。本次勘察方案布置综合运用钻探、坑探、原位测试（标准贯入、动探、波速试验）与室内试验相结合的方法，尤其是针对拟建场区存在巨厚层卵石层、湿陷性黄土层等，采取了针对性的勘探手段，详细查明了场地的地层分布，编制了详细完整的勘察报告，经设计单位和施工单位检验，勘察报告所提供的土层分层、持力层埋深及地层参数与实际吻合。

上海人民路隧道变形测量

设计单位：上海岩土工程勘察设计研究院有限公司

主要设计人员：褚伟洪、周本辰、梁益民、韦信赧、王艳玲

人民路特大直径隧道穿越黄浦江，是黄浦江两岸交通枢纽的重要通道之一。隧道主线分南北两条，西起人民路福建南路路口，于原十六铺客运码头处下穿黄浦江，东至东昌路银城东路口，全长 2470m。监测数据真实反映了大直径泥水平衡盾构在浅覆土、近间距情况下施工时隧道纵向地表沉降、隧道间深层土体水平位移、先建隧道结构位移、先建隧道所受弯矩和土压力的变化规律，全面保障了隧道、管线、建筑物、防汛墙的安全。

上海松浦三桥工程测量

设计单位：上海市城市建设设计研究院

主要设计人员：余祖锋、丁美、杨欢庆、谢远成、李友瑾

本项目为松卫公路的关键节点，测量任务包括工程平面和高程控制网的布设、地形测量、中桩放样、纵横断面测量等。为保证合拢精度，在黄浦江两岸制作强制观测墩5个。平面控制点位中误差最大为0.36cm，最弱相邻点边长相对中误差为1/826000。以二等水准精度要求布设高程控制网，并在黄浦江两岸各布设约60m的深埋水准点，水准线路总长9.4km。高程控制完成跨江测距三角高程传递边2条，跨江高程传递的图形结构为四边形，跨度为0.3km。工作过程中注重提高作业的自动化率，积极应用新技术和新仪器，提升技术能力。

上海东海大桥近海风电场工程勘察

设计单位：上海勘测设计研究院

主要设计人员：徐柏龙、霍玉仁、刘计山、刘擎、范胜华

本项目位于东海大桥附近的东海海域，距南汇嘴岸线8 ~ 13km。安装34台单机3MW级风力发电机组，装机容量102MW，年发电量2.67亿kWh。本项目涉及海上高耸结构、超长超大直径钢管桩基础、大型动力设备基础、软土地基、复杂海洋环境、海事、航道、船舶、海底电缆、顶管、超高限海上吊装安装等诸多复杂技术。风机基础坐落于巨厚的第四纪第四系松散堆积物上，勘察采用了海上静力触探、旁压试验、波速测试、电阻率测试等手段，均属于国内或上海地区海洋工程中率先采用的多种原位测试新技术、新手段，为本工程的设计与施工提供了强有力的地质技术支撑。

博世（上海）总部大楼工程勘察

设计单位：上海协力岩土工程勘察有限公司

主要设计人员：董为光、董为靖、陆顺兴、范恒龙、卿笃乐

本项目主楼地上9层、地下2层，框剪结构，桩筏基础，总建筑面积7.7万m^2。勘察除采用常用的钻探、静力触探、标准贯入试验外，还采用注水试验、十字板剪切等多种测试手段。室内试验增加了三轴、渗透、无侧限抗压强度试验和静止土侧压力系数测定等多项特殊试验。通过精心勘察，揭示了场地各岩土工程地质条件，提供了全面的岩土工程参数，结论建议合理。为本工程地基基础设计和施工提供了准确可靠的依据，取得了明显的经济和社会效益。

上海仙霞西路隧道施工第三方监测

设计单位：上海市测绘院

主要设计人员：陈东亮、姚文强、康明、王传江、陈莉莉

本工程是进出虹桥交通枢纽的重要通道，也是上海首条穿越运行机场的车行隧道。隧道采用盾构法施工，全长1.688km，直径11.65m。隧道贯通控制测量进行了地面首级平面高程控制测量、地下平面高程控制测量、洞门中心测量三项工作。为确保盾构穿越机场禁区时机场的安全运行，对隧道施工过程进行全面的沉降监测。在穿越试验段及虹桥机场新建绕滑道时，做到了在“机场不停航，盾构不停止”情况下的24h不间断监测，及时为指挥部和施工单位提供了精确的数据。在机场禁区进行沉降监测，“全站仪场外相对高程测量”是本项目的关键创新技术。

上海港国际客运中心岩土工程勘察

设计单位：上海豪斯岩土工程技术有限公司

主要设计人员：金耀岷、秦承、孙明跃、肖鸿斌、段新平

上海港国际客运中心项目位于北外滩，南临黄浦江，场地长约350m，地下结构体量巨大。场地紧邻黄浦江，地表水和地下水的联系直接影响基坑设计和基础施工，本次勘察的重点是桩基选择和地下空间的基坑勘察。通过综合的勘察手段，划分出古河道切割区和正常地层沉积区，分析了各土层作为桩基持力层的可行性，评价了承压水对基坑稳定的影响和黄浦江与场地潜水的联系，提出了合理的桩基及围护设计建议。实践证明，单桩承载力的检测与报告参数相符，基坑施工安全可靠，建筑物沉降稳定，满足设计要求。

常州天豪大厦工程勘察

设计单位：上海广联建设发展有限公司

主要设计人员：陈红田、顾迪鸣、贺荣、陈秋苑、沈国琴

本项目由1幢24层办公楼、2幢32层住宅楼与2层地下室组成，基坑埋深约9m。在全面分析的基础上，布置了合理的勘察工作量，采用了多种测试手段，勘察报告按照有关规范精心编制，内容全面，分析透彻。桩基持力层选择合理，办公楼和住宅楼采用第⑥2层粉质黏土作为桩基持力层，裙楼及地下室选择第④1层粉质黏土或第④2层粉质黏土顶部作为抗拔桩基桩端持力层，在技术及经济上均获得了满意的结果，为类似工程的设计施工积累了宝贵的经验。

2011年度上海优秀勘察设计

获奖项目一览表

一等奖

项目名称	获奖单位（合作单位）	索引
2010上海世博会演艺中心	华东建筑设计研究院有限公司	2
2010上海世博会主题馆	同济大学建筑设计研究院（集团）有限公司	5
2010上海世博会世博中心	华东建筑设计研究院有限公司	8
虹桥国际机场扩建工程西航站楼及附属业务管理用房	华东建筑设计研究院有限公司	11
洛阳博物馆新馆	同济大学建筑设计研究院（集团）有限公司	14
深圳紫荆山庄（原名1130工程）	华东建筑设计研究院有限公司	17
南京紫峰大厦	华东建筑设计研究院有限公司 （美国SOM公司）	20
浦东图书馆（新馆）	华东建筑设计研究院有限公司 （株式会社日本设计）	23
温州大剧院	同济大学建筑设计研究院（集团）有限公司 （卡洛斯·奥特建筑师事务所）	26
上海辰山植物园公共建筑项目	上海建筑设计研究院有限公司 （德国瓦伦丁规划设计组合）	29
同济大学嘉定校区电子与信息工程学院大楼	同济大学建筑设计研究院（集团）有限公司	32
2010上海世博会世博轴及地下综合体工程	华东建筑设计研究院有限公司 [上海市政工程设计研究总院（集团）有限公司、德国SBA公司]	35
云南师范大学呈贡校区一期体育馆	同济大学建筑设计研究院（集团）有限公司	38
厦门长庚医院（一期）	上海建筑设计研究院有限公司 （台湾刘培森建筑师事务所）	41
上海保利广场	华东建筑设计研究院有限公司 （德国GMP建筑设计责任有限公司）	44
特立尼达和多巴哥国西班牙港国家艺术中心	华东建筑设计研究院有限公司	47
昆山阳澄湖酒店	上海建筑设计研究院有限公司 （观光企划设计社）	50
中国民生银行大厦	华东建筑设计研究院有限公司	53
甬台温铁路温州南站	上海建筑设计研究院有限公司	56
世博洲际酒店（原世博村VIP生活楼）	华东建筑设计研究院有限公司	58
浦东世纪花园办公楼	同济大学建筑设计研究院（集团）有限公司	61
沈阳奥林匹克体育中心综合体育馆、游泳馆及网球中心	上海建筑设计研究院有限公司	63
潍坊市体育中心体育场	上海建筑设计研究院有限公司	65
厦门海峡交流中心·国际会议中心	上海建筑设计研究院有限公司 [株式会社,日本设计]	67

续表

项目名称	获奖单位（合作单位）	索引
上海宝矿国际广场	上海现代建筑设计（集团）有限公司 （美国Gensler建筑师事务所）	70
浦东新区三林W6-3、W6-5地块住宅	同济大学建筑设计研究院（集团）有限公司	2010年度优秀住宅与住宅小区一等奖
2010上海世博会英国国家馆	同济大学建筑设计研究院（集团）有限公司 （Heatherwick Studio）	73
2010上海世博会西班牙国家馆	同济大学建筑设计研究院（集团）有限公司 （西班牙EMBT建筑事务所、西班牙MC2结构事务所）	75
2010上海世博会阿拉伯联合酋长国国家馆	华东建筑设计研究院有限公司 （英国福斯特建筑师事务所）	77
2010上海世博会城市最佳实践区中部系列展馆区	同济大学建筑设计研究院（集团）有限公司	79
2010上海世博会加拿大国家馆	同济大学建筑设计研究院（集团）有限公司 （SNC-兰万灵国际公司、ABCP国际建筑与城市规划设计有限公司）	81
2010上海世博会法国国家馆	同济大学建筑设计研究院（集团）有限公司 （德国雅克·费尔叶建筑事务所）	83
2010上海世博会瑞士国家馆	同济大学建筑设计研究院（集团）有限公司 （Buchner Bruendler,AG）	85
2010上海世博会沪上生态家	华东建筑设计研究院有限公司	87
上海市崇明越江通道长江隧道工程	上海市隧道工程轨道交通设计研究院	89
上海崇明越江通道长江大桥工程	上海市政工程设计研究总院（集团）有限公司	91
上海市轨道交通10号线（M1线）一期工程	上海市隧道工程轨道交通设计研究院 [上海市政工程设计研究总院（集团）有限公司、上海市地下建筑设计研究院、铁道第三勘察设计院集团有限公司、上海市城市建设设计研究院、中铁上海设计院集团有限公司、华东建筑设计研究院有限公司、上海电力设计院有限公司、同济大学建筑设计研究院（集团）有限公司、中铁二院工程集团有限责任公司、深圳市利德行投资建设顾问有限公司、中铁电气化勘测设计研究院有限公司]	93
上海市轨道交通7号线工程	上海市城市建设设计研究院 [上海市政工程设计研究总院（集团）有限公司、上海市隧道工程轨道交通设计研究院、中铁上海设计院集团有限公司、中铁电气化勘测设计研究院有限公司、同济大学建筑设计研究院（集团）有限公司、上海市地下建筑设计研究院、北京城建设计研究总院、中铁二院工程集团有限责任公司、中铁(洛阳)隧道勘测设计院]	95
上海外滩通道工程	上海市政工程设计研究总院（集团）有限公司 （上海市隧道工程轨道交通设计研究院）	97
上海闵浦大桥工程	上海市政工程设计研究总院（集团）有限公司	99

续表

项目名称	获奖单位（合作单位）	索引
虹桥综合交通枢纽快速集散系统、市政道路及配套工程	上海市政工程设计研究总院（集团）有限公司	101
上海闵浦二桥新建工程	上海市城市建设设计研究院 （上海市隧道工程轨道交通设计研究院）	103
上海西藏南路越江隧道	上海市城市建设设计研究院	105
2010上海世博会园区浦东部分道路及市政配套设施工程	上海市政工程设计研究总院（集团）有限公司	107
宁波市城庄路姚江大桥（湾头大桥）工程	上海市政工程设计研究总院（集团）有限公司	109
上海A15高速公路（浦西段）工程	上海市政工程设计研究总院（集团）有限公司	111
上海中环线浦东段（上中路越江隧道—申江路）新建工程	上海市城市建设设计研究院 [中国市政工程中南设计研究院、上海浦东建筑设计研究院有限公司、同济大学建筑设计研究院（集团）有限公司、上海市政工程设计研究总院（集团）有限公司]	113
上海市道路交通信息采集和发布系统工程	上海市城市建设设计研究院	115
上海市轨道交通2号线西延伸（中山公园—徐泾东站）工程	上海市隧道工程轨道交通设计研究院 （铁道第三勘察设计院集团有限公司、中铁电气化勘测设计研究院有限公司、上海市城市建设设计研究院、华东建筑设计研究院有限公司、上海电力设计院有限公司、中铁上海设计院集团有限公司、上海市地下空间设计研究总院、中铁第四勘察设计院集团有限公司）	117
上海北京西路—华夏西路电力电缆隧道工程	上海市政工程设计研究总院（集团）有限公司	119
上海浦江镇公共交通配套工程	上海市隧道工程轨道交通设计研究院 （上海市城市建设设计研究院、中铁上海设计院集团有限公司、中铁电气化勘测设计研究院、铁道第三勘察设计院集团有限公司、上海电力设计院、上海市地下空间设计研究总院、上海大学美术学院、上海丰臣设计装饰有限公司）	121
深圳市光明污水处理厂工程	上海市政工程设计研究总院（集团）有限公司	123
上海崇明中央沙圈围工程	上海市水利工程设计研究院	125
郑州市王新庄污水处理厂改造工程	上海市政工程设计研究总院（集团）有限公司	127
苏州市七子山垃圾填埋场扩建工程	上海市政工程设计研究总院（集团）有限公司	129
云南省德宏州弄另水电站工程	上海勘测设计研究院	131
山东东营市南郊水厂水质改善工程	上海市政工程设计研究总院（集团）有限公司	133
上海南市水厂改造一期工程	上海市政工程设计研究总院（集团）有限公司	135
天津滨海能源发展股份有限公司四号热源厂工程	中机国能电力工程有限公司	137
东海大桥100MW海上风电示范项目	上海勘测设计研究院	139
上海辰山植物园景观设计	上海市园林设计院有限公司 （德国瓦伦丁+瓦伦丁城市规划与景观设计事务所）	141

续表

项目名称	获奖单位（合作单位）	索引
上海浦东世博公园工程（B包）	上海市政工程设计研究总院（集团）有限公司 （上海市园林设计院有限公司、荷兰NITA国际设计集团）	143
上海后工业景观示范园	上海市园林设计院有限公司 （德国瓦伦丁+瓦伦丁城市规划与景观设计事务所）	145
上海外滩滨水区综合改造工程	上海市政工程设计研究总院（集团）有限公司	147
上海世博公园A区（亩中山水）	上海浦东建筑设计研究院有限公司 （北京易兰建筑规划设计有限公司）	149
上海世博园岩土工程勘察(一轴四馆）、咨询及智能平台开发	上海岩土工程勘察设计研究院有限公司	151
上海虹桥综合交通枢纽核心区岩土工程勘察、监测、检测	上海岩土工程勘察设计研究院有限公司	153
虹桥国际机场飞行空间安全保障测量	上海市测绘院	155
南京绿地广场•紫峰大厦岩土工程勘察、设计咨询	上海岩土工程勘察设计研究院有限公司 （江苏南京地质工程勘察院）	157
上海市轨道交通10号线（M1）一期岩土工程勘察、咨询及数字平台开发应用	上海岩土工程勘察设计研究院有限公司 （上海市隧道工程轨道交通设计研究院、上海市城市建设设计研究院、上海海洋地质勘察设计有限公司）	159
上海文化广场改造基坑工程围护设计及承压水控制	上海申元岩土工程有限公司	161
上海北京西路—华夏西路电力电缆隧道工程勘察	上海市政工程勘察设计有限公司	163
上海市A15机场高速公路（市界—南汇区段）	上海市政工程勘察设计有限公司	165
上海外滩通道北段工程监测	上海岩土工程勘察设计研究院有限公司	167
中船长兴造船基地一期工程勘察	中船勘察设计研究院有限公司	

二等奖

项目名称	获奖单位（合作单位）	索引
2010上海世博会世博村（B地块）	同济大学建筑设计研究院（集团）有限公司 （德国HPP建筑设计事务所）	170
中国人民银行支付系统上海中心	华东建筑设计研究院有限公司	171
江苏吴江中青旅静思园豪生大酒店	华东建筑设计研究院有限公司	172
合肥大剧院	同济大学建筑设计研究院（集团）有限公司 [项秉仁建筑设计咨询（上海）有限公司]	173

续表

项目名称	获奖单位（合作单位）	索引
中国航海博物馆	上海建筑设计研究院有限公司 （德国GMP建筑设计责任有限公司）	174
青岛大剧院	华东建筑设计研究院有限公司 （德国GMP建筑设计责任有限公司）	175
重庆大剧院	华东建筑设计研究院有限公司 （德国GMP建筑设计责任有限公司）	176
上海中金广场	上海建筑设计研究院有限公司	177
云南民族大学呈贡校区图书馆	同济大学建筑设计研究院（集团）有限公司	178
上海世博村D地块项目	上海建筑设计研究院有限公司 （德国HPP国际建筑规划设计有限公司）	179
成都军区昆明总医院住院大楼	同济大学建筑设计研究院（集团）有限公司	180
西门子上海中心（一期）	上海建筑设计研究院有限公司 （德国GMP建筑设计责任有限公司）	181
天津滨海高新区研发、孵化和综合服务中心	上海建筑设计研究院有限公司	182
上海高宝金融大厦(东亚银行大厦)	华东建筑设计研究院有限公司 (TERRY FARRELL & PARTNERS)	183
杭州钱江新城核心区城市主阳台及波浪文化城	华东建筑设计研究院有限公司 （德国欧博迈亚设计公司）	184
上海港国际客运中心商业配套项目S-B7办公楼	上海建筑设计研究院有限公司 （英国ALSOP建筑设计事务所）	185
上海黄浦众鑫城二期B块办公楼	上海中房建筑设计有限公司	186
同济规划大厦（鼎世大厦改扩建项目）	同济大学建筑设计研究院（集团）有限公司	187
苏州润华环球大厦	华东建筑设计研究院有限公司	188
上海虹桥产业楼1、2号楼（临空园区6号地块1、2号楼）	上海建筑设计研究院有限公司	189
无锡市土地交易市场	同济大学建筑设计研究院（集团）有限公司 （无锡市建筑设计研究院有限公司、南京东大智能化系统有限公司）	190
华东师范大学闵行校区体育楼	同济大学建筑设计研究院（集团）有限公司	191
上海香港新世界花园1号房	上海中房建筑设计有限公司 [龚书楷建筑师有限公司（香港）]	192
宁波市镇海新城规划展示中心及附属设施	同济大学建筑设计研究院（集团）有限公司	193
大连国际金融中心A座（大连期货大厦）	华东建筑设计研究院有限公司 （德国GMP建筑设计责任有限公司）	194
2010上海世博会城市最佳实践区北部模拟街区阿尔萨斯案例	同济大学建筑设计研究院（集团）有限公司 (ALSACE ARCHITECTURAL DESIGN INSTITUTE. FRANCE.)	195

续表

项目名称	获奖单位（合作单位）	索引
2010上海世博会芬兰国家馆	上海工程勘察设计有限公司 （芬兰JKMM建筑事务所）	196
2010上海世博会上汽-通用企业馆	上海现代建筑设计（集团）有限公司	197
2010上海世博会丹麦国家馆	同济大学建筑设计研究院（集团）有限公司 （丹麦BIG事务所）	198
2010上海世博会中国船舶馆	中船第九设计研究院工程有限公司 [SDG（株）构造设计集团、荷兰NITA设计集团]	199
2010上海世博会日本产业馆及企业联合馆	同济大学建筑设计研究院（集团）有限公司 （日本邮政株式会社一级建筑师事务所）	200
2010上海世博会城市最佳实践区北部模拟街区罗阿案例	同济大学建筑设计研究院（集团）有限公司 （丹尼斯德叙建筑师事务所）	201
2010上海世博会新加坡国家馆	上海兴田建筑工程设计事务所 （陈家毅建筑师事务所）	202
2010上海世博会信息通信馆	华东建筑设计研究院有限公司	203
上海新建路隧道工程	上海市政工程设计研究总院（集团）有限公司	204
沈阳市五爱隧道工程	上海市隧道工程轨道交通设计研究院	205
上海浦东国际机场北通道（申江路—主进场路）新建工程1标	上海市政工程设计研究总院（集团）有限公司	206
上海A8公路拓宽改造工程	上海市政工程设计研究总院（集团）有限公司	207
上海外滩交通枢纽工程	上海市政工程设计研究总院（集团）有限公司	208
南昌市洪都大桥工程（南主桥）	上海市政工程设计研究总院（集团）有限公司 （南昌市城市规划设计研究总院）	209
上海沿浦路跨川杨河桥新建工程	上海市政工程设计研究总院（集团）有限公司	210
上海轨道交通M8号线南延伸段工程高架区间	上海市城市建设设计研究院	211
上海虹桥综合交通枢纽市政道路及配套工程仙霞西路道路新建工程	上海市城市建设设计研究院	212
河南洛阳市瀛洲大桥及接线工程	同济大学建筑设计研究院（集团）有限公司	213
石家庄市二环快速路提升工程	上海市政工程设计研究总院（集团）有限公司	214
上海市轨道交通10号线（M1线）一期工程吴中路停车场	上海市隧道工程轨道交通设计研究院	215
上海嘉闵高架路及地面道路新改建工程（徐泾中路—北翟路）	上海市城市建设设计研究院	216
世界银行贷款贵阳交通项目油榨街—小碧城市道路工程	上海市政工程设计研究总院（集团）有限公司	217
上海市凇泽高架路新建工程	同济大学建筑设计研究院（集团）有限公司	218

续表

项目名称	获奖单位（合作单位）	索引
上海S32(A15)公路（浦东段）工程	上海市城市建设设计研究院	219
上海市崇明县北横引河工程（一至三期）	上海市水利工程设计研究院	220
苏州工业园区污泥干化处置项目一期工程	上海市政工程设计研究总院（集团）有限公司	221
上海苏州河环境综合整治三期工程——苏州河水系截污治污工程	上海市城市建设设计研究院	222
浦东机场外侧滩涂促淤圈围工程——促淤工程2标	上海市水利工程设计研究院	223
苏州工业园区清源华衍水务有限公司第二污水处理厂工程	上海市政工程设计研究总院（集团）有限公司	224
上海新延安东排水系统工程	上海市政工程设计研究总院（集团）有限公司	225
虹桥机场扩建——市政配套工程场区配电工程	上海市政工程设计研究总院（集团）有限公司	226
上海临江水厂扩建工程	上海市政工程设计研究总院（集团）有限公司 [OTV工程（深圳）有限公司上海分公司]	227
上海长兴岛电厂圩东侧滩涂圈围工程	上海勘测设计研究院	228
无锡市中桥水厂深度处理工程	上海市政工程设计研究总院（集团）有限公司	229
苏州城市防洪澹台湖枢纽工程	上海勘测设计研究院	230
上海卫星工程研究所JB-7卫星研制保障条件建设项目总装总测厂房	中船第九设计研究院工程有限公司	
上海封周110kV变电站（节能型数字化变电站试点工程）	上海电力设计院有限公司	231
日立电梯(上海)有限公司建设项目一期工程	中国海诚工程科技股份有限公司	232
江苏太仓金仓湖郊野公园（一期）	上海市园林设计院有限公司	233
上海彭浦公园改造工程	上海市园林工程有限公司	234
江苏昆山花桥国际商务城生态公园	上海市园林设计院有限公司	235
2010上海世博会城市最佳实践区南部全球城市广场	上海市园林设计院有限公司 [同济大学建筑设计研究院(集团)有限公司]	236
上海浦东南路景观综合改造工程	上海浦东建筑设计研究院有限公司	237
上海松浦三桥新建工程勘察	上海市城市建设设计研究院	238
2010上海世博会专用越江通道——西藏南路越江隧道工程勘察	上海市城市建设设计研究院	239
上海南浦大桥主引桥顶升工程监测	上海岩土工程勘察设计研究院有限公司	240
上海中建大厦岩土工程勘察、基坑设计、桩基咨询、监测	上海岩土工程勘察设计研究院有限公司 (上海申元岩土工程有限公司)	241
中国石油华南物流中心珠海高栏岛成品油储备库地基处理项目	上海申元岩土工程有限公司	242
新建铁路合肥至蚌埠铁路客运专线精密控制测量	中铁上海设计院集团有限公司	243

三等奖

项目名称	获奖单位（合作单位）	索引
中国银联项目（二期工程）银联数据办公楼	同济大学建筑设计研究院（集团）有限公司	246
山东省淄博市体育中心体育场	上海建筑设计研究院有限公司 （法国何斐德建筑设计公司）	246
上海警备区9156工程（一期）	上海建筑设计研究院有限公司	246
申能能源中心	华东建筑设计研究院有限公司	246
上海金桥埃蒙顿假日广场（现名：金桥国际商业广场）	上海建筑设计研究院有限公司 [巴马丹拿建筑设计咨询（上海）有限公司、柏诚中国有限公司、巴马丹拿国际公司]	247
云南师范大学呈贡校区一期工程西区1号教学楼	同济大学建筑设计研究院（集团）有限公司	247
上海通用汽车有限公司新行政楼	上海市机电设计研究院有限公司	247
上海新发展亚太万豪酒店	中船第九设计研究院工程有限公司 [巴马丹拿建筑设计咨询（上海）有限公司]	247
江苏海门龙信大厦一期工程	上海华东房产设计院	248
百联浙江海宁奥特莱斯品牌直销广场	上海建筑设计研究院有限公司	248
上海崇明陈家镇生态办公楼	上海现代建筑设计（集团）有限公司	248
江苏南通国际贸易中心	同济大学建筑设计研究院（集团）有限公司	248
上海静安小莘庄2号地块	上海建筑设计研究院有限公司 （美国凯里森建筑事务所）	249
上海海泰SOHO（现名：海泰时代大厦）	上海建筑设计研究院有限公司 （日本MAO一级建筑士事务所）	249
上海东方饭店改建工程	上海建筑设计研究院有限公司 [大原建筑设计（上海）有限公司、吴宗岳室内装修有限公司]	249
沪杭铁路客运专线金山北站	上海联创建筑设计有限公司	249
上海松江妇幼保健院迁建工程	华东建筑设计研究院有限公司	250
三亚海居度假酒店	上海建筑设计研究院有限公司 （B+H建筑师事务所）	250
上海市群众艺术馆改扩建工程	上海建筑设计研究院有限公司	250
盐城市盐阜宾馆迁建工程	同济大学建筑设计研究院（集团）有限公司	250
太平人寿全国后援中心（一期）	同济大学建筑设计研究院（集团）有限公司	251
上海松江九亭镇65号（A、B）、66号地块(一期)配套商业	上海天华建筑设计有限公司 （WY国际设计顾问公司）	251
云南师范大学呈贡校区一期图文信息中心	同济大学建筑设计研究院（集团）有限公司	251
上海宝山寺移地改扩建工程	上海原构设计咨询有限公司	251
安徽大学新校区二期——学术交流与培训中心	同济大学建筑设计研究院（集团）有限公司	252

续表

项目名称	获奖单位（合作单位）	索引
上海市万源居住小区D街坊公建中心及配套商业	上海中房建筑设计有限公司	252
上海绿地东海岸国际广场	上海城乡建筑设计院有限公司 （马达思班建筑设计事务所）	252
同济大学浙江学院公共教学楼	同济大学建筑设计研究院（集团）有限公司	252
虹桥国际机场公务机基地（公务机楼）	华东建筑设计研究院有限公司	253
宁波中信泰富广场	上海建筑设计研究院有限公司	253
江苏大学图书馆	同济大学建筑设计研究院（集团）有限公司	253
上海嘉杰国际广场办公楼	上海联创建筑设计有限公司	253
常州交银大厦	中建国际（深圳）设计顾问有限公司	254
达业（上海）电脑科技有限公司招待所	上海名亭建筑设计有限公司	254
上海凉城地区中心（公寓式办公楼）	上海天华建筑设计有限公司	254
上海新外滩花苑A型楼	上海现代华盖建筑设计有限公司	254
无锡市民中心	上海联创建筑设计有限公司 （德国GMP建筑设计责任有限公司）	255
无锡程及美术馆	上海现代建筑设计（集团）有限公司	255
中船长兴造船基地一期工程——办公总部	中船第九设计研究院工程有限公司	255
上海市职工科技中心职工技能培训用房改扩建工程2号楼	上海中房建筑设计有限公司	255
上海宝山区绿地真陈路项目二期25、27、28号楼(商业组团)	上海联创建筑设计有限公司 （布莱利建筑城市设计技术咨询有限公司）	256
浙江嵊州越剧艺术学校（院）一期	上海林同炎李国豪土建工程咨询有限公司	256
上海大华综合型购物中心B1-2地块	中国建筑上海设计研究院有限公司 （北京蔡德勒建筑咨询有限公司上海分公司）	256
上海奥克斯科技园创研智造基地生产研发中心	上海创盟国际建筑设计有限公司	256
江苏靖江市人民医院迁址新建工程——门急诊医技楼	上海市卫生建筑设计研究院有限公司	257
上海新浦江镇120-L号地块（商业楼）	上海中建建筑设计院有限公司 （上海米丈建筑设计有限公司）	257
上海卢湾区第一中心小学综合楼	上海高等教育建筑设计研究院	257
2010上海世博会欧、非、美洲联合馆建筑群	同济大学建筑设计研究院（集团）有限公司 （上海建筑设计研究院有限公司、北京市建筑设计研究院）	257
2010上海世博会宝钢大舞台	华东建筑设计研究院有限公司	258
2010上海世博会国家电网企业馆	中建国际（深圳）设计顾问有限公司 （上海电力设计院）	258

续表

项目名称	获奖单位（合作单位）	索引
2010上海世博会庆典广场	华东建筑设计研究院有限公司 （上海市园林设计院）	258
2010上海世博会世博园区样板组团项目	上海建筑设计研究院有限公司	258
2010上海世博会石油馆	上海现代建筑设计（集团）有限公司	259
2010上海世博会荷兰国家馆	同济大学建筑设计研究院（集团）有限公司 (HAPPY STREET BV.)	259
上海中山东二路地下空间开发工程	上海市政工程设计研究总院（集团）有限公司	259
京沪高铁配套工程——沪青平公路改建工程	上海市城市建设设计研究院	259
上海市轨道交通10号线（M1线）一期工程陕西南路站	上海市隧道工程轨道交通设计研究院	260
上海市轨道交通10号线（M1线）工程江湾体育场站	上海市隧道工程轨道交通设计研究院	260
上海市轨道交通7号线芳甸路站	上海市城市建设设计研究院	260
上海北翟路（辅助快速路—外环线）改建工程	上海市城市建设设计研究院	260
2010上海世博会园区浦西部分道路及市政配套设施	上海市城市建设设计研究院	261
辽宁铁岭新城桥梁新建工程——凡河四桥	上海林同炎李国豪土建工程咨询有限公司	261
宁波东外环—北外环立交工程	上海市政工程设计研究总院（集团）有限公司	261
上海中环线浦东段（上中路越江隧道—申江路）新建工程7标	上海市政工程设计研究总院（集团）有限公司	261
上海市轨道交通13号线卢浦大桥站	上海市隧道工程轨道交通设计研究院	262
江苏宜兴市荆邑大桥重建工程	同济大学建筑设计研究院（集团）有限公司	262
2010上海世博会浦东园区高架人行平台工程	上海市政工程设计研究总院（集团）有限公司	262
上海曹安公路拓宽改建工程	上海市城市建设设计研究院	262
上海罗店中心镇公共交通配套工程罗南新村站	上海市隧道工程轨道交通设计研究院	263
上海桃浦路蕴藻浜大桥及引桥	上海市城市建设设计研究总院	263
昆明东连接线支线道路工程	上海市政工程设计研究总院（集团）有限公司	263
上海A30-A15互通式立交工程	上海市政工程设计研究总院（集团）有限公司	263
2010上海世博会园区超级电容公交车供电配套设施	上海市城市建设设计研究院	264
上海天山西路（华翔路—A20公路）道路新建工程	上海市政工程设计研究总院（集团）有限公司	264
上海浦东南路（浦电路—上南路）、耀华路（上南路—长清路）改建工程	上海浦东建筑设计研究院有限公司	264
上海辰山植物园水体净化场工程	上海市政工程设计研究总院（集团）有限公司	264
上海金山城市沙滩工程（金山区保滩暨岸线整治工程）	长江勘测规划设计研究院上海分院	265

续表

项目名称	获奖单位（合作单位）	索引
苏州市中心城区污水处理厂升级改造工程——福星、娄江、城东	上海市政工程设计研究总院（集团）有限公司	265
上海桃浦河泵闸工程	上海市水利工程设计研究院	265
东莞市第六水厂（一期）深度处理工程	上海市政工程设计研究总院（集团）有限公司	265
厦门市石渭头污水处理厂改扩建工程	上海市政工程设计研究总院（集团）有限公司	266
交通路（真南路—真北路）、真南路（同济沪西校区—真北路）道路积水点改善工程	上海市隧道工程轨道交通设计研究院	266
无锡新区再生水回用示范工程	同济大学建筑设计研究院（集团）有限公司	266
杭州高新区（滨江）自来水厂应急工程	上海市政工程设计研究总院（集团）有限公司	266
上海崇明北沿滩涂促淤圈围（三期）北六滧至北八滧海塘达标工程	上海市水利工程设计研究院	267
苏州市中心城区福星污水处理厂二期工程	上海市政工程设计研究总院（集团）有限公司	267
江苏宜兴市太华龙珠水库	上海勘测设计研究院	267
江苏王子制纸有限公司水处理及废水处理厂	上海市政工程设计研究总院（集团）有限公司	267
苏州城市防洪外塘河枢纽工程	上海勘测设计研究院	268
上海通用王港厂区工程中心综合试验楼	上海市机电设计研究院有限公司	268
华能阜新风电场一期（高山子）工程	上海勘测设计研究院	268
上海梅山钢铁股份有限公司新增炼钢厂新增板坯手工火焰清理机组工程	上海梅山工业民用工程设计研究院有限公司	268
上海雄风起重设备厂新建厂区	上海申联建筑设计有限公司	269
上海杨浦区复兴岛公园改造工程	上海市园林工程有限公司	269
江苏常熟市滨江公园	上海市园林设计院有限公司	269
上海崇明新城公园	上海市园林设计院有限公司 [艾奕康环境规划设计（上海）有限公司]	269
浙江海盐绮园市民文化广场景观工程	中国建筑上海设计研究院有限公司	270
上海浦东梅园公园改造工程	上海浦东建筑设计研究院有限公司	270
上海上南路建筑与环境综合整治工程	上海浦东建筑设计研究院有限公司	270
上海市轨道交通2号线东延伸段工程测量	上海岩土工程勘察设计研究院有限公司	270
向家坝—上海±800kV特高压直流输电示范工程奉贤换流站工程勘察	华东电力设计院	271
上海市轨道交通2号线东延伸段施工期磁浮设施监护	上海岩土工程勘察设计研究院有限公司	271
上海市A15机场高速公路工程测量	上海市政工程勘察设计有限公司 （上海市城市建设设计研究院）	271

续表

项目名称	获奖单位（合作单位）	索引
上海A8公路拓宽改建工程测量	上海市政工程勘察设计有限公司	271
天津市老城厢地区10号地块基础设计咨询	上海岩土工程勘察设计研究院有限公司	271
南京至南通段铁路电气化改造精密控制测量	中铁上海设计院集团有限公司	272
中船龙穴造船基地民船项目1号、2号坞施工监测	中船勘察设计研究院有限公司	272
石家庄市二环快速路提升（北二环段）工程勘察	上海市政工程勘察设计有限公司	272
上海人民路隧道变形测量	上海岩土工程勘察设计研究院有限公司	272
上海松浦三桥工程测量	上海市城市建设设计研究院	273
上海东海大桥近海风电场工程勘察	上海勘测设计研究院	273
博世（上海）总部大楼工程勘察	上海协力岩土工程勘察有限公司	273
上海仙霞西路隧道施工第三方监测	上海市测绘院	273
上海港国际客运中心岩土工程勘察	上海豪斯岩土工程技术有限公司	274
常州天豪大厦工程勘察	上海广联建设发展有限公司	274

专业一等奖

专业	项目名称	获奖单位	设计人员
电气	2010上海世博会中国馆	上海建筑设计研究院有限公司 （华南理工大学建筑设计研究院）	叶谋杰、耿望阳
电气	大连国际金融中心A座（大连期货大厦）	华东建筑设计研究院有限公司 （德国GMP建筑设计责任有限公司）	张晓波
给排水	2010上海世博会中国馆	上海建筑设计研究院有限公司 （华南理工大学建筑设计研究院）	赵俊、徐凤
暖通	2010上海世博会中国馆	上海建筑设计研究院有限公司	万阳、寿炜炜
工业	京沪高铁上海虹桥站太阳能光伏并网发电工程	上海电力设计院有限公司	董菁雯、郭家宝
岩土	上海500kV静安(世博）输变电工程基坑支护设计	华东建筑设计研究院有限公司	王卫东、翁其平、邸国恩
岩土	上海华森钻石广场桩基工程及基坑围护设计	上海岩土工程勘察设计研究院有限公司	顾国荣、兰宏亮

专业二等奖

专业	项目名称	获奖单位	设计人员
建筑	上海二十一世纪中心大厦	上海建筑设计研究院有限公司 (Gensler美国建筑事务所)	周红
结构	上海二十一世纪中心大厦	上海建筑设计研究院有限公司 (Gensler美国建筑事务所)	施从伟
结构	泉州市行政管理服务中心	同济大学建筑设计研究院（集团）有限公司	金炜
给排水	山东日照市帆船基地（酒店）	同济大学建筑设计研究院（集团）有限公司	徐钟骏
给排水	三湘祥腾商业广场	上海城乡建筑设计院有限公司	盛以军
给排水	无锡会展中心一期展厅	上海中森建筑与工程设计顾问有限公司 (德国GMP国际建筑设计有限公司)	孙兵
给排水	上海漕河泾新兴技术开发区兴园技术中心	上海现代建筑设计（集团）有限公司	黄丽羚
电气	芜湖市第二人民医院门急诊楼医技住院综合楼工程	上海经纬建筑规划设计研究院	顾伟斌
暖通	世博会主题馆地块北部（B07-01）民防工程	上海市地下空间设计研究总院有限公司	基庆
岩土	上海港国际客运中心基坑围护设计	上海申元岩土工程有限公司	李隽毅、冯翠霞
岩土	2010上海世博会中国馆基坑围护设计	上海申元岩土工程有限公司 (上海市隧道工程轨道交通设计研究院)	徐志兵、朱小军
岩土	上海万宝国际广场岩土工程治理	上海市地矿建设有限责任公司	陆惠泉
岩土	上海轨道交通徐家汇枢纽站换乘大厅基坑围护设计	上海市城市建设设计研究院	徐正良
岩土	上海市轨道交通2号线东延伸段工程物探	上海市政工程勘察设计有限公司	王德刚
岩土	上海盛大中心基坑降水	上海长凯岩土工程有限公司	蒋桢兴、瞿成松、张国强
岩土	厦门怡山商业中心基坑围护设计	上海申元岩土工程有限公司	李伟、梁志荣
岩土	上海盛大中心基坑支护设计	华东建筑设计研究院有限公司	戴斌、沈健

专业三等奖

专业	项目名称	获奖单位	设计人员
建筑	上海枫泾古镇旅游区主入口广场	上海城西城建工程勘测设计院有限公司	尹航
给排水	上海闵联大厦	上海诚建建筑规划设计有限公司	周秀峰
给排水	上海新纪元国际广场	上海东方建筑设计研究院有限公司	张伟民
给排水	上海绿地峰汇商务广场	上海三益建筑设计有限公司	陈英
给排水	上海吴中路61号基地迁建自用综合业务用房项目	上海市建工设计研究院有限公司	成华
给排水	上海公共实训基地	上海市房屋建筑设计院有限公司	陈小明

续表

专业	项目名称	获奖单位	设计人员
给排水	上海川沙现代商业广场二期	上海海天建筑设计有限公司	黄香妃
园林	上海三林中汾泾城市绿地工程	上海市城市建设设计研究院	高炜华
岩土	上海大田路500kV变电站基坑降水	上海长凯岩土工程有限公司	罗建军、曹宗鹏
岩土	铁路上海站北广场综合交通枢纽工程基坑支护设计	上海市城市建设设计研究院	张中杰
岩土	常州万博·北岸城基坑围护设计	上海岩土工程勘察设计研究院有限公司	王美云、樊向阳
岩土	上海陆家嘴X2地块基坑降水	上海长凯岩土工程有限公司	瞿成松、靳军文
岩土	苏州高新国际商务广场基坑围护设计	上海岩土工程勘察设计研究院有限公司	徐伟青、董月英
岩土	虹桥综合交通枢纽（东交通广场地铁东站、磁浮虹桥站）基坑施工监测	上海申元岩土工程有限公司	杨刘柱
岩土	安徽金贸中心基坑工程围护加固设计	上海申元岩土工程有限公司	李伟、梁志荣

标准设计奖

项目名称	获奖单位	等级	设计人员
《建筑小区塑料排水检查井》（08SS523）	上海现代建筑设计（集团）有限公司	一等	张森、万水、张文华、周佰兴、高承勇、徐凤、黄磊、陆威臣
《民用建筑太阳能系统应用图集》(2008沪S101)	上海现代建筑设计（集团）有限公司	二等	陈华宁、万培浩、田炜、范太珍、万水、马骞、代彦军
《建筑结构加固施工图设计表示方法、建筑结构加固施工图设计深度图样》（SG111-1～2）	上海建筑设计研究院有限公司、同济大学建筑设计研究院（集团）有限公司、上海维固工程实业有限公司	二等	李亚明、王平山、顾祥林、李杰、陈明中、黄坤耀、印枕戈
《医疗卫生设备安装》（09S303）	上海建筑设计研究院有限公司	二等	脱宁、徐雪芳、徐凤、周海山、钱峰、杨磊、徐燕
《混凝土模卡砌块建筑构造、混凝土模卡砌块结构构造》（2006沪J106）	上海市建筑建材业市场管理总站、上海市房屋建筑设计院有限公司	二等	顾陆忠、陈仰曾、王新、郑海明、郭元清
《卫生设备安装》（09S304）	上海建筑设计研究院有限公司	三等	徐凤、朱建荣、邓俊峰、吴建虹、归晨成